ミュオグラフィ

m u o g r a p h y

ピラミッドの謎を解く21世紀の鍵

muon + γραφή = Muography

田中宏幸
大城道則
［著］

丸善出版

●目次●

第1部 ピラミッド（大城道則）

第5章　ピラミッドの重さ　121

第2部 ミュオグラフィ（田中宏幸）

第1部

ピラミッド

大城道則

m u o g r a p h y

プロローグ

本書は最新の科学技法であるミュオグラフィを用いて、最終的にクフ王のピラミッドと並ぶギザのもう一つの大ピラミッドである「カフラー王のピラミッドの重さを計る」という、これまで誰も試みることがなかった問題に挑戦します。そこから得られた新たな知見・情報から、ピラミッド研究に対する新たな可能性、そしてミュオグラフィ自体の持つさらなる可能性を指し示すことを主たる目的としています。

そこで第1部では、主対象であるピラミッドについて知るために、現在「ピラミッドに関してどこまでわかっているのか」を多角的に説明しておきたいと思います。対戦相手＝研究対象を知ってこそ、戦い方＝研究方法がわかるのです。

第1章　ピラミッドは「墓」なのか？

1・1　古代エジプトにおける埋葬

「ピラミッドは墓なのか否か」という議論がある。もちろんピラミッドは墓だと考えられるのだが、そのような議論がなされてきたことにも理由があるのだ。そこで以下において、古代エジプト人たちがつくってきた墓の発展過程について知り、続いてピラミッドが墓であることを「ミイラ」と「カノポス容器」をキーワードとして確認し、古代エジプト人にとって「墓」の持つ意味とはどのようなものであったのかを考えてみたい。そこをスタート地点として、われわれはピラミッドの謎の答え（ゴール）に一歩近づくことができるかもしれない。

古今東西、古代人たちは「死」にまつわる巨大なモニュメントを残してきた。それは遠くからでも見ることができるような墳丘（あるいは墳丘の上に建造された建造物）や高さのある石造建造物などであった。現在、そのような場所は観光スポットや流行のパワースポットとして、数多くの人々が日々古代のロマンと御利益とを求めて訪れる。わが国においてもそれは顕著で、古墳やその内部にある石室に描かれた壁画などの発掘報告会には、全国から集まった見学者たちが長蛇の列をつくるのである。

しかしながら、いつの時代もそれらは決して単なる墓ではなかった。王、あるいはそれに準ずるような要人が埋葬されたそのような場所では、葬送に関する儀礼が実施され、定期的に祭祀がなされたと考えられているからである。つまり、その特異な「場」は何十年、何百年、何千年、ときには数万年にわたって、人々の信仰や崇拝対象であり続けたのである。卑弥呼の墓であるといわれる奈良県の箸墓《はしはか》古墳もアーサー王が眠るとされるグラストンベリー修道院もそうであった。実際に葬祭神殿を付属している古代エジプトのピラミッドはその代表例である。

しかし、ほとんどの場合、被葬者に関しては推測でしかない。そこに埋葬され崇拝された人物が、現在われわれが「王」と呼んでもよいほどの「絶大な権力者」であったとか、その社会・地域の中の「英雄的指導者」であったのであろうといえるくらいで、名前も功績もわからない場合が多いのだ。世界各地の例を見渡しても被葬者の名前があきらかである場合は少ない。考古学者たちは墓の規模（たとえば日本の古墳であれば墳丘の高さや大きさ）、棺（石棺・木棺）、被葬者の遺体（個人情報：性別・身長・体重）、副葬品（威信材：金・銀・宝石）などから、被葬者を特定しようと試みるが、考古資料からだけでは判定は困難なのである。

そのような中、古代エジプトでは状況が他とは少し違っていた。同時代史料である王名表（アビドス王名表・トリノ王名表・サッカラ王名表など）（**図1**）、あるいは紀元前5世紀の叙述家へロドトスや紀元前3世紀のエジプトの神官マネトなどによるギリシア・ローマ時代の叙述から、ピラミッドを含む墓の被葬者がある程度同定されているのである。さらに驚くべきことに、エジプトではピラミッドの建造が始まる前の紀元前３０００年頃につくられた王墓の持ち主たちの名前ですらわかっているのだ。彼ら初期王朝時代（第1王朝と第2王朝）の王たちは、古代エジプト最初の王墓地であるアビドスに埋葬された。

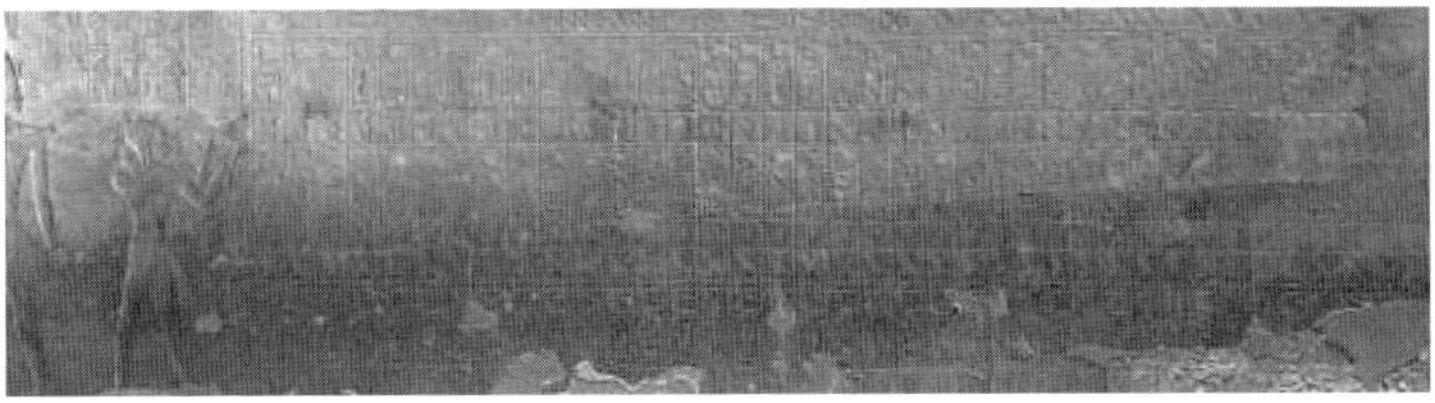

▲ 図1　アビドス王名表

アビドスは上エジプト北部、ナイル河西岸に位置している。そこには古代エジプトの冥界の王であり、死者の神でもあるオシリス神の墓があるとされ、古来、「オシリス巡礼」の聖地として、人々が訪れ栄えた伝統的宗教都市であった。古代エジプトの初期王朝時代の王たちは、そのアビドスでもウンム・エル＝カアブという呼び名で知られている地域に集中して埋葬されたのである。ウンム・エル＝カアブは、王族のみが埋葬される共同墓地として発展した（図2）。

1980年代に始まり、現在でも継続されているアビドスにおける発掘によって、少なくとも第1王朝の王たち9名と第2王朝の王たち2名の王墓があきらかにされている。ウンム・エル＝カアブにあるすべての墓の上部構造は、古代においてすでに破壊されていたが、彼らの墓は地面から掘り込まれた下部構造を持っていた。そこに日乾レンガを用いて枠をつくり、墓の周りを家臣用の小型の墓で取り囲んだのだ。家臣たちはそれらの墓の中に、あの世でも王の側で暮らせることを願い、生きたまま殉葬されたと考えられている。これら初期王朝時代の王墓は、完成当時は、上部構造（石材、日乾レンガ、盛り土、あるいは木造）と規格化された下部構造を持ち、しかも副葬品も備えていたのである。いきなりアビドスに出現したこれら規格がほぼ統一された墓群は、アビドスの王墓に至る前段階の埋葬形態がエジプトに存在していたことを明確に示している。つまり、ウンム・エル＝カアブの王墓群は、古代エジプトで以前からつくられてきた簡単な土坑墓の延長線上にあったといえるのである。

埋葬という行為を人々が意識し始めた当初、エジプトでは単なる穴であった故人のための墓は、意図的により深く掘られるようになり、崩壊を防ぐために日乾レンガが使用されるようになった。そしてその過程で現れた来世観の誕生により、あの世で必要な副葬品が死者とともに埋葬されるように

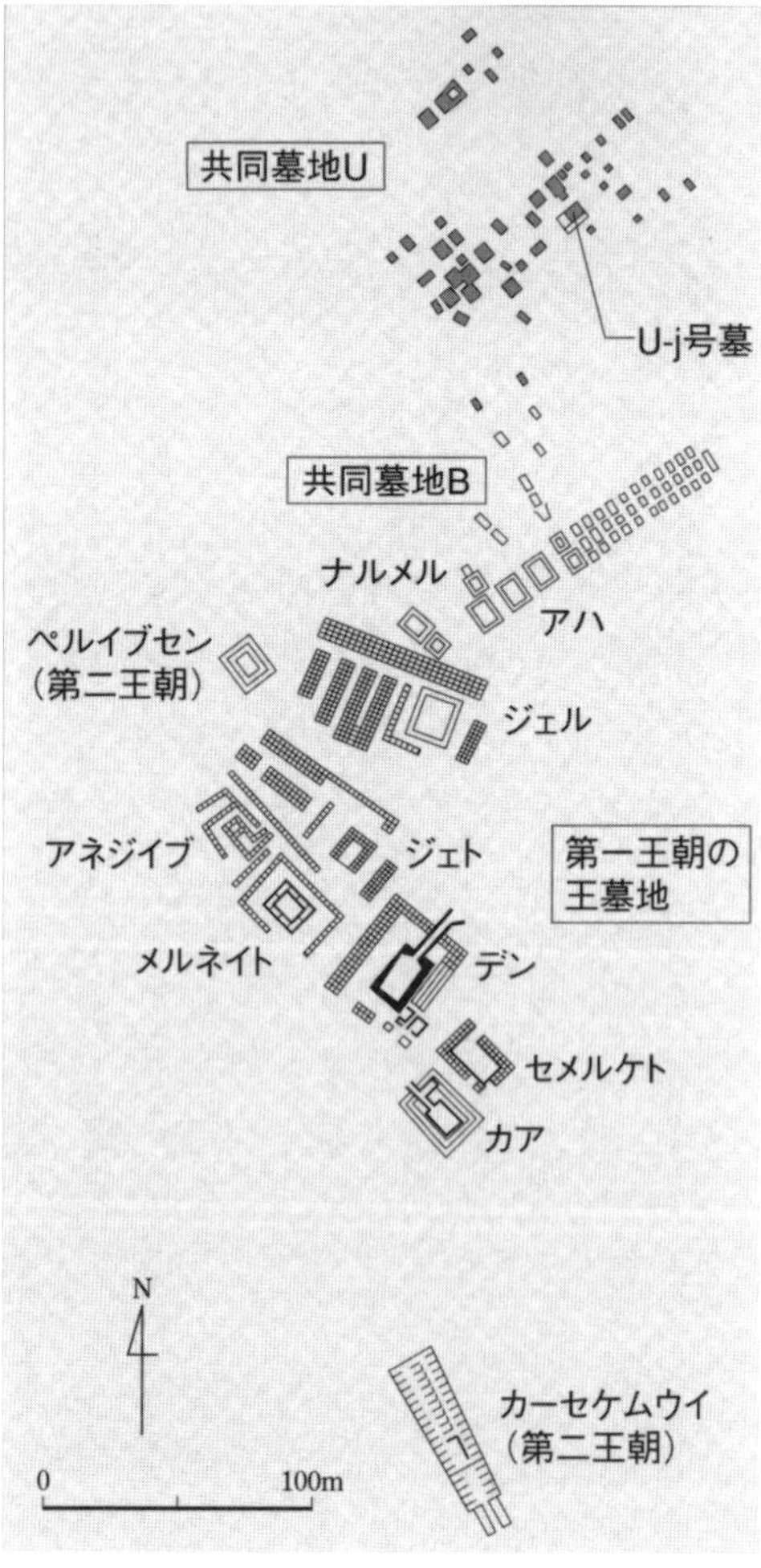

▲ 図2　ウンム・エル＝カアブの王墓分布図

なったのである。墓の発展は古代エジプト人たちの感性や心象の発展をも映し出しているといえるのだ。

1・2 古代エジプトにおける墓の発展過程

では実際に、遺体を単なる穴に埋めるにすぎなかった古代エジプト人たちの埋葬行為は、どのような発展過程を経て、古代エジプト王たちの墓形態の頂点であるピラミッドへとたどり着いたのであろうか。古代エジプト最初のピラミッドである古王国時代第3王朝のネチェリケト（ジェセル）王の階段ピラミッドを経由して、ピラミッドの完成形と考えられる第4王朝のカフラー王の大ピラミッドまでの道のりをその外観・形態（ピラミッドの形状がどのように変化したのか）に注目しながら簡単に確認してみよう（詳細な検討は第5章にて行う）。

①日乾レンガ製の下部構造を持つ墓：初期王朝時代の古代エジプト王たちは、上エジプトに位置する都市アビドスのウンム・エル＝カアブに日乾レンガを使用した下部構造を持つ墓をつくった（図3）。上部構造はすべて破壊されているために、現在では建造当初の正確な形状はわからない。入り口は外側から階段が用いられた。階下にある下部構造は部屋がいくつにも日乾レンガで仕切られており、副葬品を収める部屋や玄室（埋葬室）など複数の部屋がつくられた。外側に小型の殉葬墓を複数伴う墓もあった。

②マスタバ墓：日乾レンガあるいは石材で建造された台形の上部構造を持つ墓のこと（図4）。下部構造は大型のものほど複雑で、地下には石棺を収めた玄室と副葬品を収める倉庫室がある（図5）。王

▲ **図3**　アビドスにある第1王朝の王墓U-j号墓

▲ **図4**　メイドゥムのマスタバ第17号墓

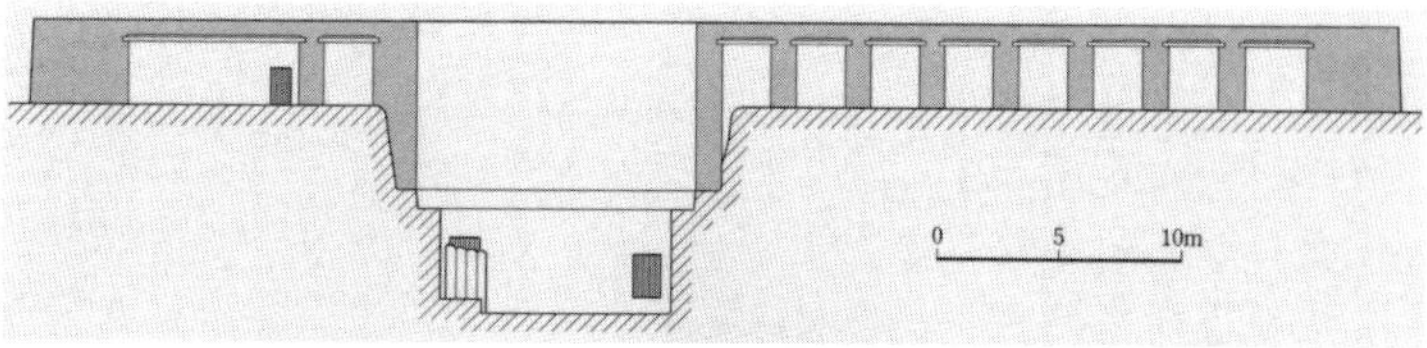

▲ **図5**　サッカラのマスタバ第3035号墓の断面図

侯貴族用の底辺が数十メートルもある巨大なものから、高官用の数メートルの小型のものまで、マスタバ墓はエジプトにおいて大量につくられた。それらのいくつかには、外壁に壁龕《へきがん》建築（王宮ファサード様式）が描かれていたり、内壁に見事な装飾が施されているものもあった。またその分布はナイル河周辺地域を越えて、エジプト西方砂漠にまで及んでいることから、エジプトにおける高位の人物の墓形態とはマスタバ墓であったことがわかるのである（**図6**）。

③階段ピラミッド：エジプト最古のピラミッド形態であり、最初のものは第3王朝のネチェリケト王のためにサッカラにおいて建造された（**図7**）。彼のピラミッドは建設当初巨大なマスタバ墓であったが、二度の大掛かりな増改築（一度目はマスタバ墓を四段に重ねた。二度目は底辺を拡張し六段に重ねた）が実施され、最終的に高さは約60メートルの高層石造建造物になったと考えられている（**図8**）。地下につくられた部屋には、来世をイメージしたと思われる水色のファイアンス製タイルが張りめぐらされた。ネチェリケト王の後継者たちも階段ピラミッドを建造した。最後の階段ピラミッドは、メイドゥムに建造されたスネフェルの崩れピラミッド（**図46**）と呼ばれているものである。そのピラミッドは最初階段ピラミッドとして建造されたが、後に真正ピラミッドへと変更された（そして現在は構造上の問題、地震の影響、ある

▲ 図6　ダクラ・オアシスのマスタバ墓

いはそれ以外の原因で崩壊している）。

④屈折ピラミッド：この形態としては、古代エジプト史上唯一のピラミッドとして知られている（**図9、49**）。クフ王の父スネフェルによってダハシュールに建造された。基壇部から55度の角度で建造が開始されたが、半分のところで43度に変更されているため、屈折ピラミッドと呼ばれている。途中で角度が変更された理由は、崩壊を防ぐ目的で圧力を軽減するためだといわれているが定かではない。もともと設計段階からそのようなデザインであったのかもしれないし、王の突然の早逝で工期が短くなったことがその理由なのかもしれない。あるいは真正ピラミッド建造を成功させるための試作品であった可能性すら考えられるのである。

⑤真正ピラミッド（その1）：屈折ピラミッドと同じくスネフェルによってダハシュールに建造された赤ピラミッドと呼ばれるものである（**図10、**

▲ 図7　ネチェリケト王の階段ピラミッド

51)。屈折ピラミッドの上半分と同じ43度で建造されたエジプト最初の真正ピラミッドとして知られている。そのため崩れにくい構造となっており、建造にあたって安全策を優先した可能性が高い。玄室はこれまでのように地下や地上レベルではなく、地上よりも少し上につくられた。

⑥真正ピラミッド(その2)：古代エジプト最大のピラミッドとして知られるクフ王の大ピラミッドである(図11、53)。高さは約146メートル、角度は約52度の真正ピラミッドで、内部に「王の間」(玄室)、「王妃の間」、「大回廊」、「重力軽減の間」などと名づけられた複雑な空間構造を持つ。玄室はピラミッド内部の中空に位置する(地下にある空間が未完成の本来の玄室であった可能性もある)。

⑦真正ピラミッド(その3)：クフ王のピラミッドに次ぐ第二の高さ(約143メートル)を持つカフラー王のピラミッドである(図12、55)。角度は約53度とより急角度に建造された。化粧石(表装部分)の最下部は花

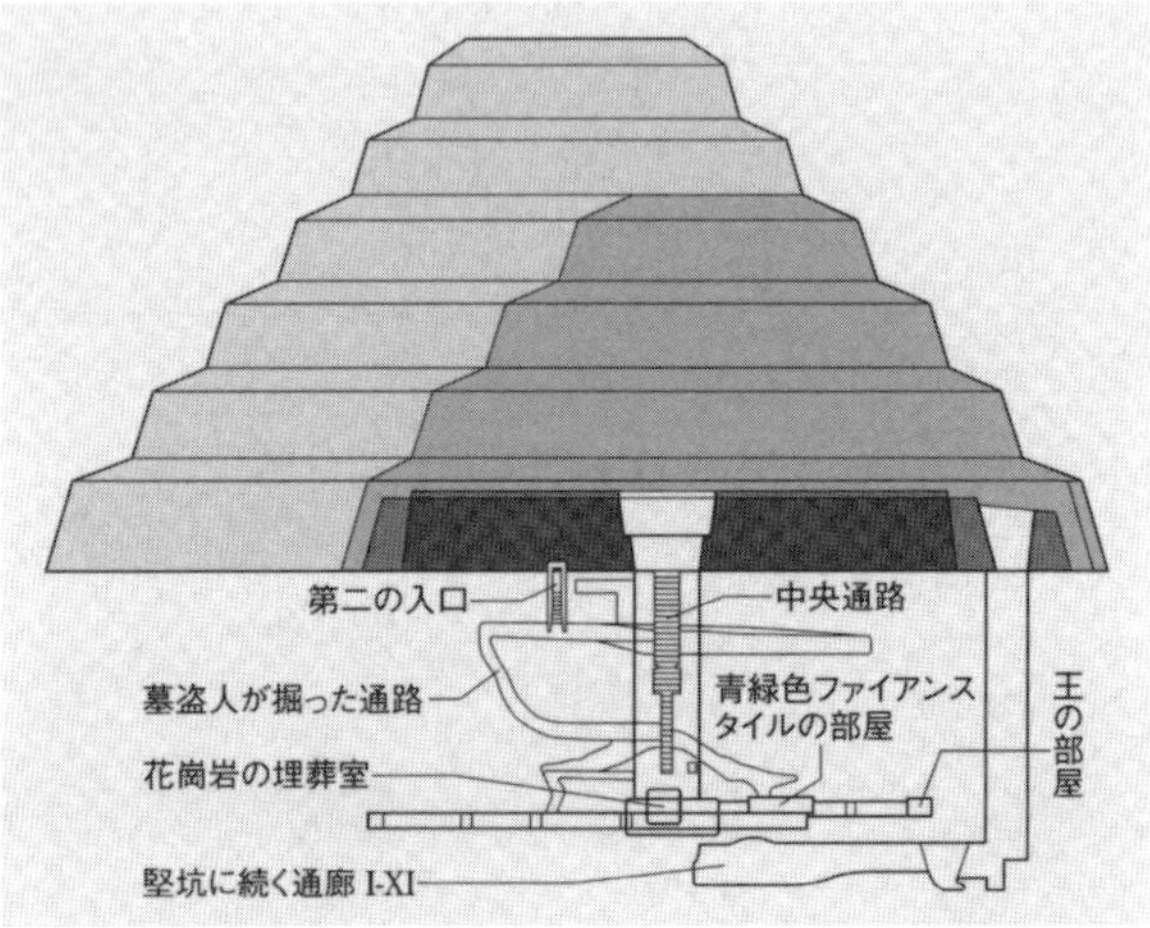

▲ **図8**　ネチェリケト王の階段ピラミッド建造過程図

▲ **図9**　ダハシュールに建造された屈折ピラミッド

▲ 図10　ダハシュールに建造された赤ピラミッド

崗岩、それ以外はトゥーラ産の良質な石灰岩が用いられた。玄室は地表面と並行にある。頂上に近い表層部分に建設当時のままの化粧石が原位置のままで残されている。ネチェリケト王の階段ピラミッドから始まったピラミッドの完成形と考えてよいであろう。

以上、日乾レンガの下部構造を持つ初期の簡単な墓、マスタバ墓、階段ピラミッド、屈折ピラミッド、そして真正ピラミッドという古代エジプトの墓の発展過程を簡単に確認してきたが、それはあくまでも外から見た外観・外見の変遷を基本とした議論であり、それ以外の情報は、現在われわれが入ることが可能な通路や部屋に限定されている。たとえばクフ王のピラミッドの「大回廊」や「王の間」などである。しかし、それらはピラミッド全体の持つ容量のごく一部にすぎないのである。

このようにピラミッドは、当時の人々によって、外観・形態を意識して建造されたことがその発展過程を

▲ 図11　ギザのクフ王の大ピラミッド

▲ 図12　ギザのカフラー王のピラミッド

たどることでわかるのであるが、さらに王墓に必須のものがある。それが王の遺体＝ミイラである。ミイラの有無がその構造物＝ピラミッドを墓であるのか、そうではないのかを判断する一つの基準とすることもあるからだ（もちろん後述するように、それはいくつかある中の一つの基準にすぎない）。そこで次にピラミッドと並ぶ古代エジプト文明の代名詞であるミイラについて見ていきたい。じつはミイラ＝王の遺体こそがピラミッド問題を複雑なものにしている大きな原因であり、またその問題を解く鍵であるからである。

1・3　ミイラの誕生と身代わり人形シャブティ

「ミイラ」という言葉からわれわれが連想するのは、「恐怖」「不気味」「怪奇」というものであろう。しかしそれは、映画や小説などのメディアがつくり上げた虚構にすぎない。ハリウッドが仕掛けた映画「ザ・マミー」から「ハムナプトラ」に至るまで、ミイラはいつの時代も人々の興味を引く対象であり、恐怖心とその裏にある好奇心とを煽《あお》る存在なのである。ミイラはこれまで小説にもしばしば登場してきたが、コナン・ドイルは永遠の命を得た古代エジプト男性（ルーヴル美術館の警備員）とその恋人であった女性（古代に死去しミイラにされた）を扱った自らの著作『トトの指輪』（*The Ring of Thoth*）の中で、男性が夜中の美術館で女性のミイラの包帯を取る際の様子を次のように描写している。

「男の動きはよどみなかった。軽やかに、すばやく、大きな陳列ケースに向かい、ポケットから鍵を出してケースを開けた。上の棚からミイラを引っ張り出すと、それを運び、床にそっと横たえる。その横にランプを置き、東洋風にしゃがんで、震える長い指でミイラを覆う蠟引き布と包帯を外しにかかった。亜麻布がぱりぱりと音を立てて次々にはがされると、強い芳香が部屋に満ち、香木のかけらや香辛料が大理石の床に落ちた」(ドイル 2007, 69)

科学的な手法を駆使して謎を解く名探偵シャーロック・ホームズを生み出した著者として、ドイルは誰もが知るミステリー界の巨匠であるが、その一方で生涯を通じて妖精の存在を信じ、霊と交信する降霊術を好んだ人物でもあった。このコナン・ドイルに見られるようなアンビヴァレントな感覚を引き起こさせる存在もまた「ミイラ」であるのかもしれない。しかし古代エジプトで実際につくられたミイラは、現代人の持つイメージとはまったく別物であることをわれわれは知るべきだ。乾燥して完璧な処理が施されたミイラは無機質であり、生命感はない。それゆえある意味一つの芸術作品として美しいほどだ。

「ミイラ製作（Mummification）」という特殊な用語があるように、ミイラとは人工的なものであると認識されている。しかし、遺体を乾燥・防腐加工する専門家であったミイラ職人によるミイラ作製が盛んに行われるようになる以前から、乾燥した気候を持つエジプトでは、死後に砂漠地域に投げ捨てられた、あるいは簡易的に埋められた遺体がカラカラに乾いた干物状態で発見されることがあったようだ。そのため加工がなされていない自然乾燥ミイラの存在は、古くから人々に知られていた。古代エジプト人たちがこのような乾いた遺体に対して、肉体の不滅・永遠性をどれほど感じたのかはわからないが、墓に埋葬された最古のミイラが加工されていない自然乾燥ミイラであったことは注目に値する。

そのようなミイラの中で最もよく知られた例が、発見以来、現在もイギリスの大英博物館で常設展示されている赤毛を意味する「ジンジャー」の愛称で知られる男性のミイラである（図13）。ナイル河西岸のジェベレインで出土したこのミイラは、先王朝時代の紀元前３４００年頃に年代づけられている。現在、ジンジャーは骨と皮のみの裸の状態で、副葬品の土器とともに地表の砂の中に掘り込まれた浅い穴に埋められたイメージで、博物館のガラスケース内に展示されているが、本来は亜麻布か動物の皮で身体が巻かれており裸でもなかった。同場所で発見された他の自然乾燥ミイラも葦製の莚《むしろ》、ナツメヤシの繊維、動物の皮で身体が包まれていたのである（Hamilton-Paterson and Andrews, 1978, 33）。

この死者の身体を何かで包み込む行為は、死後の魂の帰還場所＝依り代として、決して壊れてはならないミイラを自然的な・人為的な破壊から守る必要性と同時に、死者への尊敬の念や愛情を表しているのであろう。「誕生」と「死」とに共通点を見出していた古代エジプト人たちにとって、遺体を丁寧に包む行為は母体内で胎児を包み込む胞衣《えな》のイメージであったのかもしれない（大城 2014）。そしてそこから古代エジプト特有の来世観が生まれたのだ。

死後の生活あるいは来世の存在を信じていた古代エジプト人たちは、亡くなると「イアル／アアルの野」（図14）と呼ばれる水と緑豊かな楽園に行き、そこで生前と同じように第二の人生を送るのだと考えていた。それゆえ、魂の拠り所であるミイラとそのミイラを守る墓が大事だとされたのだ。

墓の重要性は、古代エジプト人たちが墓を「永遠の家」と呼んでいたことからもよくわかる（大城 2013）。「永遠の生」＝「不死」を追い求めることは、古代エジプト文化の特徴であった。そのために

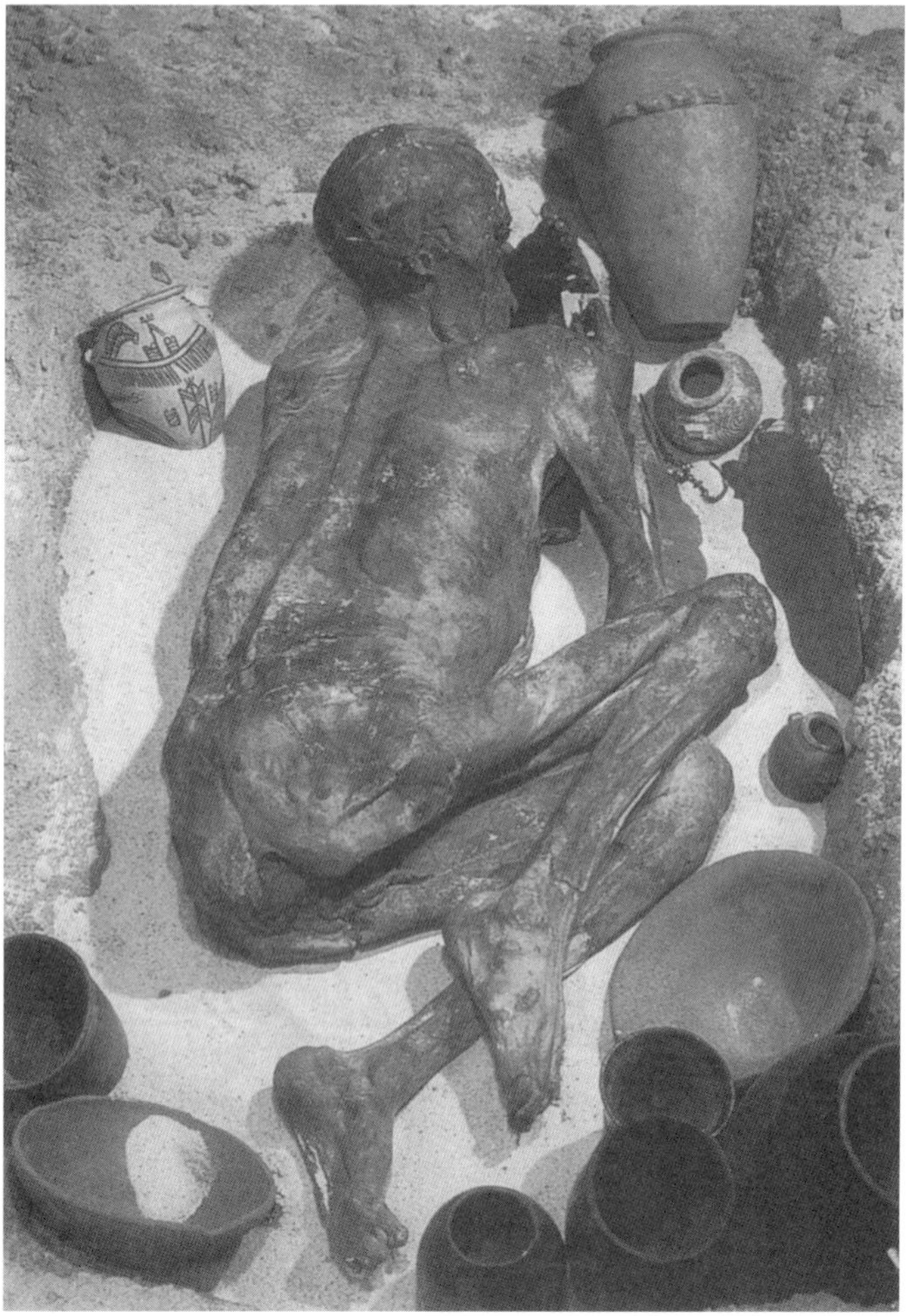

▲ 図13　自然乾燥ミイラのジンジャー

▲ **図14**　死後の楽園イアル／アアルの野

古代エジプト人たちは、遺体に防腐処理を施して、それを人工的にミイラ化し、そのミイラの家として墓（永遠の家）をつくったのである。そして墓に舞い戻る死者の魂への食糧の供給＝供物の奉納や生活必需品である土器やミニチュア食器などを副葬品として埋葬した。壁画の中にそれらを描くこともあった。死後の生活に対して、古代エジプト人たちは万全を期したのだ。

そのために墓にはたくさんの人形やあらゆる模型が収められるようになった。それらはとくに古王国時代になると、まるでジオラマのごとく日々の生活の様子が表現されるようになっていたのである。たとえばパン工房やビール工房で働く人々、あるいはウシを解体している人々、ウシに犂《すき》を引かせて畑を耕す人々の模型などが副葬品として埋葬された（図15）。先王朝時代に王墓の周りの墓に殉葬された人々の代わりとして、このような人形がつくられたと考えてよいだろう。続く中王国時代には、世相を反映してであろうか軍隊を表す人形もたくさんつくられた。古代エジプト人たちは民族の違いを意識していたので、エジプト人の軍隊は褐色の肌で槍を持ち、ヌビア人の軍隊は黒色の肌で弓を持って表現されている（図16）。来世でも現世と同じく戦闘があると考えられていたことがここからわかるのだ。秦の始皇帝の王陵から発見された兵馬俑の持つ意味に近いのかもしれない。古代エジプト人にとって来世とは、キリスト教的な天国とはまったく異なる基準のもと存在していたのである。

さらに古王国時代以降は、来世において墓主に代わって毎日働く人形であるシャブティ（ウシャブティ）（図17）が墓に埋葬されるようになった。シャブティは先に挙げた生活風景を描写した人形のように、人の動作の一瞬を写真のごとく切り取ったものではなかった。まさにわれわれの認識している人形そのものであったのだ。古代エジプト語で「シャブティ」は「答える人」を意味し、墓の所有者に代わって仕事への召集に応じるのが義務であったのである。死者が来世において農作業または賦役労働に召集された際に、その代理を務める役目を果たしたのがシャブティであった。古代エジプトの宗教文書「死者の書」（「日の下に出るための書」）の第6章にある、いわゆる「シャブティ・テキスト」は、その役割がどのようなものであったのかを具体的に紹介してくれている。

「おお、シャブティよ、もし彼があの世でなすべき仕事をするように呼び出されたなら、義務として彼のために働くのだ。いついかなるときもそうするのだ。沼地を耕し、ナイル河の岸辺を灌漑

▲ 図15　パン焼き、ウシ解体、ビールづくりの様子

▲ 図16　ヌビア人の軍隊の模型

▲ **図17**　死者の身代わり人形シャブティとシャブティ箱

するのだ。西へ東へと砂を船で運ぶのだ。私は仕事をしています。私はここにおりますと答えよ」[1]

これらシャブティは、新王国時代第18王朝初期になると王の副葬品としてさらに重要なものとなった。一つの墓に入れられるシャブティの理想的な数は４０１体とみなされた（一日1体と10体で成り立つ1グループに対して1体の監督者がついた。つまり３６５＋36＝４０１）が、時代が進むにつれて、その数は増加した。「死者の身代わり」というシャブティの持つ意味は、われわれの思考を先王朝時代の王たちが埋葬されたアビドスのウンム・エル＝カアブへと引き戻す。第1王朝のジェル王の墓の周りには、３３８基もの殉葬墓が並べられている（**図2**）。亡き王とともに親族・側近たちはあの世へと旅立ったのである。このことは、単に古代エジプト王のための葬送儀礼が大規模な殉葬を必要とした国家的行事であったことを示してくれているだけではない。その３３８基という数にも注目すべきだ。もし一つの墓に複数の埋葬者が安置されたと仮定するなら（あるいは未発見の墓があるなら、あるいはさらに監督者がいたならば）、３３８（基）という数字は、３６５（日）に限りなく近い数値となり得るからである。つまり、この数値は死者が来世において農作業や賦役労働を行うよう召集された際に、死者の代理を務める役目をした葬祭用人形であるシャブティの数と一致する可能性があるのである。古代エジプト文明の創成期には、３６５人の殉葬者が王の身代わりとして殉葬され、来世で一日一人が労働に勤《いそ》しむと考えられていたに違いない。

1 http://www.ucl.ac.uk/museums-static/digitalegypt/literature/religious/bd6.html

古代エジプトの副葬品として、最も一般的なものの一つとなったシャブティだが、その使用はプトレマイオス朝時代に終わりを迎えた。そこには古代エジプト人の来世観の変容が反映されているのであろう。古代エジプト人たちは来世で身代わりを必要としなくなったのである。死にまつわる儀礼・伝統・慣習は、その社会通念の根幹をなし、精神的な支柱であることから、容易には変容しないものだ。古代ギリシア人と彼らの文化が流入したプトレマイオス朝時代の葬送儀礼におけるシャブティの喪失は、３０００年以上継続された古代エジプト文明終焉の一側面なのである。

以上のことから考えると、古代エジプト人たちにとって、墓とはそれ自身で一つの「完結された世界」なのであった。単純に遺体を埋める・収める場所などではなかったのである。では、古代エジプトの墓の最たるものであったピラミッドとミイラとの関係は、どのようなものであったのであろうか。しばしば「ピラミッドからミイラは発見されていない」といわれるが、それは本当なのであろうか。以下において確認してみたい。

１・４　ピラミッドとミイラ

「ピラミッドは王墓ではない」という主張の根拠として、「ピラミッドからミイラが発見されていない」からだというのがある。これは果たして真実なのであろうか。私は以前著した『ピラミッドへの道―古代エジプト文明の黎明』（講談社メチエ、２０１０年）と『図説ピラミッドの歴史』（河出書房新社ふくろうの本、２０１４年）の中で、この問題について考えたことがある。それぞれの検討過程と結果はおおよそ以下のようなものであった。

「墓であるピラミッドから王のミイラが見つからない理由について考える際に、われわれはいま一度通常ものを考える場合の原点に立ち返ってみたい。つまり、ピラミッド問題を究極的に単純化してみるのである。そうすると以下のようになる。『大きな四角錐の入れものの中にそれよりも小さな直方体の箱がある。その直方体の箱の中にはAと呼ばれる物体が常識的には入っているはずである。しかし蓋を開けると箱の中にAはなく中身は空であった。さてなぜでしょう？』もちろんこの場合、可能性が一番高いと考えられる中身が盗まれていたという説は排除している。ある種の密室状態が作られていたと考えてもよい。筆者は才智溢れたミステリー作家ではないので、残念ながら奇想天外なトリックを思いつくことができなかった。そこで唯一考えることができた結論が、『もともと王のミイラは石棺に入れられていなかった』というものであったのである。もともとなかったのだから見つかるはずがない。この可能性は誰にも否定できない」（大城 2010, 202-203）

この議論は「ピラミッドからミイラが発見されていない」ことが事実だと仮定した際のものだ。もしそうなら、古代エジプト王の埋葬とは、王墓に王の遺体を埋葬しないというものであったことになる。しかしそれは真実なのであろうか。そこで『図説ピラミッドの歴史』でさらに検討を加えた。

「確かにミイラは断片ばかりであり、ツタンカーメン（トゥトアンクアメン／トゥトアンクアムン）王墓のような完全なる埋葬例は確認されていない。しかしながら、本書で見てきたように、王のピラミッドから出土したミイラの断片は複数あり、少なくとも王妃のピラミッドからは、間違いなく墓主と考えられるミイラが複数確認されている」（大城 2014, 116-117）

つまり、ピラミッドの玄室からは断片ではあるが、王のものと推定されるミイラの断片が発見されているのである（次章で詳細に扱う）。破壊されたものも多いが、石棺（そしてその破片）も複数発見されている。石棺に関しては、クフ王のピラミッド内のいわゆる「王の間」にある花崗岩製の長方形の箱は「人が横たわるには小さすぎる」という見解もあるが、そもそもクフ王の身長は知られていないし、古代世界ではよくある遺体の膝を折り曲げた状態で埋葬する屈葬で石棺に入れられた可能性もあるのだ。ピラミッドの玄室に存在するミイラと石棺は、それだけで十分に「ピラミッドは王の墓である」ということを示しているが、次章では、古代エジプトの埋葬には不可欠である死者の内臓を入れるカノポス壺とそれを収めるカノポス箱に注目することで、古代エジプト人たちの死生観からピラミッドの持つ意味について考えてみたい。

第2章　ピラミッドの持つ意味について

2・1　カノポス容器にみる古代エジプト人の死生観

古代エジプト人たちは特異な死生観を持っていたことで知られている。もし古代エジプトについて興味がなくとも、そのことは「ミイラ」や「死者の書」という言葉から容易に想像がつくであろう。あるいは古代エジプト王の墓と考えられているピラミッドやツタンカーメンの墓が造営された「王家の谷」という言葉を聞いたことがない人はいないはずである。しかし古代エジプト文明が生み出した文化とは、「死」そのものを意識した文化ではなかった。それはつねに「死後」を意識した文化であったのである。そのために彼らは死後の生活に向けて、さまざまな準備を怠らなかった。墓と棺の用意、供養碑と副葬品としての供物（あるいは供物の模型）の準備、そして「死者の書」のような宗教文書と自らの遺体を死後ミイラにするためのミイラ職人への製作依頼などである。しかしながら、上記の準備項目も多少様式は違えど、他の古代文明において多かれ少なかれ行われてきたことが知られている。ミイラ製作ですら、新大陸のインカ文明や中央アジアの隊商都市楼蘭《ろうらん》、あるいはスペイン領カナリア諸島のテネリフェ島に暮らしていたグアンチェ族によって行われてきたのである（図18）。ピラミッドに関してですら、そのテネリフェ島のグイマーのピラミッドを含め世界各地で建造例が確認されている（しかし古代エジプトから直接影響を受けた事例は少ない）（図19）。

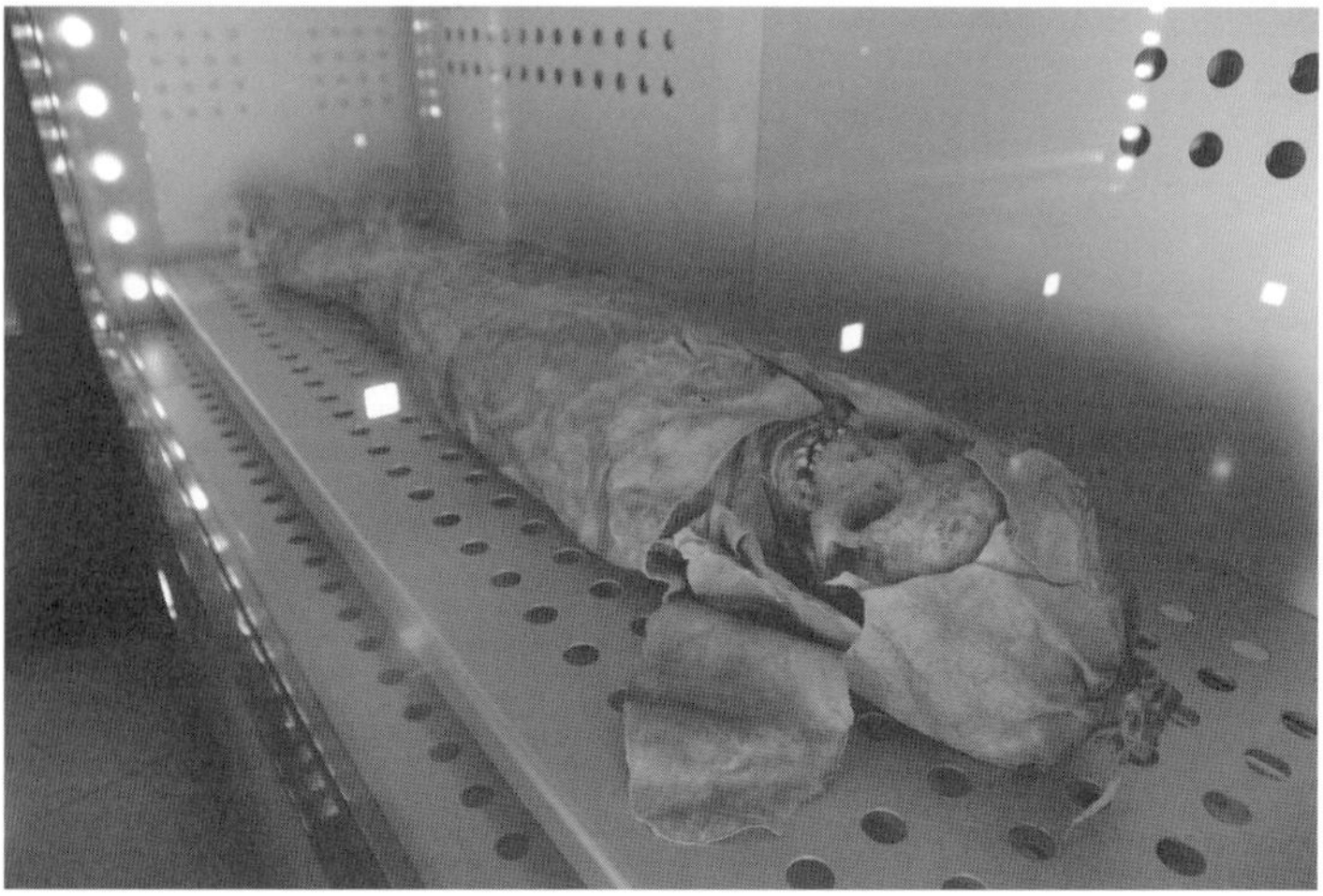

▲ 図18　カナリア諸島のテネリフェ島のミイラ

▲ 図19　テネリフェ島のグイマーのピラミッド

それら古代エジプトにおける死生観を象徴する事物の中でも特殊なアイテムがカノポス（カノプス）容器であった。カノポス容器には、カノポス箱（図20）とカノポス壺（図21）とがある。カノポス箱もカノポス壺も古代エジプト人たちの墓からしばしば出土する防腐処理が施された被葬者の内臓が中に入れられた容器のことであり、機能的には同じものである（カノポス壺がカノポス箱に収納されている例も多い）。われわれに最もよく知られているものは、新王国時代第18王朝の王ツタンカーメンの墓から出土した美しいクリーム色の方解石（トラヴァーチン／アラバスター）製のカノポス箱とその中に入れられた四つのカノポス壺であろう。

この古代エジプト文化の特徴の一つでもある特殊なカノポス容器[2]、とくに幅広く使用されたカノポス壺の持つ機能とその意味から、彼ら古代エジプト人たちが持っていた死生観・来世観を垣間見ることができるのだ。またカノポス壺の形態の変遷は、この特殊な壺がどのような意味を持っていたのか、そして古代エジプト人たちにとって、それらが副葬品として埋葬された墓とは一体どのようなものであったのかについて教えてくれる。さらに、いまだ明確ではないピラミッドの持つ意味（「ピラミッドは王の墓なのか否か」）をも完全にあきらかにしてくれる可能性を持っているのである。

2　カノポス壺とカノポス収納箱以外にも埋葬室、ニッチ、土坑、祠、ミニチュア棺を幅広く「カノポス設備」として認めている研究者もいる（Dodson, 2009, 2）。

▲ 図20　第三中間期に年代づけられるカノポス箱

▲ 図21　第三中間期に年代づけられるカノポス壺

2・2　古代エジプト人の死生観とミイラ製作

古代エジプト人はしばしば来世を信じ、再生復活を願ってミイラをつくったのだと説明されている。しかしそれだけでは、彼らの死生観を十分説明したとはいえないであろう。さらなる詳細な史料の提示が求められる。そのような古代エジプト人の来世観を示す史料に「死者への手紙」と呼ばれるものがある。この古代エジプト特有の遺物は、古代エジプト人たちの墓から出土し、現時点で十数例が知られており、陶製の鉢の表面や亜麻布、あるいはパピルスに書かれていた。以下は古王国時代（紀元前2575年頃から紀元前2450年頃）後の第一中間期（紀元前2125―1975年頃）頃に書かれたとされている手紙の内容である。

「メリレトイフィからネベトイトエフへの手紙。ご機嫌いかがですか。あなたの願いどおり、西方はあなたの世話をしてくれていますか。私はこの世であなたの最愛の人であるのだから、ただちに私の為に戦い、私の代わりに助けに入って下さい。私はこの世であなたの名前を永遠のものとしたとき、あなたのいる前で誤ってそれを伝えたりしなかった。私の肉体の弱さを取り払って下さい。どうか私の目の前で私の生命力となって下さい。そうすれば私は夢の中で私のために戦うあなたに逢えるでしょう。その結果、日の出とともに私はあなたに供物を捧げ、あなたのための供養碑を用意するでしょう」(Wente, 1990, 215)

手紙の差出人であった夫メリレトイフィは、受取人の亡き妻ネベトイトエフに対して、きわめて個人的で現実的な要求を行っていることが読み取れるであろう。そのことは手紙の冒頭にある「ご機嫌いかがですか」というフレーズに集約される。まさにこれは手紙以外の何ものでもないのだ。また「西方」や「供養碑」、あるいは「私は夢の中で私のために戦うあなたに逢える」という個所からは、ネベトイトエフがすでに故人であったことが推測できるが、この手紙の内容からはすでに亡くなってしまっている妻に対して、まるでまだ生きているかのように救いの手を差し伸べてほしい旨が書かれているのである。とくに最後の「夢で逢える」というフレーズは、ギザのスフィンクス側で発見された有名なトトメス4世の「夢の碑文」の中で、スフィンクスと化した亡き父が夢の中で息子に王権を授ける場面があることからも重要である（Gee, 2004, 1-23）。古代エジプト人たちの感覚として、この世で生きている者と死者＝あの世で生きている者との間に障壁はなく、手紙のやり取りさえできたのである。

このような「死者への手紙」は、時期と場所が限定されていたわけではなく、古王国時代から新王国時代（紀元前1539年頃から紀元前1292年頃）にかけて、エジプト各地で出土例が確認されている。つまり死者へ手紙を送るという非常に特殊で個人的なこの行為は、驚くべきことに千数百年以上にわたってエジプトの伝統として継続されたのである。

以上のように「死者への手紙」からは、現世の続きが来世で展開されると古代エジプト人たちが観念的には考えていたことがわかるのである。しかし実際に「来世で現世と同じように生きる」ことを実現するためには、絶対的に必要であると考えられていたものがあった。それが死後の死者の魂の拠り所となる肉体＝ミイラであったのである。つまり死者が来世で生きるには、ミイラがつくられなければならなかったのだ。では、そのミイラはエジプトでいつ頃からつくられ始めたのであろうか。

ミイラの出現は、古代エジプトにおける宗教観念の芽生えが原因とされることが多い。つまり、来世に対する意識がこの時期に誕生したということだ。しかし、そのこと以外にも当時始まりつつあった自然環境の変化と最初のミイラの出現とはおおいに関係があるはずだ。古代エジプトでミイラ製作が始まる時期とほぼ並行して、エジプトを含む北アフリカ地域には大規模な乾燥化が進行していたからである。動植物溢れる「緑のサハラ」[3]は、ミイラ製作の進化と並行して砂漠化していったのである。おそらく古代エジプトにおける葬送の初期段階では、遺体はナイル河に流されたり、野外に放置されたのであろう。遺族の暮らす居住地域内に埋葬される場合もあった（とくに最後に挙げた住居内における埋葬の中でも幼児の埋葬例はよく知られている）。それらのうちのいくつかは浅い穴に埋められたことから、自然乾燥によって保存され、しばしば保存状態がよくまるで生きているかのような状態で人々の目に触れるようになったと考えられているのである。人工的ではない自然乾燥ミイラの出現であった（**図13**）。そのような自然乾燥ミイラの例はじつはそれほど多くはないが、乾燥化という自然環境の劇的な変化がミイラ製作に与えた影響は少なくない。

意図的・人工的に最初のミイラがつくられた時期については、先王朝時代以前のバダリ期（紀元前5000年頃から紀元前4000年頃）まで遡るという指摘がある。この時期にはすでに、儀礼的な理由で樹脂を浸み込ませた包帯で死者を巻くことが実施されていたというのである。しかし、そう断定する

3　「緑のサハラ」については、次の文献を参照（篠田 2009, 96-103；大城 2010, 56-75）。

にはいまだ確かな証拠を欠いている。ただ少なくともアビドスやヒエラコンポリス、あるいはサッカラなどで、紀元前3100年から2700年頃に相当する先王朝時代後期から初期王朝時代かけて、日乾レンガを壁のように並べた玄室と棺の使用の増加が顕著に見られ始めたことが知られている（図3）。この埋葬における新たな変化は、少なくとも遺体を保存するうえで必要となる手法・工夫の発展を示している。

さらなる発展は初期王朝時代後半の第2王朝期に始まった。第2王朝には、ミイラの頭部から足の爪先まで樹脂の浸み込んだ亜麻布で全身が包まれた。肉体自体はすぐに腐敗したが、外見は亜麻布を巻くことによって維持された。第3王朝のネチェリケト王の階段ピラミッドからも、ミイラの断片が出土している。最初の完璧なミイラは、古王国時代第5王朝に年代づけられたメイドゥム出土のミイラであるとされている。しかし腐敗を防ぐ手段である内臓の除去が[4]、それ以前の第4王朝初期のヘテプヘレス王妃（クフ王の母親）の埋葬における副葬品のカノポス箱によって証明されていることから、最古のミイラは彼女の時代、あるいはそれ以前にまで遡る可能性がきわめて高い（ヘテプヘレスの棺は空でミイラは発見されていない）。

ミイラ製作には多大な時間と費用を必要としたことから、それは本来エリート層に限られていたが、徐々にその習慣はエジプト社会全体に浸透し、プトレマイオス朝時代とローマ時代には、あらゆる社

4　すべてのミイラが内臓を除去されたわけではない。王族のミイラですら腹部が切開されていないものがある（Lucas, 1989, 300-301）。

会階層に広く知られるようになった。本来、王と王族の特権であったミイラ製作は、最終的に庶民にまで拡大したのである。その結果、誰もが死後に魂が戻ってくる器としての朽ち果てることのない永遠の肉体＝ミイラとなることを望んだのである。もし肉体が破壊されたり喪失されれば、来世において新しい生活はできないと考えられていたからだ。そのためミイラ製作＝遺体の保存は、古代エジプト文化の核となる来世信仰を創造し、来るべき新たな生活＝「これまでと何ら変わらぬ来世の日々」のために、古代エジプト人たちにとって最重要事項の一つとなったのである。

しかしながら、ミイラの製作方法を古代エジプト人たちは具体的な文書や図像として残すことはなかった（この点はピラミッドと同じだ）。古代エジプト文明の代名詞の一つでもあるミイラの製作方法は、関係者以外には口外されない秘密の作業であったのである。エル＝ヒバ出土の末期王朝時代（紀元前664年から紀元前332年）に年代づけられたジェドバスティウエフアンクの彩色棺に描かれたミイラ製作を行っている死者の身体を描いた珍しい場面（下から上にかけて読み解く）（Taylor, 2001, 49; Wilkinson, 2005, 160）（図22）から、その過程の様子をうかがうことができるという指摘もあるが明確ではない。またそこには、ミイラとなった死者が横たわるベッドの下に四つ一組のカノポス壷が描かれていることから、ミイラ製作の場面を描いたものであることは間違いないであろう。あるいはヒエログリフ出現以前の初期王朝時代のラベルに描かれた連続したコマ送り場面に、ミイラ製作の方法・過程が示されているという指摘がなされている（Ohshiro, 2009, 57-64）。しかし、現時点ではミイラ製作過程の詳細を知るには、完形品のミイラを段階的に解体していくなどして、ミイラ自体を科学的・解剖学的に研究することと、ヘロドトスやディオドロス・シクルス（シケリアのディオドロス）などのギリシア・ロー

▲ 図22　ジェドバスティウエフアンクの彩色棺

マの叙述家たちによる記述によって説明すること以外に方法はないのである。

彼らによれば、最初遺体は複数のナトリウム化合物の混合物質であり、バクテリアと菌の増殖を防ぐ効果を持つナトロンを用いて水分と脂肪分が除去された。ナトロンの産地としては、カイロ北西約60キロメートルに位置するワディー・ナトゥルーンがよく知られている。次に内臓は黒曜石のナイフで腹部に開けられた切れ目を通して、あるいは簡易的に肛門を通して除去された。中王国時代初頭から、脳は鼻腔を通して、鋭く鉤状をした道具を使用して除去されるようになった。最も重要であると信じられていたことから、遺体に戻された心臓は例外として、他の臓器は通常洗浄され、ナトロンの中に保存され、乾燥された後、特殊なカノポス壷に入れられたのである。

しかしながら、新王国時代後の第三中間期（紀元前1069年頃から紀元前945年頃）には大きな変化があった。すべての内臓が通常ミイラ製作過程の終わりに、肉体に戻されるようになったのである。次に遺体自体の周りにナトロンが敷き詰められ、さらに内部にナトロンを詰め込み乾燥させられた。この作業が終了した後、肉体の空洞部分は、切開部が縫い合わせられる前に芳香剤などで処置されたのだ。新王国時代と続く第21王朝においては、藁束や樹脂を浸み込ませた亜麻布製の包帯がしばしばミイラを膨らませるために、そしてより生きているかのような外見を保つために、身体の空洞内に詰め込まれた。続いて全身が亜麻布製の長い包帯で巻かれ、樹脂とその他の軟膏が浸み込まされた。最後に亜麻布を巻く際には、身体に対する魔術的保護をもたらすために異なる種類のアミュレットが幾つも包帯の中に置かれたのである。ギリシア・ローマ時代の叙述家たちの説明によると、ミイラ製作の全工程には、すべての段階に儀式が伴っており、通常70日程度かかったとされている。

古代エジプト人たちにとっての「正しい死」とは、ミイラを必要とし、その作製と保護が前提であったのである。

2・3　カノポス壺とは何か？

そのようなミイラをはじめとした古代エジプト人の死生観を表しているアイテムの一つが、カノポス壺であった。壺という名称で呼ばれてはいるが、実際は液体（ワインやオリーヴオイル）や食物を入れるためのものではなかった。ミイラ製作中に取り除かれた内臓を納めるために使用された石製、木製、あるいは土器製の壺であったのである。カノポスという名称は、もともとギリシア神話の中に登場するナイルデルタの都市カノポス（現在のアブキール）で命を落としたカノープス（メネラオスの水先案内人）という名前の人物に由来するが、カノポス壺自体は、そのカノポスの住人たちによって崇拝されていた人頭壺の名をとって、19世紀にエジプト学者たちによって名づけられたものである。古代エジプト人たちは、カノポス壺をミイラ製作の容器という意味の「ケブウ・エン・ウト」と呼んでいた（和田 2014, 97）。

カノポス壺自体の持つ意味とその使用方法について理解するには、先述したようなミイラ製作についてさらに詳細に知っておく必要がある。そのミイラ製作の過程において、遺体から胃、肺、肝臓、腸の四つの臓器が取り出された。それら四つの臓器は、塩湖の湖底などから採集されたナトロンで乾燥させられた。本来、防腐剤や油の除去にも使用されていたナトロンは、「不死の肉体」の作製には不可欠であったのだ。ナトロンの作用により乾燥した臓器は、それぞれ香油や軟膏、そして樹脂が塗られ、ミイラと同様に亜麻布が巻かれたのである。そして最終的に、それらはカノポス壺と呼ばれた容器の中に入れられた（最初期のものには亜麻布で包まれた状態のまま壁面のくぼみに収納された例もある）。

そもそも古代エジプトの埋葬や葬礼に、壺や甕《かめ》などの容器は必須であった。それらは副葬品のみならず、遺体を納める棺としても全時代において使用された。初期の例として、初期王朝時代に使用された甕棺の出土例（図23）や珍しいものとして、葬礼の際に神官たちが墓の入り口で聖水やミルクを入れた壺を儀礼的に割るという行為が知られている（Hope, 2001, 54）。とくにカノポス容器の前段階としての甕棺《かめかん》の持つ意味は大きい。おそらく「遺体を容器に入れてあの世に送り出す」という古代エジプトの伝統的な考え方がカノポス容器にも反映されているのであろう。

▲ 図23　初期王朝時代の甕棺

確認されている最古のカノポス容器は、ギザにある第4王朝のヘテプヘレス王妃の墓（G7000X号墓）から出土したカノポス箱である。[5] ヘテプヘレス王妃は古王国時代第4王朝のスネフェル王の妃であり、後継者クフ王の母親であった。この発見された内部が四等分に区分けされた方解石製のカノポス箱には、発見時にまだナトロン溶液に浸された王妃の内臓と思われる包みが残されてあった。[6] ほぼ同時期のメイドゥムにあるラーヘテプとネフェレト夫妻のマスタバ墓M6号墓からも亜麻布に包まれた内臓が発見されている。ラーヘテプはスネフェル王の王子の一人（クフ王の兄弟）であったと考えられている王族である。その後、クフ王の孫娘でカフラー王の王妃であったメルエスアンク3世の頃には、内臓はそれぞれ四つの壷に納められるようになり、収納用のカノポス箱にそれらの壷が納められるようになったのである。第3王朝のネチェリケト王の階段ピラミッド・コンプレックス（複合体）の一部である南の墓の玄室（約160センチメートル×160センチメートル）が、カノポス容器の機能（遺体の内臓の保存）を持っていたという指摘がしばしばなされるが、副葬品の一つであるカノポス容器と比べると規模が違いすぎる。ネチェリケト王の後継者たちのピラミッドの玄室にも、本来はカノポス

5 もし第0王朝あるいは第1王朝のアビドスの王たちの墓にカノポス箱があったとしても、徹底的に破壊され略奪されていることから実体は不明である。また第2王朝あるいは第3王朝に木製のカノポス箱が存在した可能性がドッドソンによって提案されているが明確な証拠はない（Dodson, 2009, 5）。

6 Dodson, 2009, pl.1a. 同様の例として中王国時代のものが知られている。リシュトの第11王朝のセネブトイシの墓からは四つのカノポス壷が出土しているが、それらは内容物を伴っていた（Smith and Dawson, 1991, 144）。

容器が埋葬されていた可能性はあるが、現時点において確認されたものは一つもない。

第4王朝のカフラー王のピラミッド内部にある玄室の南東側に正方形のカノポス箱置き場がつくられて以降、後継の王たちのピラミッドの玄室にその伝統は継承されるようになる（Dodson, 2009, 8-9）。第5王朝以降、王族以外にも貴族たちがカノポス壺を使用するようになった。中王国時代になるとさらに広く普及した。その後も、収納のためカノポス壺はカノポス箱に入れられることもあったが、玄室の四隅（東西南北）に置かれたり、[7] 棺やベッドの下に並べられ使用され続けたのである（図22）。

それらカノポス壺の形態には変遷がある。第4王朝期のカノポス壺は石製で平たい蓋を持つことを特徴としていた。第一中間期には内臓の包みに人の顔が描かれるようになり、続く中王国時代初頭になるとカノポス壺の蓋は、人の頭部をかたどったものが使用され始め定着していったのだ（Raisman and Martin, 1984, pls.1-6；小林 2017, 43-69）。同じ頃、内臓を守るための定型文が側面に書かれ始めるようになり（Dodson, 2009, 2）、またアヌビス神の頭部を持つカノポス壺の例がこの頃出現することが知られている。アヌビスは、死者を来世へと誘うジャッカル（山犬）の姿をしたミイラ製作の神であった。

さらに新王国時代の第18王朝末期に、カノポス壺の外観に大きな変化が現れた。壺の蓋部分が人頭から「ホルスの四人の息子たち」の頭部を模してつくられるようになったのである（図21）。人間の頭部を持つイムセティは肝臓を、ハヤブサの頭部を持つケベフセヌエフは腸を、ヒヒの頭部を持つハピは肺を、ジャッカルの頭部を持つドゥアムトエフは胃をそれぞれ守護した。以降、この様式はエジプ

7　ドゥアムトエフは東、ケベフセヌエフは西、イムセティは南、ハピは北に置かれた。

トで定番となっていった。その後、新王国時代終盤にはカノポス壷の使用は減少する。しかし内臓の象徴的守護者としての彼らの機能は重要性を保持し続け、新王国時代後の第三中間期にすべての内臓がカノポス壷ではなく、ミイラの肉体に戻されるようになった後でさえ、「ホルスの四人の息子たち」は、ファイアンスやガラス製のミイラ型アミュレット（Andrews, 1994, 46-50, 51）として、内臓とともにミイラの中に入れられたり、それぞれの内臓と一緒に包まれた小型の人形（Smith and Dawson, 1991, 146-figs.51-54；Taylor, 2001, 73-40）としてミイラの中に入れられたのである。

もちろん第三中間期とそれ以降にもカノポス壷が使用されることはあったが、ドゥアムトエフとケベフセヌエフとを取り違えるという事例が多く知られており、かなり曖昧で厳密さを欠き混乱していた様子がうかがえる。さらに第25王朝のヌビア人王たちのカノポス壷には、内臓が収納されていないダミーのものが複数あった[8]。サイス朝期（第26王朝）とプトレマイオス朝時代にはカノポス壷の表面に碑文が加えられることがこれまで以上に多くなった。また裕福な人々は、壷の中に臓器が入れられなくなってからもカノポス壷一式を副葬品の定番として墓に埋葬したのである。おそらくミイラ製作の際に内臓を腐敗させない工夫の発展により、身体から出す必要性がなくなったからであろう。臓器を収納するという本来の機能を喪失したカノポス壷ではあったが、その後も古代エジプトの葬礼に必要不可欠なアイテムであり続けたのである。

8　第25王朝のエジプト文化採用については、次の論考を参照（山下 2013, 27-32）。

2・4　ピラミッドの中のカノポス容器

古代エジプト文明の特徴の一つであるこのカノポス容器から、古代エジプトのピラミッドの持つ意味について考えてみたい。ほとんどのカノポス容器は個々人の墓から出土するが、王や王族のピラミッド内の玄室においても発見例が複数確認されている。さらにもう一つカノポス容器と密接な関係を持つものとして、ピラミッド玄室の床面に設置されたカノポス箱置き場（古代においてその大半は破壊されてしまっている）がある。それら三つの要素（カノポス箱・カノポス壺・カノポス箱置き場）について、王のピラミッドという観点から見てみたい。その結果、古代エジプト王のピラミッドが持つ意味があきらかになるであろう。つまり、ピラミッドは王の墓なのか否かという問題である。

以前著者は『ピラミッドへの道―古代エジプト文明の黎明』（講談社メチエ、２０１０年）の中で、「王のためのピラミッドから王のミイラは発見されていない」という従来から存在する主張が正しいと仮定してピラミッドについて考えたことがある。その際にこのピラミッド問題を究極的に単純化して以下のように問題提起した（１・４節参照）。

「大きな四角錐の入れ物の中にそれよりも小さな直方体の箱がある。その直方体の箱の中にはAと呼ばれる物体が常識的には入っているはずである。しかし蓋を開けると箱の中にAはなく中身は空であった。なぜでしょう？」（大城 2010, 202-203）

大きな四角錐の入れ物とはピラミッド、小さな直方体の箱とは玄室（あるいは石棺）、そして中にあるAという物体とはミイラを指している。その際に私が導き出した結論は、「もともと王のミイラは石棺に入れられていなかった」というものであった（もちろん最も可能性の高い中身は盗掘にあい破壊され盗まれてしまったという考えは排除しての見解である）。

その後、『図説ピラミッド』（河出書房新社、２０１４年）でいくつかのピラミッドの中から完全体ではないが、ミイラと石棺、そして死した王が持つべき王権に関係する重要な遺物が発見されていることを確認した。つまり、ピラミッドからミイラが発見されていないというのは誤りにすぎず、実際にはいくつかのミイラを含め王の埋葬に関する遺物は発見されているのである。そしてそれらを根拠に、ピラミッドを「王の墓」であると断定したのだ。

確かにミイラは断片ばかりであり、ツタンカーメン王墓から出土したミイラのような完全なる埋葬例はいまだピラミッドからは発見されていない。しかしながら、王のピラミッドから出土したミイラの断片は複数あり、少なくとも王妃のピラミッドからは、間違いなく墓主と考えられるミイラが複数確認されているのである。以下、『図説ピラミッド』で取り上げた王のミイラの可能性が高い事例を挙げてみたい（王族ではあるが王ではない王妃メルエスアンク3世や、王であるが実在が不確かとされるホルはリストに含めなかった）(S. Ikram and A. Dodson, Royal Mummies in the Egyptian Museum (Cairo, 1997), pp.20-21：大城 2014, 116-117)。

1．ネチェリケト王：階段ピラミッドの玄室からミイラの一部

2．スネフェル王：赤ピラミッドからはミイラの断片

3．メンカウラー王：ミイラと包帯の一部

4. ネフェルエフラー王：手のミイラ
5. ジェドカラー王：ミイラの一部
6. ウナス王：亜麻布が巻かれたミイラの右腕（左腕）、頭骨、脛の一部
7. テティ王：ミイラの腕と肩の断片
8. ペピ1世：亜麻布で包まれた王の内臓とミイラの断片
9. メルエンラー王：完全に残っていた少年のミイラ
10. センウセレト2世：王冠に使用したウラエウスとミイラの足二本
11. アメンエムハト3世：ミイラの断片

以上のように、ピラミッドからはミイラが発見されている。ピラミッドを墓だと主張するためには、上記の王のミイラの例だけでも十分であるが、さらに王妃や王子を含む王族のミイラは、王以上の数が確認されているのである。そのうえ、埋葬に必要不可欠な石棺や木棺、ときには黄金製品などの副葬品までもが玄室から出土している（大城 2014, 71- 図 113, 82- 図 128, 93- 図 144）。またエジプトのピラミッドの末裔たるヌビアのピラミッドには、王も王妃も副葬品とともに埋葬されていたのだ。これらの事実は、ピラミッドが墓であったことを決定づけている。

この結論をさらに強固なものとするために、本節ではこれまで議論してきたカノポス関連物に注目した。以下は王のピラミッドの玄室と王のピラミッド・コンプレックス内の王族の埋葬施設内の玄室から出土したカノポス箱とカノポス壺、そしてカノポス箱置き場について、ドッドソン（Dodson, *The Canopic Equipment of the Kings of Egypt*（New York, 2009））と拙著『図説ピラミッド』をもとにまとめ

たものである（△はピラミッドあるいはピラミッド・コンプレックス内の埋葬施設を、そして無印はそれ以外の埋葬施設を意味する）。

△ヘテプヘレス1世：カノポス箱
△カフラー：カノポス箱置き場
△ジェドカラー・イセシ：カノポス壺、カノポス箱置き場
△ウナス：カノポス箱、カノポス箱置き場
△テティ：カノポス箱、カノポス箱置き場
△イプト王妃：カノポス壺
△ペピ1世：カノポス箱、カノポス壺
△メルエンラー（ネムティエムサエフ）：カノポス箱
△ペピ2世：カノポス箱、カノポス箱置き場
△ネイト王妃：カノポス箱
△クイ：カノポス箱置き場
　メンチュヘテプ2世：カノポス箱
△センウセレト1世：カノポス壺
△アメンエムハト2世：カノポス箱
△王女イタとクヌムエト：カノポス壺
　センウセレト3世のアビドスの王墓複合施設：カノポス箱

△ウェレト王妃：カノポス壺
△アメンエムハト3世（ダハシュール）：カノポス箱
△アメンエムハト3世（ハワラ）：カノポス箱、カノポス壺
△持主不明の南マズグーナのピラミッド（アメンエムハト4世とその次の王であった第12王朝最後の支配者セベクネフェル女王とが候補）：カノポス箱置き場
△持主不明の北マズグーナのピラミッド：カノポス箱置き場
△アメニ・ケマウ王：カノポス壺、カノポス箱置き場
△アブイウラー・ホル（ピラミッドではないが複合体内）：カノポス壺、カノポス箱
△ケンジェル：カノポス箱置き場
△ピイ：カノポス壺（ダミー）
△シャバカ：カノポス壺
△シャバタカ：カノポス壺（ダミー）
△タハルカ：カノポス壺
△タヌトアムン：カノポス壺
アプリエス：カノポス壺
△アマニシャクト（カンダケ）王妃のピラミッド：カノポス壺

以上のように、多くの王と王族のピラミッドとその周辺墓からカノポス関連物の痕跡が確認されていることがわかるのである。

王のピラミッドがエジプトで大量に建造された古王国時代と中王国時代には、おおよそ50名の王が即位したと考えられている。そのうちの24人のピラミッドが同定され、その中の22人のピラミッドにおいてカノポス関連物が発見されているのだ。つまりそれら持ち主の確認されたピラミッドの約92％のピラミッドに、カノポス関連物が確認されていることになる（さらに第25王朝のピイ王以降のヌビアで建造されたヌビア人エジプト王のピラミッドからも、副葬品としてのカノポス壺が多く出土している）。とくに古王国時代第6王朝のペピ1世のピラミッドからは、蓋が閉まった状態のカノポス箱が発見され、その中には亜麻布で包まれた王の内臓が残っていた（Lehner, 1997, 22）。さらにこのペピ1世のピラミッドからは、ミイラの断片、「上下エジプト王」の文字が記された亜麻布の断片、サンダル（大城 2013, 118-124）が発見されている。このことはカノポス関連遺物がピラミッドには不可欠な要素であり、ピラミッドは王の内臓が埋葬された「王の墓」であったことの証拠となる。現在では王のミイラのほとんどは失われてしまったが、カノポス関連物の痕跡を完全に消し去ることはできなかった。たとえカノポス壺やカノポス箱を持ち去ることができたとしても、不動産であるカノポス箱置き場はもとの位置に残されたからである。

2・5　ピラミッドは王の墓である

ピラミッドが建造されなくなって以降も、新王国時代のテーベの王家の谷やデルタの大都市タニスなどその他の王墓地において、カノポス壺を中心としたカノポス関連物は複数発見されている。古代エジプト王家のカノポス壺として知られる最後の品は、第26王朝のアプリエス王のためにつくられたものであった。カノポス壺の製造は、その後もエジプトで続いたが、ローマ支配時代に終わりを迎えた。古代エジプト人たちの来世観を理解する手掛かりとなるカノポス壺の伝統は失われたが、われわれはカノポス壺やカノポス箱、あるいはカノポス箱置き場跡がピラミッドの玄室内で発見されることから、「ピラミッドは王の墓である」というピラミッド自体の持つ意味を知ることができるのである。

以前筆者が『図説ピラミッド』の中であきらかにしたように、ミイラの出土例から考えるとピラミッドが「墓」としての機能を保持していたことは間違いない。それに本章で取り上げたカノポス壺をはじめとするカノポス関連物が補足されるのである。カノポス関連物は、古代エジプト人たちの来世観、つまり一定の手順を踏み、準備さえ整っていれば、死後もあの世でこの世と同じ生活を送ることができるのである、ということを理解する手掛かりとなるだけではなく、ピラミッドが王の墓であったことをあきらかにしてくれる遺物として重要なのである。

ピラミッドの玄室内におけるカノポス関連物（壺・容器・箱・箱置き場）があったことは、ピラミッドが王の墓であったことを決定的にする証拠である。では、次章において具体的な例（ケントカウエスのマスタバ墓／ギザの第4のピラミッド）を取り上げて、ピラミッドの持つさらなる意味について考えてみたい。そこからわれわれはピラミッドが単なる墓ではないことを知るのである。

（付記）本章は「カノポス容器にみる古代エジプト人の死生観―ピラミッドの持つ意味について」東洋英和女学院大学死生学研究所編『死生学年報』リトン、2015年、71－88ページに掲載された論考に加筆・訂正したものである。

第3章　ピラミッド両墓制論からの視点

3・1　ケントカウエス王妃はエジプト王となったのか？

死した王の場合には、その他大勢の私人とは異なり、墓という一つの限定された特殊かつ神聖な空間において、複数の召使いを伴って永遠に王権儀礼を行い続けたと考えられている。墓は死後の世界における王宮として、そしてその中で王は生前と同じ役割が求められたようである。たとえば古代エジプトでは、ある時期まで王の死に伴い殉葬（王とともに人々が埋葬されること）が行われていたことが確認されている。そしてピラミッド建造が始まる第3王朝に入ると、王家の来世信仰に天体的・宇宙的要素が導入されたのだ。天空・星空が死したエジプト王の最終的な目的地となったのであった。おそらくこの概念が、その後の古王国時代におけるピラミッドの建築やその正確な方位に関する考え方の基礎となったのである。

巨大な石造建造物としてわれわれに知られているピラミッドが、最も盛んに建造された時期である古王国時代は、政治的にも芸術的にも古代エジプト文明が最初の絶頂期を迎えた時期であった。この時期、古代エジプト社会の階層化が進み、官僚機構・行政機構が安定し、たった一人の王を頂点として中央集権化が図られ、ナイル河沿いに暮らしていた人々が一つの国という状態にまとまったのである。その中でも第4王朝末期から第5王朝初期は、古代エジプト文明を理解するうえで不可欠な太陽

古王国時代	第3王朝 （2650～2575B.C.）	
	第4王朝 （2575～2450B.C.）	スネフェル クフ／ケオプス ジェドエフラー カフラー／ケフレン メンカウラー／ミケリノス シェプセスカフ
	第5王朝 （2450～2325B.C.）	ウセルカフ サフラー ネフェルイルカラー・カカイ シェプセスカラー・イズィイ ネフェルエフラー／ラーネフェルエフ ニウセルラー・イニィ メンカウホル ジェドカラー・イセシ ウナス
	第6王朝 （2325～2175B.C.）	
	第7／8王朝 （2175～2125B.C.）	

▲ 図24　古王国時代第４王朝と第５王朝の編年

信仰の隆盛とピラミッド・コンプレックスを中心とした大型建築様式の推移に関する問題、そして何より王朝をまたぐ王位継承問題をわれわれに提示している（図24）。本章は第４王朝最後の王の王妃であり、第５王朝最初の王の母であったと考えられているため、両王朝を繋ぐ人物であったシェプセスカフ王の王妃ケントカウエスに焦点を当て、いまだあきらかではないこの時期のエジプトにおける上述の諸問題について考察した試論である。

以下、最初に第４王朝最後の王であったシェプセスカフ王の治世と彼の墓の位置問題について考える。続いて、第５王朝最初の王であるウセルカフ王と彼の王位継承問題について文献史料を用いて考察を加える。次にケントカウエスと彼女のマスタバ墓を取り上げる。最後には、アブ・シールで発見されたピラミッド・コンプレックスの持ち主であるケントカウエスとギザのマスタバ墓を持つケントカウエスとが同一人物であった可能性について考えてみたい。

以上のことから、ケントカウエスという人物の実像と、両王朝で果たしたその役割をあきらかにすることを試みる。結果として、ケントカウエスが最終的にエジプト王となった可能性を提案する。

3・2 シェプセスカフ王とマスタバ・ファラウン

一般的に第4王朝最後の王は、ギザの三大ピラミッドの最後のものを建造したメンカウラー王の兄弟であったと想定されているシェプセスカフ王と考えられている。[9] 彼は偉大な兄の後を継ぎ、4年間あるいは5年間にわたりエジプトを統治した。[10] 死後彼の王墓は、第4王朝の伝統であったピラミッドではなく、マスタバ墓形式でつくられた。今日99・6メートル×74・4メートルにも及ぶその巨大さから、アラビア語でマスタバ・ファラウン（ファラオのマスタバ）と呼ばれているマスタバ墓である（図25）。そしてそれは彼の祖先たちがピラミッドを建設したギザ台地ではなく、古代エジプト最初のピラミッドであるネチェリケト王の階段ピラミッドの存在するサッカラの南に建設されたのである。シェプセスカフ王は巨大なピラミッドを建造せず、またギザ台地にも埋葬されなかった古代エジプト王ということになる。

シェプセスカフ王が第4王朝の先王たちのようにピラミッドを建設せず、第1王朝と第2王朝の王

---

9 シェプセスカフはメンカウラーの第2王子と考える研究者もいる（Grimal, 1994, 74）。

10 Redford (ed.) 2001, 597; Shaw (ed.) 2002, 480. ベッケラートは7年間（紀元前２４８６—２４７９年）を想定している（von Beckerath, 1999, 283）。

▲ 図25　シェプセスカフ王のマスタバ・ファラウン　出典：Look Lex

たちが造ったマスタバ墓という古い墓の形態を自らの王墓として採用した理由として、シュターデルマン（R. Stadelmann）は、「より王墓に相応しいものを彼は取り入れたのだ」と説明しているが、それではなぜピラミッドが王墓に相応しくないのか、そしてなぜ彼は王墓地をギザからサッカラに移したのか、という説明にはならない。シュターデルマンはまた本当はシェプセスカフ王もピラミッドを建設したかったのだが、治世が短かったために時間が足りずマスタバ墓となったとも考えていたようである（Redford (ed.), 2001, 597）。この主張はシェプセスカフ王がメンカウラー王の兄弟であり、即位時にすでに高齢であった点を考慮すれば十分に理解できるものである。しかしながら、シュターデルマンのこの提案でも、なぜギザではなくサッカラを選んだのかという説明はなされていない。

シェプセスカフ王は、先王のメンカウラー王のピラミッドを完成させたと考えられていることから、決して彼自身がピラミッド自体を否定する立場ではなかったことは確かである。またもう一つの主張として、吉成薫による「シェプセスカフ王はそれまでの王たちと系統が異なることを示そうとしたのだ」(吉成 1998, 45) という説もあるが、母親が異なる可能性が高いとはいえ、シェプセスカフ王は現時点でメンカウラー王の兄弟であると考えられているため、違う系統と断言することには注意が必要である。またグリマル (N. Grimal) やヴェルナー (M. Verner) が提案しているように、シェプセスカフ王がメンカウラー王の息子と考える場合でも「系統が異なる」とはいえないであろう (Vernar, 2001a, 259; Grimal, 1994, 74)。「系統が異なる」という意味を思想や考え方が異なると解釈するならば、この主張も通じそうであるが、具体例は挙げられていない。

シェプセスカフ王の先王であったメンカウラー王はギザにピラミッドを建設し、次王であるウセルカフ王は初めて太陽神殿を建設した王であった。そのため両王が太陽神信仰信奉者であった可能性は高い。両王の間に位置するシェプセスカフ王も先ほど述べたように、ピラミッドを否定する立場になかったと考えられるため、太陽神を崇めていた可能性がある。しかしながら、エドワーズ (I. E. S. Edwards) は、第4王朝のジェドエフラー王がギザではなく、アブ・ロアシュに自らのピラミッドを建設し、そのピラミッドの名称が「ジェドエフラーはセヘド星」であった例を挙げ、彼が太陽神信奉者ではなく、星信仰信奉者であったとしている。[11] そして同様にシェプセスカフ王も太陽神信仰の中心

11　エドワーズはジェドエフラーの名前が「ラーのごとく永遠」を意味することには触れていないし、彼が最初に

地であったヘリオポリスの神官団の絶大な権力から逃れるために、ギザから離れたサッカラにピラミッドではない形態の王墓を建設したのだと提案したのである（Edwards, 1991, 287-288）。シェプセスカフ王の王墓について考える際、いまだエドワーズのこの説が最も有力といえよう。同じようにグリマルは、シェプセスカフ王がメンカウラー王とは異なる信仰を持っていたことが原因で、その伝統を破るためサッカラに自らの王墓を建てたと考えた（Grimal, 1994, 74-75）。しかしもう一つの考えとして、「シェプセスカフ王が第1王朝、第2王朝、そして第3王朝の王たちの時代を理想とし、彼らを理想の王とみなして憧れており、その側に埋葬されたいと願っていたのだ」という説を挙げておきたい。シェプセスカフ王のマスタバ墓についての定説となり得るような主張はいまだないが、最後に挙げた考え方を重視するには理由がある。

じつはこのシェプセスカフ王のマスタバ墓がサッカラにつくられたという問題は、古代エジプト史上の大きな問題の一つ「第1王朝と第2王朝の王たちの王墓地は、アビドスなのかサッカラなのか」を解く鍵であると著者は考えている[12]。サッカラのマスタバ墓は、アビドスのウンム・エル＝カアブのものより規模が大きく、副葬品も多彩で被葬者の人骨の一部も出土しているにもかかわらず（Hoffman, 1984, 282）、王名のある墓碑を持つアビドスの王墓とセットとして葬儀用・祭祀用施設としての巨大な日乾レンガ製の構造物である「葬祭周壁」を考慮に入れているため、現時点ではほぼアビドスが王墓

サ・ラー名を採用したことにも触れていない。

12　この問題については次の文献を参照（近藤 1997, 56-64；大城 2010, 109-113）。

地として比定されている。[13] しかしながら、古代エジプトでは一人の王に場所の違う二つの墓、あるいは墓に類似する施設を複数持つ場合があるため、どちらが王の亡骸を埋葬した墓なのかを断定することは難しい。サッカラの巨大なマスタバ墓である３０３５号墓とアビドスのT号墓の両方がデン王のものであり、アビドスにZ号墓を持つジェト王のマスタバ墓と考えられるサッカラの３５０４号墓が同王のものであるというエメリー（W. Emery）の主張を完全に否定することはできない（Hoffman, 1984, 285; Emery, 1961, 69-73; id., 1954, 3）。そのうえ、シュターデルマンとスペンサー（J. Spencer）は、アビドスに墓を持つ第２王朝の王たちがサッカラに王墓、あるいは周壁を持つ大型施設を建設したと考えている（近藤 1997, 60-61）。もし今述べてきたようにシェプセスカフ王が第１王朝、第２王朝、そして第３王朝の王たちに憧れてサッカラに墓をつくったという仮説が成り立つとするなら、シェプセスカフ王の時代にエジプト王たちの王墓地と認識されていたのはアビドスではなく、サッカラであった可能性がある。第３王朝の終わりが紀元前２６１３年頃と考えられており、シェプセスカフ王の死までに１００年ほどしか経っていないことから可能性は高い。もしそうであるとするならば、時の権力を独占した古代エジプト王もやはり他の時代・地域に見られるように建国の英雄に憧れたのである。

本節の最後に、シェプセスカフ王のマスタバ墓問題を解決するためのもう一つの可能性を提案しておきたい。それは、シェプセスカフ王はサッカラにマスタバ墓を建造したが、それ以外にも自らのためにピラミッドを建造しており、そのピラミッドがいまだ発見されていない、あるいは王の早すぎる

13　Bard, 2002, 69-74. 葬祭周壁に関しては、次を参照（大城 2010, 88-94）。

死去によって建設が中断されたという解釈である。ケントカウエスのピラミッドが1970年代後半にアブ・シールで発見されたように、シェプセスカフ王のピラミッドもまた、今後発見されるかもしれない。この点については第4節において詳しく述べる。またパレルモ・ストーン（第1王朝から第5王朝までの各王の治世の重要な出来事が刻まれた年代記）において、シェプセスカフ王のセレクの下に聖水を意味する文字と並列してピラミッドを意味する文字が記されている。ウィルキンソン（T. A. H. Wilkinson）の従来の解釈では、これはサッカラにあるマスタバ・ファラウンを指すと考えられているが（Wilkinson, 2000, 149 and fig.2）、シェプセスカフ王が建てたもう一つの建造物＝未発見のピラミッドを指しているのかもしれない。

3・3　ケントカウエス王妃と第5王朝の誕生

メンカウラー王の治世を継承したシェプセスカフ王の治世の始まりは、比較的安定していたと考えられているが、ピラミッドからマスタバ墓への王墓形態の変化とギザからサッカラへの王墓地の移動を考慮に入れると、その治世である第4王朝終盤には何らかの社会的変化、あるいは思想的変化があったと想定できる。この時期のエジプト社会の状況を理解するための史料・資料は極端に不足しているが、一つの手掛かりとしてこれまでしばしば用いられてきた第4王朝から第5王朝へと移る過程、つまり王位の継承問題を描いたと考えられている古代エジプト文学を代表するパピルス文書であるウェストカー・パピルスの中の記述を取り上げておきたい。

この物語の中では王の母親の存在が一つの焦点となっている。例外はあるものの古代エジプトでは通常王位を継ぐのは、王の偉大なる妻（ヘメト・ネスウ・ウェレト）という称号を持つ正妃が生んだ王子たちの一人であった。そのため王の母となった人物は、強力な権力を持つことになる。アビドス出土の王名が列挙された封泥（Spencer, 1993, 64-fig.43）の最後に加えられているデン王の摂政であった可能性のあるメルネイト王妃、スネフェル王の正妃でクフ王の母親であったヘテプヘレス1世、アメンヘテプ3世の正妃でアクエンアテン王の母親のティイなどがその代表として挙げられるであろう。

シェプセスカフ王の後、エジプト王となった人物は、ウセルカフ王であると考えられている。シェプセスカフ王は第4王朝最後の王で、ウセルカフ王は第5王朝最初の王ということになる。そこでこのウセルカフ王の母親が問題となるのである。この第4王朝と第5王朝とをつなぐ役割を果たした人物こそがケントカウエスであった。このケントカウエスについての文献史料からの情報は現時点で少ないが、彼女はかたちを変えてエジプトの物語の中に登場する。ウェストカー・パピルスの「クフ王と魔術師たち」の中に見られる「魔法使いジェディの話」と「第5王朝の諸王の誕生」の記述の箇所に、彼女のことを示していると考えらえるレドジェデトという名前の女性が登場するのである。物語の中ではジェディという名前の魔術師がクフ王、カフラー王、そしてメンカウラー王という三代の王たちの後に、新しく王位に就く人物を三人産むことになるレドジェデトという女性について次のような予言を行っている。

「彼女はサクブの主である太陽神ラーの神官の妻で、サクブの主ラーの三人の子供を身籠っております。ラーはこの国全体に権威を持って政を行い、その長男はヘリオポリスの大司祭となるであ

ろうと申しておられます」(Lichtheim, 1975, 219; Simpson, 2003, 20)

そして物語の中では、イシスやネフティスなどの女神たちの助けにより、太陽神ラーとレドジェデトの子供たちである三人は無事この世に生まれてくるのである。その際の様子の描写は次のようであった。

「力強いという意味の名前のために彼女の子宮のなかで力強くあるな、とイシスは言った。するとその子供は、彼女の腕のなかに滑り込んできた。その子供は1キュービットの大きさで、骨は強靭であり、手足は黄金で覆われており、本物のラピスラズリ製の王の被り物を着けていた」(Lichtheim, 1975, 220; Simpson, 2003, 22; 大城 2003, 93-94)

古代エジプト語で「力強い」という意味を持つ単語は、「ウセル」(*wsr*)であり、ウセルカフ王の名前の一部と一致する。また手足は黄金で覆われ、ラピスラズリ製の王の被り物をしていたことは、まさに古代エジプト王の誕生という事件を強く印象づける表現方法である。この三人はウセルカフ、サフラー、そしてネフェルイルカラーという第5王朝の最初の三人の王たちであり、母親のレドジェデトはケントカウエスをモデルにしたと考えられている。この物語は、第5王朝の王たちの王位の正統性を明確にするために同時期につくり出された建国神話的逸話と考えるのが妥当である。またウセルカフ王はもともとヘリオポリスの太陽神ラーに仕えていた神官であったが、拡大する太陽神への崇拝とその強大な権力を背景として、後にケントカウエスと結婚し（Verner, 2002, 97; id., 2001a, 263-264）、第5王朝を創始したと考えられていることもこのことを補強している。第5王朝に導入された太陽神信仰は、ピラミッド・コンプレックスから分離した独自の祭祀施設である太陽神殿を必要とするほど強大化していたのである（Arnold, 2005, 60-63）。本節冒頭で述べた第4王朝終盤の社会的変化・思想的変化とは、おそらく太陽神信仰の導入に伴うものであったのであろう。

このように物語の中に名前を変えて現れるケントカウエスではあるが、実際ギザに彼女の墓が見つかっているために、実在の人物であることはほぼ疑いようがない。それでは次節では彼女の数少ない実在の証拠である巨大なマスタバ墓を中心として、当時の社会状況を詳細に見ていきたい。

3・4　ケントカウエス王妃とギザの第四のピラミッド

ケントカウエスはメンカウラー王の娘であり[14]、そしてシェプセスカフ王の王妃であり、ウセルカフ王、サフラー王、そしてネフェルイルカラー王の母親であったと考えられている。つまり、第5王朝の最初の三人の王たちの母親ということになる。このことは3節で触れたウェストカー・パピルスの中の物語の内容と一致する。ただ可能性として、ケントカウエスという人物は、シェプセスカフ王の王妃であっただけではなく、同時に娘でもあった可能性もある（Redford, (ed.), 2001, 597）。また彼女の

14　Verner, 2001b, 165. グリマルやアルテンミューラーは、ケントカウエスの父親がジェドエフラーと王位を競ったジェドエフホルであるとしている。ジェドエフホルはクフ王の息子であり、賢者として物語や教訓文学においても知られている人物である（Grimal, 1994, 72 and 74; Edwadrds, 1991, 153; Lichtheim, 1975, 58-59）。

息子であろうと考えられている第5王朝の初代の王ウセルカフと結婚した可能性もある（Hays, 1990, 66）。そのうえ、実在が証明されてはいないが、マネトの『エジプト誌（アイギプティアカ）』の中で、エジプトを9年間統治したとされるサムフティス（Thamphthis）王の王妃であった可能性も提案されているのである。[15] サムフティス王とは、シェプセスカフ王、あるいはウセルカフ王の共同統治者としてのケントカウエスを指していた可能性すら考えられる。この謎の多いケントカウエスの実像を少しでもあきらかにすることが、第4王朝と第5王朝を理解するには不可欠である。

ケントカウエスのマスタバ墓は、ギザ台地にあるカフラー王とメンカウラー王のピラミッドの参道の間に位置している。ギザ台地にある葬祭記念構造物の一つとして知られているこの彼女の墓（LG100号墓）[16]は、45・5メートル×45・8メートルの基底部を持ち、高さが17・5メートルあり、直方体が二段重ねされた上部構造を持っている（図26）。また石材の重量を意識してか、二段目は中心から少し南方向に位置をずらしてつくられている。外部に周壁の四隅が少し丸く調整されており、外装に使用されたトゥーラ産の良質の石灰岩は、ピラミッド建設に使用されたものと同じと考えられている。また ピラミッドと同様に石材の形が調整されている。現在はほとんど残っていないが、当時墓の主周辺は白い漆喰を塗った日乾レンガで囲まれていた。また北西角の前方には貯水槽がつくられており、マ

15　おそらくジェドエフプタハというエジプト名がギリシア語読みに変化したもの（Redford (ed.), 2001, 597; Waddell, 1980, 47; von Beckerath, 1999, 54-55）。

16　Jánosi, 1996, 28-30. カール・リヒャルト・レプシウス（Karl Richard Lepsius）の調査隊によってLG100号墓と命名された。

▲ **図26** ケントカウエスのLG100号墓

スタバ墓前方にある空間から小さな階段と排水溝がそこに通じている。ハッサン（S. Hassan）は、この貯水槽をミイラ製作の際の儀式用のものだと考えた（Verner, 2001, 261）。またマスタバ墓の南西隅には、太陽の船が収められていたと考えられる細長く深い溝がある（Hassan, 1943, 33）。周囲に点在しているマスタバ墓とはあきらかに異なる目的と意味を持っていると考えられるのである。

このマスタバ墓のもう一つの大きな特徴は、参道に沿って居住区が設けられていることにある。東側の日乾レンガでつくられたこれらの居住地区には、10個の画一化された住宅とそれらよりもさらに大きな四棟の独立した家屋が併設されていた（Kemp, 2006, 206-fig.73）。ケンプ（B. J. Kemp）の主張するように、そこには管理を任された墓守たちが暮らしていたのかもしれない（Ibid., 206-207）。あるいは偉大なる王の母ケントカウエスを崇拝する人々が神官のような立場として居住していたと考えられる。実際

▲ **図27**　ケントカウエスの称号が彫られた碑文

に第6王朝の終わりまで、この場所におけるケントカウエスに対する信仰は続いた[17]。

内部構造に目を転じると、玄室は石灰岩の岩盤を掘り込んだ基底部の中にあり、メンカウラー王のピラミッドやシェプセスカフ王のマスタバ・ファラウンと類似している（Ibid., 168-169）。つまり第4王朝の王墓に倣《なら》ったものとなっていることがわかる。複雑な構造を持つ内部は、同時代の建造物の中でも女性の墓としては特殊な存在である。この特異な様相を持つ墓がどのような意味を持つのかはいまだ明確ではない。現在崩れている入り口部付近には、ケントカウエスの称号と名前が彫り込まれた赤色花崗岩製の扉の断片が残っている（**図27**）。この赤色花崗岩はその独特の色合いから、メンカウラー王のピラミッドにも使用されたアスワン産のものと同じと考

17　ヴェルナーは人々のケントカウエスに対する信仰を王に匹敵するとさえ述べている（Verner, 2001b, 170）。

えられている。入り口部を通過し、南西隅から内部へと入ると木製の梁を渡した跡のある高い天井部を持つ長方形の部屋がある。床面は一段深く掘り込まれ、正面と左右側面にはくぼみ（ニッチ）が見られる。その長方形の部屋自身は南北方向に伸び、向かって左隅に前室と玄室へと続く地下への階段が設置されている。巨大な石灰岩製の階段を下ると六つの側室を持つ前室に至る。六つの側室は倉庫として使用された可能性がある。マスタバ・ファラウンにも同様に六つの側室が存在している。前室には現在大型の石灰岩製の石材が散乱している。そして前室に続くかたちで玄室が存在しているのである。玄室に至る直前の前室と玄室との境には、左右に偽扉が彫り込まれている。玄室には石棺を安置するためのくぼみが掘られているが、埋葬の痕跡は確認されていない。ただしアラバスター製の棺の断片と考えられる遺物のみが確認されている（Hassan, 1943, 26）。発掘調査は１９３１〜１９３２年になされ、後にハッサンによって報告書が出版されている[18]。

このような巨大なマスタバ墓を建設することができたケントカウエス王妃とは、一体どのような人物であったのであろうか。上述のように、彼女の生きた時代のエジプト社会は複雑な王朝の過渡期であった。王墓地の移動が行われ、ピラミッドや巨大なマスタバ墓や太陽神殿が次々と建てられた時代であった。その中で彼女は三大ピラミッドがそびえるギザ台地、それもカフラー王とメンカウラー王のピラミッドの面前であり、両ピラミッドの河岸神殿の間に自らの墓を建てることができたのである。

18　その後、１９９９年にハワス（Z. Hawass）による修復作業が行われ、２００６年よりレーナー（M. Lehner）率いるＧＰＭＰ（Giza Plateau Mapping Project）によって、三次元計測が行われている。

同時期の王妃たちとは比較にならないほど巨大な権力を持っていたとしか考えられない。しかしながら、ケントカウエスの実像はいまだあきらかではないのである。ただ彼女の実像を知るためにわずかではあるが、われわれに残された手掛かりがある。それは先ほども少し触れたケントカウエス王妃の称号と名前が彫り込まれた赤色花崗岩製の扉の断片の存在である。そこに彫り込まれていた碑文の内容が問題となった。そこにはヴィケンティエフ（V. Vikentiev）の読んだように、〝the mother of two kings of Upper and Lower Egypt（*mwt nsut bity nsut bity*）〟＝「上下エジプトの二人の王の母」、あるいはユンカー（H. Junker）の読んだように、〝the King of Upper and Lower Egypt and the mother of the King of Upper and Lower Egypt（*nsut bity mwt nsut bity*）〟＝「上下エジプト王であり、上下エジプト王の母」という意味の文字が確認できるのである（Verner, 2001b,166; id., 2001a, 262; Malek, 2002, 109）（**図27**）。つまりヒエログリフの文法上、二通りの解釈が可能である文字群が記されていたのだ。前者は彼女が二人の上下エジプト王、おそらくサフラー王とネフェルイルカラー王の母親という意味であり、後者は上下エジプト王の母親であるだけではなく、彼女自身がエジプト王であった可能性を示唆することになるからである。もし後者の解釈を受け入れるならば、ケントカウエスは、彼女自身がエジプト王として即位したことになる。[19]

　不明瞭ではあるが、ギザのマスタバ墓にあるケントカウエスのレリーフには、王妃を表現する際に

19　ハッサンはシェプセスカフ王の死後、ケントカウエスがエジプトを統治したと考えた（Verner, 2001a, 262）。

▲ **図28**　ケントカウエスの肖像

使用されるネクベト神の翼が頭部に描かれていただけではなく[20]、額には当時神々と地上における唯一の神であった古代エジプト王のみの特権であった王権の象徴である聖蛇ウラエウスが描かれていた[21]。また同じく通常王がつける付髭、あるいは左手にヘテス（*hetes*）笏《しゃく》[22]、あるいはセケム笏が表されているように見えることから、ケントカウエスが王を名乗った可能性をレリーフの面からも指摘することができる（**図28**）。

20　このネクベト神の羽をあしらった被り物の使用はケントカウエスの例が最古である（Troy, 1986, 117）。

21　ヴェルナーはウラエウスではなくウアジェトを想定している（Verner, 2002, 105）。

22　ヘテス笏は王家の女性たちによってしばしば用いられる称号であるという指摘もある（Troy, 1986, 79; Verner, 2001, 106）。

また肉眼で確認した限りでは、レリーフ上に後にウラエウスや付髭を彫り加えた可能性もある。王位に就いた後に墓に付属する彼女のレリーフに、王権の象徴である付髭などが追加されたのかもしれない。名前がカルトゥーシュで囲まれていない点も、後にウラエウスや付髭をレリーフに加筆した可能性を補足しているといえよう。また古代エジプト史の編年を作成する際には、第4王朝最後の王であるシェプセスカフ王と第5王朝の最初の王であるウセルカフ王との間には、2～4年の王位の空白期間があてられることが多い。トリノ王名表には、シェプセスカフ王の後に他の王による2年間の統治期間が設定されているが、王の名前は失われている（Malek, 2002, 97）。もしケントカウエスが本当に王となり、短期間であったとしてもエジプトを統治していたとするなら、この王位の空白期間を埋めることが可能となる。

3・5　ケントカウエス王妃とアブ・シールのピラミッド

一方、古代エジプト史上、ケントカウエスという名前の王妃はもう一人知られている。1976年に当時のチェコスロバキアの調査隊によりあきらかにされたこの王妃は、葬祭神殿を付属した小規模なピラミッド・コンプレックスを持っていた（Verner, 1978, 158; Jánosi, 1996, 32-34）。彼女のピラミッド・コンプレックスは、アブ・シールのネフェルイルカラー王のピラミッドの南側において発見された。玄室からは赤色花崗岩製の石棺の破片とミイラを巻いていた布の一部などが確認されている（Tyldesley, 2006, 55）。そして建設後もケントカウエスは人々の崇拝対象となっていた。このことは、アブ・シールのネフェルイルカラー王のピラミッド・コンプレックスから出土したいわゆるアブ・シール・パピルスに記された大量の行政文書の存在により明白である（Kemp, 1992, 70 and 90; 屋形 2003, 401-470）。そこには「王の母ケントカウエスのために祭儀を行った後に記録する者」や「王の母ケントカウエスの神殿において封印する」などの記述が見られるのである（屋形 2003, 405, 422, 426, 455）。このアブ・シールにおいて発見されたネフェルイルカラー王の王妃であるケントカウエスとギザにマスタバ墓を持つ同名のケントカウエスはしばしば区別され、後者をケントカウエス1世、そして前者をケントカウエス2世と呼ぶ研究者もいる。アブ・シールで実際にこのピラミッド・コンプレックスの発掘を行ったヴェルナーは、ギザのケントカウエス1世が第4王朝から第5王朝への過渡期に生き、一方のアブ・シールのケントカウエス2世は第5王朝の中頃に生きていたと考え、両者は親戚関係にあったとしても別人であるとしている（Verner, 2002, 55; id., 2001a, 301）。エドワーズもケントカウエスという同じ名を持つ二人が同一人物であることには懐疑的である（Edwards, 1991, 169）。またティルディスレイ（J. Tyldesley）は、ケントカウエスが幼い息子のために短期間エジプトを支配したとしているが、二人のケントカウエスは別人と考えている（Tyldesley, 2006, 55）。

しかしながら、両者が同一人物である可能性も提案されている（同様の問題はしばしば議論の対象となる。Ohshiro, 1999, 33-50）。マレク（J. Malek）はギザのマスタバ墓とアブ・シールのピラミッド・コンプレックスが同一人物によって建設されたとし（Malek, 2002, 97, 109）、グリマルは二人のケントカウエスが同一人物と考えている（Grimal, 1994, 75）。両者とも明確な理由を述べていないが、その根拠の一つとして、アブ・シールの神殿で発見された碑文にも「上下エジプトの二人の王の母」あるいは「上下エジプト王であり、上下エジプト王の母」とあることが挙げられよう（Verner, 2001b, 43-142）。これはギザで発見されているケントカウエスと同じ珍しい称号である。[23] そのうえ、アブ・シールで出土した碑文のある柱には、ギザのケントカウエスと同様に額にウラエウスがついたケントカウエスが描かれている（Verner, 1995, 20; id., 2001b, 55; id., 2002, 102-103）。これらのことは、二人のケントカウエスが同一人物である可能性を提起させる。そのうえ、ヴェルナーの主張する二人のケントカウエスが別人であることの根拠である編年上の問題も解決できる可能性を持つのである。もしケントカウエスが長寿であったとするならば、自分の息子であったネフェルイルカラー王と形式上の婚姻関係を結んでいたとしてもおかしくはない。ケントカウエスの夫であるシェプセスカフ王が紀元前２５０３～２４９８年、彼女の三人の息子であると考えられているウセルカフ王が紀元前２４９４～２４８７年、サフラー王が紀元前２４８７～２４７５年、ネフェルイルカラー王が紀元前２４７５～２４５５年の間、エジプトの王位に就いていたことを考慮に入れるならば、シェプセスカフ王の治世の始まりから、ネフェルイルカラー王の治世の始まりまでは28年間なのである。もしケントカウエスが20歳のときにシェプセスカフ王が即位したと想定すると、ネフェルイルカラー王が即位したときに彼女は48歳であった計算になる。メンカウラー王とシェプセスカフ王は兄弟であったと考えられており、ケントカウエスはメンカウラー王の娘であったと考えられていることから、ケントカウエスと夫となったシェプセスカフ王とは親子くらいに年齢が離れていた可能性が高い。このことは二人のケントカウエスが同一人物

23　二人のケントカウエスが別人であると考えているヴェルナーでさえも、この称号が非常に珍しいものであることを認めている（Verner, 2002, 108）。

であった可能性を提案させる。

このように、もし二人のケントカウエスが同一人物であり、シェプセスカフ王の後、エジプト王となったとするならば、ギザのマスタバ墓だけではなく、アブ・シールのピラミッド・コンプレックスも彼女自身のために建造されたことになる。一人の人物が異なる場所に二つの大型施設を持っていた点についても考慮が必要である。なぜなら古代エジプト王は、これまでにも触れたように、王墓以外にも葬祭神殿を建設するなど、異なる場所に二つの大型建造物＝宗教施設・墓を持つ例が知られており、ケントカウエスの例はこのことと一致しているからである。たとえば第3王朝のネチェリケト王は、アビドス南方のベイト・カラフ（Beit Khalaf）に約85メートル×約45メートルで、高さが8メートルの規模のマスタバ墓[24]とサッカラに階段ピラミッドを持っている。また埋葬の形跡は確認されていないが、先王朝時代・初期王朝時代のエジプト王権に関係していると考えられているいわゆるアビドスの「葬祭周壁」の問題がある。「葬祭周壁」は、ピラミッドの原型とも考えられている日乾レンガでつくられたニッチ状の周壁を持つ巨大な長方形の建造物である。実際に第2王朝のカーセケムウイ王とペルイブセン王、そして第1王朝のジェル王、ジェト王、メルネイト王妃は、墓がアビドスのウンム・エル＝カアブに存在しているにもかかわらず、ウンム・エル＝カアブの北に「葬祭周壁」も同時に持っているのである。後の中王国時代においても同様の例が知られている。センウセレト3世はダハシュールにピラミッドを建設したが、一方でアビドスにもう一つ王墓を建設した可能性がある。レーナー（M. Lehner）

24　近藤 2003, 33. ベイト・カラフのマスタバ墓は同時代の高官のものであった可能性もある。

は、アビドスのほうこそセンウセレト3世が埋葬された真の墓であろうとしている（Lehner, 1997, 178）。アメンエムハト3世もまたダハシュールとハワラに表面を除く核の部分が日乾レンガでできたピラミッドを建造した。新王国時代の王たちはしばしば王墓と巨大な葬祭神殿を建設した。

　このような例を考慮すると、異なる場所に葬祭に関する二つの大型建造物を持つこと自体が、ケントカウエスの即位の証拠の一つであるのかもしれない。これは古代エジプト人たちが持っていた二元論観を反映している可能性を持ち、われわれに日本の民俗学で用いられる両墓制＝「埋め墓」と「詣り墓」の概念を想起させる。[25] 民俗学者、新谷尚紀の「埋葬地とは死穢《しえ》の場所であり、それを忌避《きひ》して別に霊魂祭祀のための清浄な場所を設けたのが両墓制である」（新谷 1991, 6）という指摘は、ピラミッドを理解するうえで有効である。エジプト学では、従来遺体を伴わない墓に対して用いるセノタフ（空墓）という用語が使用されるが、各時代で定義が異なり曖昧に使用されることが多い（Redford (ed.), 2001, 239-248; Arnold, 2003, 50）。両墓制の考えの導入は、セノタフとピラミッドを理解しやすくするものとなる。[26] ケントカウエスは古代エジプト王、あるいは王に匹敵するほどの権力を有していた人物であり、遺体の埋葬地とは別に霊魂を祭る供養地を持っていた可能性がある。

　第4王朝は古代エジプト文明の新たなる幕開けであり繁栄期であった。太陽をイメージさせる「黄

25　両墓制については、次の論考を参照。福田 1993, 237－271; 新谷 1993, 273-320（とくに関係文献目録）; 加藤 2000, 21-35。

26　ピラミッドから遺体が発見されない点について考える場合は、セノタフという便利な用語を使用することなく、ピラミッド自体の持つ意味や遺体が不必要であった意味について考えることが求められるであろう。

金のホルス名」が新しい王の称号として追加され、また太陽の通り道を象徴したカルトゥーシュの中に王名が描かれ使用され始める。「サ・ラー名」をはじめとして、[27]カフラー王とメンカウラー王という太陽神ラーをその名前に含む第4王朝の王たちとはじめての太陽神殿をアブ・シールに建設した第5王朝のウセルカフ王とを繋いだのがケントカウエスであった。彼女はクフ王以来続く王家の血だけではなく、太陽神ラーを核とした思想・信仰も同時に伝えたのである。[28]そしてケントカウエスは、再び王朝の伝統的埋葬地であったギザに王墓地を戻し、父のメンカウラー王の葬祭神殿の側に自らの墓を建造した。しかしながら、その墓の形態は夫であったシェプセスカフ王の影響を受け、マスタバ墓形式でつくられたのである。そして自らの遺体を埋葬し、埋葬後も丁寧に扱われ崇拝されることを願い、もう一つの大型建造物である自らの祭祀用のピラミッドを自分の息子たちが後に埋葬されることになるアブ・シールに建造したのである。

その後、息子のウセルカフ王は、南方のヌビアや東地中海世界へと目を向け始める。各地で彼の名前の痕跡が見られる。そしてその後継者のサフラー王はさらなる対外戦略を展開し、エジプトは狭いナイル世界を飛び出し、北の東地中海沿岸都市のビブロスや正確な位置は不明である南のプントなど、古代オリエント世界のみならず、地中海世界やアフリカ内部へ目を向け、自らの存在を外部世界へと

27　ジェドエフラーはピラミッドの軸を第3王朝期と同様に南北方向に戻した。

28　ケントカウエスはおそらく当時権力を保持していた太陽信仰を奉ずる神官たちに傾倒していたクフ王の孫であるメンカウラー王の娘、あるいはジェドエフホルの娘であり、クフ王の孫に相当するとみなされている。

強烈にアピールし始めた。内的な繁栄を特徴とする第4王朝と外的な展開を特徴とする第5王朝というのが、この二つの王朝の大きな相違点なのである。われわれはギザの三大ピラミッドに隠されて、エジプトの本当の意味での繁栄期であった第5王朝の実像が見えなくなっているのかもしれない。

本章で見てきたことからもよくわかるように、ピラミッドにはいまだ謎が多く、現時点でもさまざまな議論が可能なのである。

（付記）本章は『オリエント』第50巻第1号（2007）173―189ページに掲載された論考「ケントカウエス王妃はエジプト王となったのか？―第4王朝末期から第5王朝初期の編年問題とピラミッド両墓制からの視点」に加筆訂正したものである。

第4章　ピラミッドはどのようにしてつくられたのか？

4・1　古代エジプトにおけるピラミッドに関する記述

われわれが知りたいことの一つに、なぜ、そしてどのようにして、古代エジプト人たちはピラミッドのような巨大な墓を建造したのかということがある。それゆえ、巨大なピラミッドがエジプトに建てられて以来、あらゆる人々がピラミッドに対する理解を求めて、その謎を解くべく挑んできたのである。しかし、いまだその謎を解き明かした人はいない。

古代エジプトのピラミッドを語るうえで外せない人物がいる。それが第3王朝のネチェリケト王治世の宰相であったイムヘテプである。彼は古代のレオナルド・ダ・ヴィンチ的な才能多き人物であり、最初のピラミッド（第3王朝のネチェリケト王の階段ピラミッド）は、彼によって設計されたと考えられているからだ。イムヘテプに関する最重要な同時代史料として、階段ピラミッド・コンプレックスから出土した王像の基壇部分がある。そこに彼の名前と肩書「王の宝庫長、王の次席にある者、王宮の長、世襲貴族、偉大なる予言者、および石工と画家の監督官」（ウィルキンソン 2016, 60）が刻まれていたのである。このことから、ネチェリケト王が、イムヘテプに絶大なる信頼を寄せていたことがわかる。王に次ぐ古代エジプト王国のナンバー2がイムヘテプであったのだ。後の時代に彼は人間であったにもかかわらず、人という枠組みを超えて、知恵・学問の神として人々に崇拝され、古代エジプトの知恵の神トトと同一視されることもあった。医術の神としても神格化され、サッカラのアスクレピオンにおいてエジプトのみならず周辺地域の人々にも崇拝された。ギリシア人たちはイムヘテプを自分たちの医術・癒しの神アスクレピオスと同一視した。彼の聖地を巡礼した人々は、手足を病んでいた人は手足の、内臓を痛めていた人はそれぞれの内臓の型を粘土でつくり、神となったイムヘテプに奉納し、回復を祈願したのである。古代エジプト史上最高の賢者イムヘテプとその賢者の英知の結晶として生み出されたのが、最初のピラミッドであったのだ。

紀元前3世紀のエジプトの神官マネトによる『エジプト誌』の中の記述によれば、切り出した石材を積み重ねるという工法は、イムゥテス（イムヘテプ）によって最初に開発されたとされている。

「イムゥテスはその医療技術のためにエジプト人たちの間ではアスクレピオスの異名を持ち、調整した石材を使用した建築法の考案者となった」(Waddell, 1964, Fr.11)

しかしながら、そのイムヘテプだけではなく、彼以降ピラミッド建造にかかわった人々の誰一人として、間違いなく存在していたであろうピラミッドの設計図の類を残さなかったのである。これがピラミッドを世界最大の謎としている元凶だ。ただしピラミッドは秘密を多く備えていたが、決して人々の目から隠されるべき存在ではなかった。そのことはピラミッドの巨大さが証明している。そのうえ、ピラミッドには個々に名称・呼称がつけられていたのである。たとえばクフ王のピラミッドは、古代エジプト語で「アケト・クフ」、つまり「クフの地平線」と呼ばれていた。

ピラミッドはその登場からつねに見る者すべてをその巨大さと均整のとれた外観で魅了してきたが、それは日々ピラミッドを目の当たりにしていた古代エジプト人自身も同じであったであろう。ピラミッドは古代においても、そして古代エジプト人たちにとっても謎多き存在であったのである。その謎に惹きつけられた古代エジプト人の一人としてカーエムワセトがいる。カーエムワセトは、新王国時代第19王朝のラメセス2世の第四王子であった。メンフィスのプタハ大司祭であり、父親ラメセス2世のセド祭（王位更新祭）の責任者という高位の宗教的役職に就いていた彼は、古王国時代第4王朝のシェプセスカフ王のマスタバ・ファラウンを修復したり、サッカラにあるピラミッド・テキストで有名な第5王朝のウナス王のピラミッドや太陽神殿などにある碑文などの修復を実施したり、三大ピラミッドのあるギザでは発掘を指揮した可能性すらある人物なのである。それゆえ「最初のエジプト学者」という異名を持つほどだ。

彼自身の言葉として、彼は「彼以前の古代に暮らしていた高貴な人々と、彼らがつくったあらゆるものの優秀さを、まさしく真に、百万回も愛していた」と伝わっている。古いもの好きであったのだ。さらに修復に関わったすべての建造物に自らの功績を刻ませたことでも知られている。「考古学とは記録学である」という意味では、カーエムワセトは自らの行動で、結果として後世の人々にそのことを証明した人物ともいえるのである。クフ王の大ピラミッドに残された碑文には、「クフ王の名を不朽のものとしたのは、大司祭にしてセム神官、王子カーエムワセトである」（ウィルキンソン 2015, 323）とある。カーエムワセトは自分の名前を偉大な王たちが建てたピラミッドなどの不滅の建造物に残すことで、意図的に自らを永遠の存在としたのである。しかし、古代の建造物に注目していたカーエムワセトもイムヘテプらピラミッド建造に大きな役割を果たしたであろう先人たち同様に、ピラミッドの持つ意味や建築方法について、一切あきらかにしてくれてはいないのである。

しかしながら、後の時代に現れる数少ない史料の中に、「ピラミッドとは何か」について、暗に語ってくれているものがある。それが「イプウェルの訓戒」である。中王国時代後半の作とされているこの文学作品には、賢者イプウェルが国家の困窮と社会秩序の崩壊を嘆くという内容が記されている。古王国時代崩壊直後の第一中間期の様子を描いた物語と考えられることも多いが、フィクションである可能性が高い。ただしたとえフィクションであったとしても、話の元となった出来事は存在したはずだ。そこには次のような記述がある。

「王は貧しいものによって奪われた。見よ。ハヤブサとして埋葬されたもの……、ピラミッドの隠していたものが空になっている」(Lichtheim, 1975, 155-156)

ここで述べられている「ハヤブサとして埋葬されたもの」とは、ハヤブサの神ホルス神の化身と考えられていた古代エジプト王を明確に示している。つまり古代エジプト王のミイラが何者かに略奪されたということを意味しているのである。続く「ピラミッドの隠していたもの」とは、王とともに埋葬された豪華な副葬品を指していると考えられるのだ。この「イプウェルの訓戒」に見られる記述からも、王のミイラとは通常ピラミッドに埋葬されるものであると考えられていたことがわかるのである。ただ、「イプウェルの訓戒」もまたピラミッドの建造方法に関しては何も語ってはくれていない。

しかし、「イプウェルの訓戒」が編まれたのと同時期である中王国時代の文学作品「シヌへの物語」や「男と彼のバーとの論争」には、わずかながらピラミッド建造に関する記述が見られる。逃亡と放浪の末に故国のエジプトへ帰還が許された主人公シヌへが、自らのピラミッドがつくられる様子を描写したものが次の一文である。

「ピラミッドが立ち並ぶ真ん中に私のための石造りのピラミッドが建造された。墓造りの石工たちがそれを請け負った。主任建築士がそれを設計した。腕利きの彫刻家が彫り込んだ。共同墓地の工事監督たち自らも精力的に働いた」(Ibid., 233)

ここからはピラミッドが墓であることだけではなく、それぞれの作業がその道の専門家によってなされていたことがわかるのである。加えて日々の生活に不満を持ち死にたいと願う男と彼の魂（バー）との会話のやり取りを描いた「男と彼のバーとの論争」には次のようにある。

「花崗岩で墓を造った人々も、最高の技術を駆使しながら壮麗なピラミッドを建造した人々も……」(Simpson (ed.), 2003, 181-182)

やはりここからもピラミッド建造とは当時の最高の技法が求められたことがわかるのである。ただ残念ながら、ここからもその最高の技術・技法が具体的に示されてはいない。

4・2　古代ギリシア・ローマ人たちの記述

古代ギリシア世界が島嶼《とうしょ》部で成立し拡散したキュクラデス文明、そしてミノア文明とミケーネ文明を経験し、アテナイやスパルタを代表とした都市国家ポリスの成立と繁栄に至る経過の中で、古代ギリシア人たちは自然と文化水準が高く、豊かな土壌を持つエジプトのデルタ地域と接点を持つようになった。それはエジプトにとっての新たな局面の登場であった。それまでエジプト人たちは東方世界の強国（ヒッタイト、ミタンニなど）と南方のヌビアとの文化接触、あるいは戦闘の中で歴史を紡いできたのであるが、北からやって来た商人や船員、そして傭兵たちや彼らがもたらした物資と情報は、エジプトの目を北にも向けさせることとなったのである。

壁画史料で確認できる限り、エジプトは新王国時代からクレタやミケーネと人的交流を通じて接触していたと考えられるが（図29）、エジプトとギリシア世界とが最も密に接点を持つようになったのは、アレクサンドロス大王の到来により始まった紀元前3世紀頃から始まるヘレニズム期であろう。そして彼が計画建設した当時の地中海世界における知識の核アレクサンドリアの隆盛とともに、ギリシア世界から哲学者や科学者などの知識人たちが彼の地を訪れたのである。アレクサンドリアの一大学術機関であった大図書館とムセイオンで学んだ者の中には、アルキメデスやエウクレイデスら誰もが知るような哲学者・科学者がいた。その他にも数多くの古代ギリシア人たちがアレクサンドリアに滞在し、現在にまで伝わる古代エジプトについての記述を残してくれている。

中でも最もよく知られているのは、「エジプトはナイルの賜物」というミレトスのヘカタイオスの有名な言葉を自著『歴史』の中で紹介した紀元前5世紀の叙述家ヘロドトスであろう。現在のトルコ共

▲ 図29　テーベのレクミラの墓に描かれたエジプト王に朝貢するクレタ人たち

和国の地中海沿岸都市ボドルムにあたるハルカリナッソス出身のヘロドトスは、ペルシア戦争終了後に地中海周辺地域を来訪して、そこで見聞きした事柄を書き記したのである。彼の記述は歴史史料として実証性が乏しいという指摘もあるが、古代エジプトの風俗・風習・慣習を現代のわれわれに紹介してくれている点できわめて優良な史料であるといえる（彼の生きた時代のエジプトはいまだ王朝時代なのである）。他地域の同時代史料、あるいはヒエログリフ碑文やパピルス文書などに記された史料との併用や比較研究は、ヘロドトスの記述が正しいことを証明してくれる場合も多々あるのだ。たとえば古代エジプトにおけるネコにまつわる奇妙な習性とそのネコに対する古代エジプト人たちの様子に関して次のような記述がある。

「火事の起こった際には、世にも奇怪なことが猫の身に起こる。エジプト人は消火などはそっちのけで、間隔を置いて立ち並び猫の見張りをする。それでも猫は人垣の間をくぐったり、上を跳び越えたりして、火の中に飛び込んでしまう。こんなことが起こると、エジプト人は深く悲しみ、そ

の死を悼むのである。猫が自然死を遂げた場合、その家の家族はみな眉だけを剃る」（ヘロドトス2007, 第2巻66）

古代エジプト人たちはネコが死なないようにし、もし死んでしまったときには眉毛を剃って喪に服するのである。またネコの埋葬について次のような記述もある。

「死んだ猫はブバスティスの町の埋葬所へ運び、ここでミイラにして葬る」（ヘロドトス2007, 第2巻67）

ネコには特定の埋葬所があり、しかも死後人間と同じようにミイラにされるのである。さらに紀元前1世紀の歴史家ディオドロス・シクルスは、古代エジプトの聖獣崇拝（イヌ、ハヤブサ、ワニ、トキなど）に関して紹介する際に、他の聖なる動物たちの中でもとくにネコは重要であったことを記している。人々の崇拝対象であった動物たちは、死ぬと亜麻布で丁寧に包まれてミイラとされ、香料と杉油などで保存処理が施された後、それぞれの聖なる動物用の墓域で埋葬されるが、ネコに対する扱いは人並み以上であった。そのことは以下の記述からもよくわかる。

「この種の動物を一頭でもわざと命を絶ったものは、すべて罰として死刑となる。ただし、猫か「とき」鳥を殺したばあいは例外で、これを殺したばあいは故意でも過失でも無条件に死刑がふりかかる。その際には群衆が馳せ集って、殺害者をこの上ないほど恐ろしいやり方で扱い、時には判決を待たずに私刑を実行する」（ディオドロス 1999, 第1巻第5章1-83-6）

故意、過失にかかわらず、ネコを殺してしまった人には残虐な方法での死刑が待っていたのである。このヘロドトスとディオドロス・シクルスの伝える古代エジプト人たちのネコへの扱いに関する話を受けて、次に紹介するポリュアイノスの記述を読んでもらうと面白い。当時、日の出の勢いにあったアケメネス朝ペルシア帝国の王カンビュセスがエジプトのデルタ地域の東部の拠点であった町ペルシウム（ペルシオン）に侵攻した際に起こった出来事について記されたものである。

「カンビュセスはペルシオンを包囲していた。エジプト人は彼に王国の土を踏ませまいと懸命に応戦した。何台もの投石兵器が持ち出され、次々と矢、石、火玉が打ち込まれた。しかしカンビュセスがエジプト人の崇める動物、すなわち犬、猫、山羊《アイベックス》を自軍の前に連れて来ると、エジプト人は聖なる動物を傷つけるのを恐れるあまり、投石兵器の使用を止めてしまった。この作戦によって、カンビュセスはペルシオンを占領し、エジプトへの侵攻を果たした」（ポリュアイノス 1999, 第7巻9-1; Krentz and Wheeler, 1994, 638-639）

この逸話はフランスの画家ポール・マリー・ルノワールの心を捉え、彼はこの話を題材にして絵画「ペルシウムを包囲するカンビュセス」を描いた（図30）。史実では紀元前525年にカンビュセス率い

▲ **図30**　ペルシウムを包囲するカンビュセス
出典：Cambyses at Pelusium, Paul Marie Lenoir (1872), The Knohl Collection

るペルシア軍がプサムテク3世率いるエジプト軍をペルシウムで破り、続いて都メンフィスを占領した。そしていわゆる第一次ペルシア支配期とも呼ばれる第27王朝がエジプトにおいて開始されるため、ポリュアイノスの記述はある程度根拠のあるものと考えてよいであろう。

ポリュアイノスは紀元後2世紀のギリシア人で『戦術書』を著した人物である。アレクサンドロス大王の国マケドニアを祖国とする彼は、古今東西の戦争における戦術を紹介した自著『戦術書』の冒頭で、二人の古代ローマ皇帝マルクス・アウレリウス・アントニヌスとルキウス・ウェルスに捧げるものとして、その執筆動機と内容を「ここに古の将軍たちが実践した戦術を、司令官として備えるべき知識の指南書にまとめ、お二人に、そしてお二人から遣わされる軍団長、将軍、一万人隊長、千人隊長、六百人隊長、およびその他の部隊長の皆々様に献上いたしたそうと思い立ったのでございます。この書を利用し、お二人がかつての仕業をお知りになり、また各指揮官が古の戦において勝利をもたらした作戦の価値と戦略をお識りになられたならというのが筆を手にした動機でございます」（ポリュアイノス 第1巻 1-2; Krentz and Wheeler, 1994, 4-5）と記している。

ここに登場する二人の古代ローマ皇帝の名前がポリュアイノスの実在性を証明し、また彼が他にも古代エジプトの宗教都市テーベについて記した『テーベについて』という書名の作品を書いたことが知られている点から（ポリュアイノス 1999, 444）、先述のペルシウムの戦いにおいて、アケメネス朝ペルシア軍がネコをはじめとした聖獣を盾にエジプト軍と戦ったという記述を古代の都市伝説的ストーリーとして簡単に却下してしまうことはできない。多神教世界・アニミズムの世界にあった古代エジプトでは、人間とは異なる特殊能力を持つ動物は、神聖視されていたことも考慮しなければならないのである。

古代エジプト人たちは伝統的に多くの動物を神聖視してきた。それらの動物たちに対して、専門の神官の管理の下、ミイラ職人によって、人間と同様にミイラ製作が行われていたのである。聖牛アピスを収めた巨大な地下共同墓地であるサッカラのセラペウムがその代表である。そこで聖牛アピスはファラオをも上回る巨大な石棺に埋葬された。ヘロドトスが訪れた当時のエジプト（末期王朝時代）はとくに聖獣崇拝が盛んであり、神である動物をかたどった青銅製の小型彫像が大量に生産された。中でもネコは人々にとって「身近な神」として大切に扱われたのである。テル・バスタとベニ・ハサンは、聖なるネコ崇拝の拠点であった。そこからは大量のネコのミイラ（図31）が発見されている。

このようにヘロドトスは、古代エジプトの「奇妙な」慣習を古代ギリシア世界に紹介したが、それ

▲ 図31　ネコのミイラ

以外にもナイル河、とくにその源に注目している。つまり、ナイル河の最初の一滴はどこからやって来るのかという疑問だ。古代より地中海世界に暮らしていた人々の一般的認識では、ナイル河は地中海に注ぐが、その水は地中海の海底にある穴を通り、またナイル河の源へと戻り、水は永遠に巡回すると考えられていた。そのため、ナイル河の源および水の循環システムを知ることは、人々の知的好奇心の最たるものであり、古代世界最大の謎を解くこと＝「世界の仕組みを知ること」でもあったのである。もちろんヘロドトスもその問題を自著の中で取り上げたのだ。そして、その謎がすでにヘロドトス以前に解かれていたことを間接的に記しているのである。ナイル河の水源問題について、ヘロドトスは人伝に聞いた話をまったくの見当違いのものと前置きをしたうえで次のように紹介している。

「その解釈はまったく無意味なもので、それによればナイル河は雪解けの水が流れ出したものであるという。しかしナイルはリビアに発してエチオピアの中央を貫通しエジプトに注いでいる河である。炎暑の最も厳しい地域から、概してこれよりも涼しい地域に流れている河の水が、どうして雪解けの水であり得よう」（ヘロドトス 2007, 第2巻22）

つまり、ヘロドトスはエジプトよりもさらに南に位置する暑い場所からやって来る河の水が冷たいわけがないと主張しているのである。われわれはすでにナイル河の源がどこなのかを知っているので、ヘロドトスが間違っているとわかる。しかし、裏を返せば紀元前5世紀には、ナイル河の水は雪解けの水が流れ出したものであるということを知っていた人もいるということになるのだ。これはかなり古い段階から人々の間には交流があり、情報が広まっていた証拠といえる。たとえ直接行ったことがなくとも、行ったことのある人物と出会い、話を聞く機会はあったということだ。最初にアメリカ大陸に到達したヨーロッパ人がクリストファー・コロンブスではないのと同様に、最初にナイル河の源流にたどり着いたのもまたヨーロッパ人ではなかった。一応ヘンリー・モートン・スタンリーがナイル河の源の最初の発見者として挙がってはいるが、地元の人々はその存在を昔から知っているわけで、スタンリーの発見の持つ意味とは、単に近代ヨーロッパ世界にヨーロッパ人の探険家たちがそれを紹介したにすぎないのである。偶然とはいえ、ヘロドトスが残してくれた文言から、われわれは当時の世界観をも垣間見ることができるのである。

数多くの古代エジプトに関する記述を残したヘロドトスは、もちろんピラミッドについても書き記している。

「……全エジプト人たちを強制的に自分の為に働かせた。アラビアの山中にある石切り場から石をナイル河まで運ぶ役を負わされた者もあれば、船で川を越え、対岸に運び込まれた石材を受け取り、いわゆるリビア山脈まで曳いていくという仕事を命じられた者もいた。つねに10万人もの人間が3か月交替で労役に服したのである。……ピラミッド完成まで20年を要した」(Herodotus, 1996, 2-124)

「ケオプスのピラミッドでは、ナイル河の水が特別に造られた水路を通じて内部に流れ込み、部屋の周囲をめぐっているため、地下室はまるで孤島のようである。この中にケオプスの遺体が横たわっていると伝えられる」(Herodotus, 1996, 2-127)

紀元前1世紀半ばにエジプトを旅したと考えられているディオドロス・シクルスもまた、自著の中でピラミッドについて記している。

「最も驚異の的となることだが、これほど巨大な建造物が築かれ、その周囲の場所はすべて砂地でもあるのに、土盛り道と石切り作業の何れにも、その跡形ひとつ残っていない。したがって、人手を加えながら少しずつというのではなく、まるで神か何かの手によったようにひとまとめにして、この築造物全体が一面砂地のなかへ据えられたか、と思うほどである」(ディオドロス 1999, 第1巻3-63-7)

「エジプト民のなかには、これら建造物について途方もない説明を持ちこもうとしている例もある。それによると、土盛り道は塩とソーダからできていたので、河の水を流しこむと溶け、人手をかけて仕事しないまま完全に消え去った。けれども、実際にもこのとおりだったというわけではない。土盛り道を積んだのとおなじ多くの人手をかけることにより、築いてあった（道の土）全体が、再び以前に占めていた当の位置へ戻されたのである。話によると、36万の人間がこの工事に奉仕者として従事し、築造物は20年の歳月を経て、やっと完成を見た」（ディオドロス 1999，第1巻3-63-8・9）

これらの記述のどこまでが脚色を含むものなのか、どこまでが事実を反映しているのか、その境目を決めるのは困難を極めるが、西洋文明の起源とされることも多い高度な文化を育んだ古代ギリシアの人々が古代エジプト文化に興味を持ち、その代名詞ともいえるピラミッドに関する情報（言い伝え）、たとえば工期と仕事量、あるいは建築方法やその規模に関して驚愕をもって記述していたことは確かであろう。

ディオドロス・シクルスとほぼ同時期の紀元前1世紀半ばにエジプトを訪れた人物として、地理学者のストラボンがいる。彼の著作である『地理書』には、ギザの三大ピラミッドに関する数値や外観描写（石材も含む）が詳細に記されている。これまでの叙述家とは異なる、いかにも地理学者らしい精緻な記述である。

「市から40スタディオン（7・2キロメートル）先へ行くと、山地状でそのはずれが崖になった場所があり、崖の上にピラミッドが数多くある。これらは王墓で、なかでも三基が名高い。そして、そのなかの二基は（世界の）七つの奇観物のなかに数えられる。両墓は高さ1スタディオン（180メートル）、（底辺の）形は四辺形で、それぞれの辺の長さより高さのほうが少し大きい。また、両墓の一つがもう一つより少し大きい。墓は、上方へ向かって稜線のほぼ中間あたりに取外しできる石が1個あって、外すと、らせん状のせん（羨）道が玄室までつづく。これら両ピラミッドはおなじ平面内に互いに隣り合うように立っているが、三つ目のピラミッドは先の二つからさらに離れて山地のもっと高い所に位置する。先の両墓よりはるかに小型だが、その造りには両墓よりはるかに多額の費用をかけている。すなわち、基礎石からほとんど中間あたりの高さまでの間に黒い石を使い、これを材料にして漆喰をも調製しているが、石は遠方から運んだものである。すなわち、エチオピア地方の山から出し、材質が硬く加工しにくいため工事はひじょうに高くついた」（ストラボン 1994, 581-582（Strabo, Geographica, 17-1-33））

ストラボンはさらに続く文章でピラミッドから見て東側に石切り場があり、その石切り場が人の住む山であったとも記している。この記述から、ピラミッドを主とした石造建造物に使用するための採石が、そこで恒常的に行われていたことをわれわれは知るのである。そしてその採石用の石切り場があった場所は、ストラボンの描写から考えて、現在はサラディンが建造した城塞跡が残るモカッタム山（台地）とみてよいであろう。ストラボンの視点はそれまでの人々とは異なるものであった。

古代ローマ人たちもまた、古代エジプトとピラミッドについての記述を著作の中に数多く残している。現代のわれわれと同じように古代ローマ人は、エジプトを観光地とみなしていた。ゆえにピラミッドはわれわれと同様、彼らにとっても最大の観光スポットであったのである。そのため彼らはしばしば訪れていた自分たちとは異なる文化を持つ国を自国で紹介することを積極的に行った。観光に訪れる古代ローマ人がいたとはいえ、ほとんどの古代ローマ人たちにとって、エジプトは神秘の国であったことから、エジプトについて書かれた書は現代でいうところの旅行ガイドとなったのである。古代ローマ皇帝ユリウス・カエサルがエジプトの女王クレオパトラ7世とナイル河を遡る新婚旅行したというのは、それなりに根拠のある話なのだ。

ディオドロス・シクルスの1世紀後に活躍した古代ローマの軍人であり、博物学者としても著名なプリニウスは、ピラミッドに関して、それは単に王の富を示しているだけの存在であると前置きしたうえで、次のように述べている（J. Tait, 2003, 36）。

「大問題は、その石がどうやってそんなたいへんな高さにまで積み上げられたかということである。ある人々はそれが高くなるにつれて、ソーダと塩でその構築物にもたせかけた坂道を幾重にも重ねてゆき、ピラミッドが完成した後、河から引いてきた水にそれらを浸して溶かしたものと考えている。またある人々は泥レンガで橋をたくさんつくり、工事が完成したときそのレンガは個人に自分たち自身の家をつくるのに分配されたのだと考える。というのはずっと低い水準のところを流れているナイル河が、その場所を水浸しにすることは不可能だと考えられるからである。最大のピラミッドの内部には、86キュービットの深さの井戸がひとつあって、そこへ水路によって水が引かれたものと考えられる」（ウェザーレッド 1990, 223（第36巻81-82））

紀元後1世紀後半頃に活躍したと考えられているローマの地理学者ポンポニウス・メラもピラミッドに関する記述を残している。

「ピラミッドは30ペース（9メートル）高の石を積みあげてあり、そのうち最大のものがたしかに三基あって、それぞれが据わっている場所は多分1ユゲラ（1ヘクタール）の土を占め、これに相応した高さにまで聳《そび》える」（ディオドロス 1999, 493-494(Pomponius Mela, De Chorographia, I.9.55)）

このようにピラミッドは、つねに古代ギリシア・ローマの知識階層の知的好奇心を捉えて離さない存在であった。そして何といってもローマには紀元前1世紀に建造されたピラミッドが今も現存している。このピラミッドは元老院議員ガイウス・ケスティウスによってローマのオスティエンセに彼の墓として建てられたのである（図32）。古代エジプト文化の影響は、皇帝ハドリアヌスによって建造されたティヴォリの別荘ヴィッラ・アドリアーナのカノプス（エジプトの港町カノプスをローマで再現しようとした）（磯崎 2002, 88-93）にも見られる。ハドリアヌスはここで、デルタ地域にあった運河やセラピス神殿の様子を再現することを試みたのである（大城 2012, 216-220）。地中海世界を漫遊し、エジプトも訪れたことのあるこのローマ皇帝は、地中海を挟んでローマと対極に位置するエジプトの情景を地元で見ようとしたのである。皇帝を筆頭にエジプトは、当時憧れの神秘の国であったのだ。ピラミッドをはじめとした古代エジプト文化の影響は地中海を渡って、あらゆるローマ市民が目にするさまざまな場所に現れたのである。

▲ 図32　ガイウス・ケスティウスのピラミッド

しかしながら、古代ローマ帝国全盛期のローマに出現した「エジプト」は、ある程度ローマ化された古代エジプト文化でしかなかった。古代エジプトから情報も文物もローマに流入していたことは確かである。しかしそれはどこかの時点で何らかの影響力を受け、そのかたちが変換されてしまったのだ。アウグストゥスもハドリアヌスもエジプトを訪れ、その文化・文明を目の当たりにして圧倒されたはずであるが、その情報は正確にローマで目に見えるかたちとなることはなかったのである。古代エジプトのカルナク神殿がローマでコピーされることはなかったし、ローマに新たなオベリスクが建てられることもなかったのである（ただしオベリスクはエジプトから後の時代にローマに持ち込まれたが……）。

われわれは古代ローマ人たちがエジプトに対して持っていたイメージを紀元前2世紀末に作成された、いわゆるプラエネステ（パレストリーナ）のナイル・モザイク画（図33）に見ることができる。そこにはライオンやキリン、あるいはナイル河とナイル河に生息するカバやワニなどの動物たちだけではなく、ルクソール神殿を思わせるエジプト風の神殿も描かれている。この時期、ローマではナイル河の風景を主題としたフレスコ画やモザイク画が数多くつくられた（大城 2003, 193-195）。中でもよく知られているのが、南イタリアのポンペイの例である。ポンペイは紀元後79年にヴェスヴィオ山の噴火による軽石と火砕流で埋もれてしまった古代ローマの都市の一つである。そこからは保存状態が良好な多くの壁画資料が発見されているが、それらの中にナイル河の風景、古代エジプトの神々やスフィンクスが描かれたのである（大城 2003, 190-192; 同 2012, 220-222）。しかし、それらは古代エジプトをイメージしたものではあったが、やはりローマ化されていた。現代のわれわれが見ても、確かに古代エジプトを描いたものであるのはわかるのだが、それらはどうしても「古代エジプト風」なのである。

▲ 図33　プラエネステのナイル・モザイク画

要は情報自体は間違いなくローマに伝わっていたが、古代エジプト文明は古代ローマ人たちの想像力をはるかに超えていたのである。古代世界最大の道路網・情報網を有していた古代ローマ帝国をもってしても、古代エジプトはあらゆる意味ではるか彼方にあったのである。

4・3　21世紀以前のピラミッド学

ヨーロッパ世界の人々がエジプトを訪れることが可能となってからでさえ、エジプトとはギザの三大ピラミッドを指すものであった。ただしそれは人伝に聞いた耳からの情報であり、視覚的に正しく伝わることは難しかったのである。たとえば13世紀頃に作成された地図であるマッパ・ムンディの中でも最高・最大のものとされるヘレフォード図（図34）には、海岸部にアレクサ

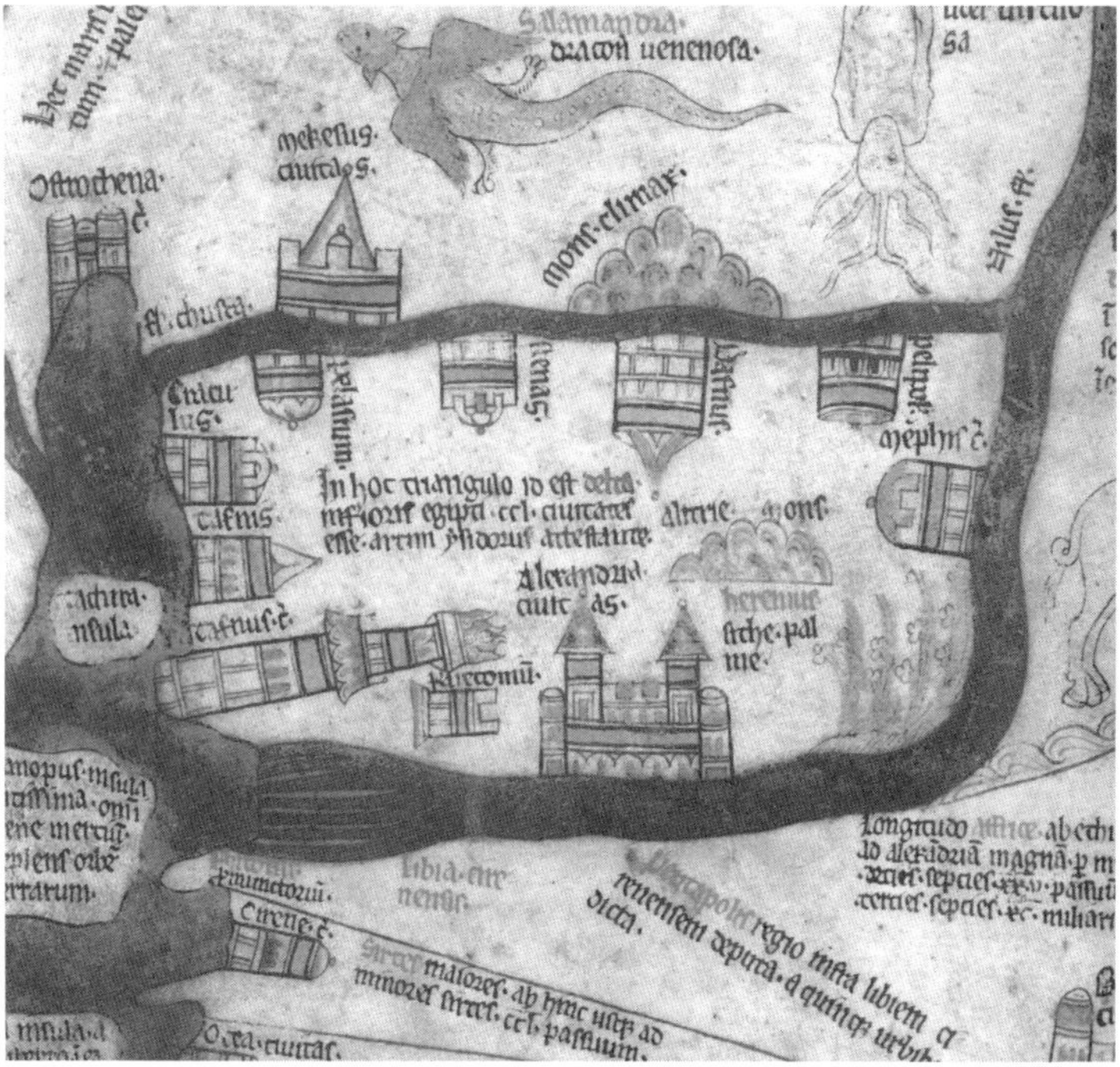

▲ **図34**　ヘレフォード図に描かれたナイル河

ンドリアの大灯台やナイル河沿いに数多くの特徴的な建造物が描かれているにもかかわらず、ナイル河の畔にそびえているはずのピラミッドが一つも描かれていない。このことは、中世ヨーロッパの知識階級のピラミッドに対する認知度が低かったか、あるいは古きものに対して価値を見出していなかった証拠であろう（あるいはピラミッドは建造物とは認識されていなかったのかもしれない）。人々にとってエジプトはまだまだ遠く、容易には近づけない存在であったのもまた事実なのである。

　そのような中、何人ものヨーロッパ人がエジプトを訪れたが、彼らのほとんどは考古学者でもなければ、歴史家でもなかった。そのためピラミッドの近くを調査したり、詳細な記録を残すことはなかったのである。たとえば1483年にドミニコ会の修道士フェリックス・ファブリが聖地巡礼の途中で、ピラミッドを見るためにギザに寄ったことが知られているが、その際にもピラミッド内部の通路に入ったことを報告しているのみである（Curran, 2003, 103）。ゆえにピラミッドの情報が正確にヨーロッパ世界に届くことはなかった。もちろん12世紀にグラナダを発ちメッカ巡礼に向かったイスラム教徒イブン・ジュバイルのように、立ち寄ったエジプトで見たピラミッドについて詳細な記述を残してくれている人もいるが、それはまれなことであったのだ。

「それは建造物の奇跡であり、驚異的な光景であり、正方形で、張られた天幕の天空に聳え立っているようである。とくにそのうちの二つのピラミッドがこのようであって、天空高く塞がんばかりであった。一つのピラミッドの広さは、一つの角から他の角まで266ハトワ（1ハトワは約69〜84センチメートル）あり、切り出された大きな岩石を使って建てられていて、巨大な建物であり、その結合のしかたは素晴らしく、その結合を支えるものがはめられていないくらい見事な結合ぶりである。見た目にはその稜線はとがっているようである。しかし、危険と困難を冒せばそこに登ることができ、その先端部分がかなり広いことがわかる。（中略）二つの大きなピラミッドのうちの一つには、地面から身の丈あまりの高さまで登った所に入口があり、そこから大きな部屋の中に入ることができる。その部屋の幅は約50シブル（指尺。1シブル＝約20センチメートル）で、長さもおよそそれぐらいである。その部屋の中には、中空のある長い大理石があって、一般の人たちがアルビーラ（水槽）と呼んでいるものに似ている。それは、墓であるといわれているが、いずれにしてもその事実を知るのは神のみである」（ジュバイル 2009, 52-53）

また、その後の14世紀のイブン・バットゥータや16世紀のレオ・アフリカヌスもナイル河を軸として、東のオリエント世界と北アフリカ世界を横に繋いだのであるが、その情報がある程度の正確性を持って縦に繋がり、ヨーロッパ世界に届くにはまだ時間を要したのである。

16世紀にイタリアの建築家セバスティアーノ・セルリオが描いたギザのクフ王のピラミッドの図（Curran, 2003, Figure 5.1）（図35）は、ピラミッドの頂上の石材が失われて平らになっている点や入り口が2か所（オリジナルと盗掘穴）描かれている点でかなり写実性の高いものであったが、それでも稜線の角度がかなり急勾配に表現されており、十分なものとはいえないレベルであった。とくにピラミッドの横に描かれたスフィンクスの図（人間の女性の上半身のように描かれた）は、セルリオが一度もエジプトを訪れたことがなかったことのみならず、参考とした史料や聞き取りが、まったく不正確であったことを証明している。つまり、ピラミッドに関する情報は、古代からヨーロッパに届いていたが、決して正確に伝わっていたわけではなかったのである。人間は自分の知らないもの、未知なるものは、身の周りにある身近なものに変換して表現してしまうものだ。それゆえ実際のピラミッドよりも鋭角に描かれていたり、入り口が複数あるように表現された。いつの世も伝言ゲームは難しいものだ。ピラミッドの持つ意味に関しても同様であり、仮説や想像は玉石混交で、実証的ではないありとあらゆる見解もまた巷に氾濫したのである。

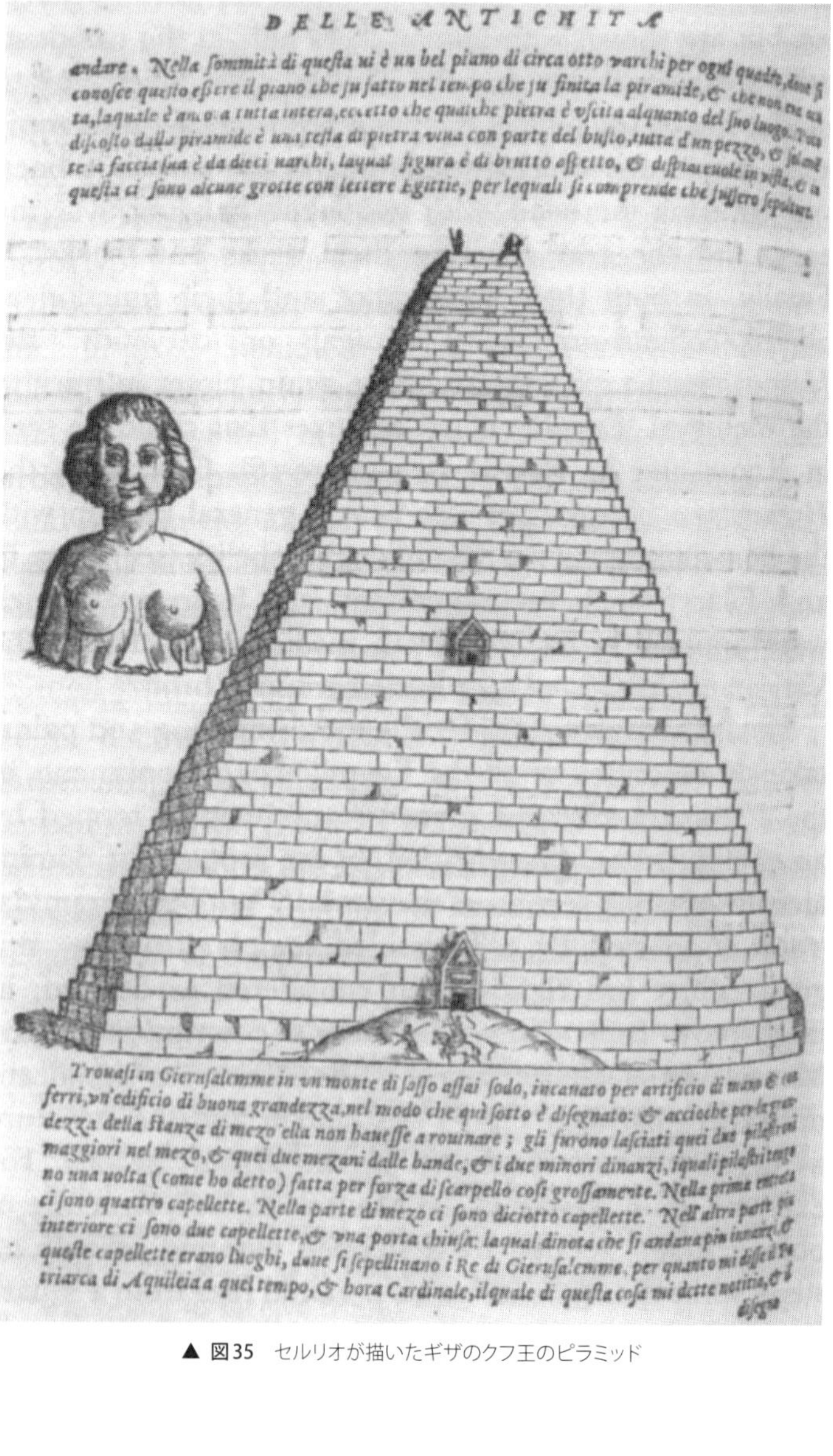

DELLE ANTICHITA

andare. Nella sommità di questa ui è un bel piano di circa otto varchi per ogni quadro, doue si conosce questo essere il piano che fu fatto nel tempo che fu finita la piramide, & che non ne sta, laquale è ancora tutta intera, eccetto che qualche pietra è uscita alquanto del suo luogo. Poco discosto dalla piramide è una testa di pietra viva con parte del busto, tutta d'un pezzo, & la sua faccia sua è da dieci varchi, laqual figura è di brutto aspetto, & dispiaceuole in vista, & in questa ci sono alcune grotte con lettere Egittie, per lequali si comprende che fussero sepulture.

Trouasi in Gierusalemme in un monte di sasso assai sodo, incauato per artificio di mano & di ferri, un'edificio di buona grandezza, nel modo che qui sotto è disegnato: & accioche per la grandezza della stanza di mezo ella non hauesse a rouinare; gli furono lasciati quei due pilastroni maggiori nel mezo, & quei due mezani dalle bande, & i due minori dinanzi, iquali pilastri tengono una uolta (come ho detto) fatta per forza di scarpello cosi grossamente. Nella prima entrata ci sono quattro capellette. Nella parte di mezo ci sono diciotto capellette. Nell'altra parte più interiore ci sono due capellette, & una porta chiusa: laqual dinota che si andaua più innanzi. & queste capellette erano luoghi, doue si sepelliuano i Re di Gierusalemme, per quanto mi disse il Patriarca di Aquileia a quel tempo, & hora Cardinale, il quale di questa cosa mi dette notitia, & il disegno

▲ 図35　セルリオが描いたギザのクフ王のピラミッド

▲ 図36　ヴェニスのサン・マルコ寺院の「ヨセフの穀物倉庫」を描いたモザイク

中でもユダヤ教とキリスト教の影響のもと、しばしば聖書に描かれた大洪水や飢饉の際の備蓄食料用の「ヨセフの穀物倉庫」（図36）がピラミッドであると考えられてきたが、徐々にそのような宗教者たちの関心事から離れた解釈が出現し始めた。それらの中には荒唐無稽なストーリーを持つ民話・説話から、古代ギリシア・ローマの記述を下地として書かれたものなどさまざまなものがあった。最もよく知られているのは、紀元9世紀頃に原形ができたというアラブの説話集『千夜一夜物語』であろう。『千夜一夜物語』の中に、ギザのクフ王のピラミッドが登場するのである。

「古の人々の伝えるところによりま

すと、西側にあるピラミッドの内部には、多彩な花崗岩で造られた部屋が30室もあり、貴重な宝石や山のような財宝、珍しい彫像の類、豪華な道具や武器の類で満たされているが、それらはすべて復活の日までさびつかないように、英知を尽くして調合した香油がぬられている。そのうえ、その中には折り曲げても決して割れることのないガラス容器とさまざまに調合された薬品やあらゆる水薬があるのである」(大城 2010, 186-189)

「宝石」、「財宝」、「決して錆びない武器」、「割れないガラス器」と並ぶ魅力的な文言は、人々の欲望を駆り立てたに違いない。『千夜一夜物語』は、アラブ世界で広範囲に知られていたが、1704年にフランスの東洋学者アントワーヌ・ガラン(Antoine Galland)がアラビア語からフランス語に翻訳し出版されて以降、ヨーロッパ世界にも広がった。あらゆる意味で好奇心を刺激した『千夜一夜物語』は、遠い異国のロマンとロマンスという枠組みを超越して、実際にヨーロッパの人々の目と足を未知の世界であるエジプトを含む「オリエント」に向けさせたのである。そのような中、17世紀には、幻灯機の発明者としても知られるイエズス会修道士であり、数学者で東洋学者でもあったアタナシウス・キルヒャー(Athanasius Kircher)やクフ王のピラミッドの正確な測量に成功し、『ピラミッドグラフィア』(*Pyramidographia*)を著した数学者で天文学者でもあったジョン・グリーヴス(John Greaves)らが活発な著作活動を行うのだ。彼らの残した著作は現在からみれば、正確性を欠いている点も多々あるが、初めてアカデミックな匂いを感じさせるものでもあった。

18世紀末の1798年に始まったフランスのナポレオン・ボナパルトによるエジプト遠征は、当時エジプトを経由してインドと交易を行っていたイギリスにダメージを与えることを主眼としていたが、遠征には数学者のガスパール・モンジュを筆頭に総勢200名近くの科学者、技師、画家を伴っていた。彼らが描き、計測し、残した記録は、1809年から1828年にかけて刊行された『エジプト誌』（*Description de l'Egypte*）にまとめられ、その後のエジプト学の発展に大いなる貢献を果たしたのである。さらにその際に発見されたロゼッタ・ストーンは、トマス・ヤングやジャン＝フランソワ・シャンポリオンらによるヒエログリフ解読を通じて、エジプト学の夜明けをもたらすことになる。

その世界の動向に呼応するように、探検家・旅行家と呼ばれるような人々がナイル河を遡ったり、サハラ砂漠東端のエジプト西方砂漠地域を踏破し始めたのである。数世紀にわたって続く近現代ヨーロッパと古代エジプトとの衝突の始まりであった。ロバート・ヘイ（Robert Hay）、ジョージ・アレクサンダー・ホスキンズ（George Alexander Hoskins）やジョン・ガードナー・ウィルキンソン（John Gardner Wilkinson）らはその代表であった（James, 1997, 101-155）。そして彼らの中には自らの冒険譚・経験譚を旅行記として著す者もいた。『ボヴァリー夫人』で知られるフランスの作家ギュスターヴ・フロベールの『フロベールのエジプト』などはよく知られた旅行記だ。フロベールがエジプトを訪れたのは、1849年11月から1850年7月までであった。かなり猥雑な内容を含んではいるが、当時の風俗・習慣、そしてナイル河沿いに点在する町の様子がよく記されている。もちろん彼は作家の視点から、ギザのピラミッドについても記述してくれている。以下は本書の第2部で扱うギザのカフラー王のピラミッドをフロベールが訪れた際のものだ。

「このピラミッドは、頂上周りの外装の化粧岩が、鳥の糞だらけだけれども、まだ残存している。ベルツオーニの玄室。奥に空っぽの石棺。ベルツオーニはここで何本かの牛骨を見つけただけだった。これはたぶん聖牛アピスの骨だったのだろう。ベルツオーニの名前の下に、それに負けないくらいに大きな字で、ジュスト・ド・ジャッスルウ・ロウバなる御仁の名前が記されている。―ともかく、たくさんの馬鹿なやつらが自分の名前をいたるところに書き散らしているのは、なんとも腹が立つ」(フロベール 1998, 85)

フロベールは、現在でも残存するカフラー王のピラミッドの頂上辺りの外装(化粧石)が当時からオリジナルの部分を残していることを正確に描写している(図12、55)。また当時からすでにピラミッドには大勢の観光客が訪れており、しかも不届きなことにそのうちの何人かは落書きを残していたこともわかるのである。このフロベールのエジプト旅行には、同じくフランスの文学者・詩人のマキシム・デュ・カンが写真家として同行していた。デュ・カンが撮影した写真もまたすでに失われてしまった、エジプトの風景や情景を今に伝えてくれる貴重な資料となっている(図37)。

彼らが書き残してくれた当時のエジプトにおける習俗・風俗・慣習に関する情報と遺跡や人々を描いたスケッチ(図38)や写真(Beadnell, 1909; 大城 2008, 101-102)は、現在重要な歴史史料として位置づけられているのである。

そのような社会状況に先んじて、私人による旅行とは一線を画する資産家や国家主導の規模の大きな動きがあった。そのような動きの先にあった動機とは、ヘロドトスの時代とそれほど大差ない「ナ

▲ **図37**　デュ・カンが撮影したカフラー王のピラミッドとケントカウエスのマスタバ墓

イル河の源流を発見する」というものであったのだ。スコットランド王ロバート・ブルースを先祖に持ち、地方領主でもあったジェームズ・ブルースは、その財力を活用し、私費でナイル河の探検を開始した。そしてついに彼は、1770年に青ナイル河の源流（タナ湖）を発見するのである。ジェームズ・ブルースと彼以降の探検家たちは、紀元後2世紀のギリシアの地理学者プトレマイオスによって作成された地図に描かれていたナイル河の源にある「月の山脈」（ルウェンゾリ山地：標高5000メートル以上（最高峰はマルゲリータ山5109メートル））を目指したのだ。

ブルースが帰国後に著した『ナイル探検』は、ドラマティックな冒険談と美女を含む人物描写のため、不特定多数の読者に対する読みものとして書かれたのはあきらかであるが、決して単なる探検記・旅行記として扱われるべきではな

▲ **図38**　カルガ・オアシスのアル=ザイヤン神殿のスケッチ

いほどの情報量を備えていた。また彼が民族学や民俗学的視点に長けており、帰国後の報告を文書とスケッチとで持って行ったことにも意義があった。じつはブルース以前の16 17年にもポルトガル人のイエズス会修道士ペドロ・パエズらが、青ナイル河の源流を訪れていたのだが、報告が明確になされていなかったからである（マーレイ 1999, 42）。それに対して、ブルースは出会ったアフリカの部族の習慣を記録し、人物や動植物に対して詳細にスケッチを行った。現在これらは貴重な民俗学的・民族学的資料となっている。現地の文化を受け入れ、生活に溶け込み、そして偉業を果たした彼の探検家としての、あるいは一人の人間としての結論は、「人間というものはどこでも同じものである」というものであった。彼のこの主張は、黒人に対する人種蔑視が当たり前であった当時にあっては、特筆すべきものであろうと思われる。ただブルースは確かに青ナイル河の源流を発見したのであるが、さらに長大な白ナイル河の源流問題はまだ残されたままであった。

ブルースのナイル探検以降、ヨーロッパ諸国から白ナイル河の源流発見の功を求め多くの人々が果敢に探検に挑んだ。ヨーロッパ人だけではなく、エジプト太守モハメッド・アリも1820年から1822年にかけて、フランス人考古学者フレデリック・カイヨー同行のもと青ナイル河に探検隊を派遣している（ユゴン 1993, 50-51）。中でも最も力を入れていたのが、現在の南アフリカ共和国のケープ地方を植民地化したイギリスであった。すでにこのときエジプトを勢力下に置いていたイギリスは、カイロから現在の南アフリカ共和国のケープタウンまでを制圧しようとするアフリカ縦断政策（3C政策の一部＝ケープタウン・カイロ・カルカッタ）を完成するために、ナイル河上流地域の情報を必要としていたからである。そして1856年、イギリス外務省とロンドンの王立地理学協会は、その重要任務をアフガニスタン、ソマリア、そしてメッカへの侵入経験を持つインド駐留軍に在籍していたリチャード・バートンと植物学者で地質学者のジョン・ハニング・スピークという二人の人物に託した。翌1857年、彼らは探検隊を組織し、奴隷貿易と象牙貿易で知られたザンジバル島の対岸のバガモヨを発ち、内陸部を西へと向かったのである。彼らはタンガニーカ湖に到達した最初のヨーロッパ人となったが、両者とも体調を崩したうえにこの巨大な湖がナイルの水源ではないことが確認されただけであった（この行程の間にバートンは舌に腫れものができ、スピークは視力を失ったが、休養後に回復した）。体調が回復しないバートンを残して、スピークは単独でナイル河の源流を目指し、ついに1858年、地元ではウケレウェ湖、あるいはニアンザ湖と呼ばれていた巨大な湖を発見したのである（彼はこの湖をヴィクトリア湖と命名）。イギリスに帰国したスピークは、王立地理学協会に新たな湖の発見とそれがナイル河の水源であることを報告した。１８６２年の二度目の探検でスピークは、ヴィクトリア湖の北岸から流れ落ちるリポン滝（リポンは当時の王立地理学協会の会長の名前）を発見し、この湖がナイル河と繋がっていることを確認した。しかしながら、「ナイルの最初の一滴」を発見することはできなかったのである。

続いて探検出発後に行方不明になっていたスピークとバートンを探しに来たベーカー夫妻によって、後にナイル河の水源の一つであることが判明するアルバート湖が発見された。夫のサミュエル・ベーカーは、「白人と黒人は同じ種類の人間ではない」、「馬（白人）とロバ（黒人）とを一緒に繋ぐことができる日が来ない限り、同じ体制のもとで白人と黒人が仲良く暮らすことはできない」、「劣った人々をわれわれの水準まで引き上げようと考えるのは、重大な誤りなのである」（ユゴン 1993, 153）などという言葉を残す酷い人種差別主義者であったが、このアルバート湖の発見により、もう一つの水源地の可能性が指摘され、ナイルの源流問題はさらに複雑化していくこととなる。この問題に決着をつける唯一の方法は、ヴィクトリア湖に注ぐ河を発見し、それを遡《さかのぼ》ることしかなかった。

最初に動き出したのは、宣教師の資格を持ち、スコットランドのグラスゴー大学で医学の学位を取得していたデヴィッド・リヴィングストンであった。宣教師であったリヴィングストンは、人種差別主義者のベーカー夫妻とは異なり、奴隷貿易に反対する立場を取っていた。「これまでに私が行った発見で最も重要だと思うものは、この地球上には大勢の素晴らしい人々がいることである。神が黒人の心を白人と同じくらい美しく造ってくれたことに、私は深く感謝する」という彼の台詞は、ヨーロッパ人たちのヒューマニズムを刺激するに十分な役割を果たした。そのような中、1866年から始まったリヴィングストンの三度目の探検は、まさにナイルの源流を目指したものであった。しかし彼はルアラバ河の調査中に消息を絶って行方不明となってしまう。その後行方不明のリヴィングストンを探すべく、『ニューヨーク・ヘラルド』紙の特派員であったヘンリー・モートン・スタンリーが捜査に乗り出し、1871年11月10日にウジジ村で二人は劇的な出会いを果たすことになるのだ。帰国を勧めるスタンリーを振り切り、リヴィングストンはさらにナイルの源流地を目指したが、1873年5月1日に道半ばで帰らぬ人となる。

その後、1875年にリポン滝に到着したスタンリーは、スピークの発見を確認し、ヴィクトリア湖の地図の作成を行った。そして「月の山脈」の所在を確認し、ついに紀元後2世紀に作製されたプトレマイオスの地図の正しさを証明したのである。ここに人類は、ようやくプトレマイオス以来の地理的空白地帯を埋めることができたのだ。スタンリーの探検後も探検家たちの挑戦は続き、ナイル河の最南端の水源地は、ルヴヴ川とカーガラ川を経て、ヴィクトリア湖に注ぐブルンジ共和国のルヴィロンザ川であることがあきらかとなった。そこを源として白ナイル河が青ナイル河とその他の支流と合流をくり返し、エジプトへと流れ込んでいたのである。ようやく20世紀の初めになり、ナイル河の水源問題は解決されることとなった。このように暗黒大陸の夜明けとともに、人類は古代から人々が求めてきたナイル河の源をあきらかにしたが、その一方でいまだピラミッドの謎は解かれていないのである。

リンド数学パピルス（図39）やピラミッドの体積を計算するモスクワ・パピルスなど、ピラミッドに

▲ 図39　リンド数学パピルス
提供：DeA Picture Library/アフロ

対する科学的手法を用いた何らかの研究の流れは、エジプトにおいてつねに古代からあった。たとえば、底辺が正方形のピラミッドの頭部から相似なピラミッドを取り除いた「頭欠ピラミッド」の体積を計算する場合、その体積は頭欠ピラミッドの底辺の長さをa、頂部の一辺の長さをb、その高さをhとすると$V=\frac{h}{3}(a^2+ab+b^2)$のような公式で求められることが知られていたのである（アングラン、ランベク 1997, 7-8）。

哲学者ミレトスのタレスは、最初にピラミッドの高さを正確に測定した人物として知られている。

「ピラミッドの高さの測量法、そしてどんなものでも同じように測量する方法は、ミレトスにタレスによって考案された。その方法というのは、影の長さがそれを投げている物体の高さと等しいと期待されている時点で、その影を測ることである」（ウェザーレッド 1990, 223（第36巻81-82））

近世以降は、ピラミッドにまつわる数字＝「奇妙な一致」にしばしば注目が集まるようになる。すでにアイザック・ニュートン（1642―1727年）が、古代エジプトの単位であるキュービットの長さを正確に割り出していたという話が伝わっている。ニュートンはピラミッドの持つ具体的な数値に注目していたのだ。しかし、それ以上に人々の興味は、ピラミッド・インチやパイにまつわる数値に関する多くの主張に惹きつけられた。それら数字の「奇妙な一致」には、興味深い指摘もいくつかあったが、実際にはそれらの中に科学的な見地から傾聴すべきものはほとんどなかった。そのような流れの中、スコットランドのエディンバラ大学教授で天文学者であったチャールズ・ピアッツィ・スミス（Charles Piazzi Smyth）（1819―1900年）は、1864年に『大ピラミッドのなかの人類の遺産』（*Our Inheritance in the Great Pyramid*）や『1865年1月、2月、3月、そして4月の大ピラミッドにおける生涯と功績』（*Life and Work at the Great Pyramid during the Months of January, February, March, and April, A.D. 1865*）などを著している。彼の主張は現在ほぼ否定されているが、彼の残した図版には興味深いものもある。ギザのクフ王のピラミッドが正確な四角錐ではなく、四つある各面の中央に頂上から真下に向かってくぼんだ直線があり、八面になっている様子が描かれているのだ（図40）。近年、この現象に注目が集まり、その説明が求められている。「構造的にちょうどそれぞれ四面の中央に圧力がかかるため」であるとか、「頂上から流れる雨水がつねに同じ場所を通ることによる」などあるが、いまだ決定的なものはない。

ほぼ同時期に活躍した人物に、プロイセン王国のエジプト調査団の団長として（そして後にベルリン大学のエジプト学教授に就任する）、エジプト学に多大な貢献をしたカール・リヒャルト・レプシウス（Karl

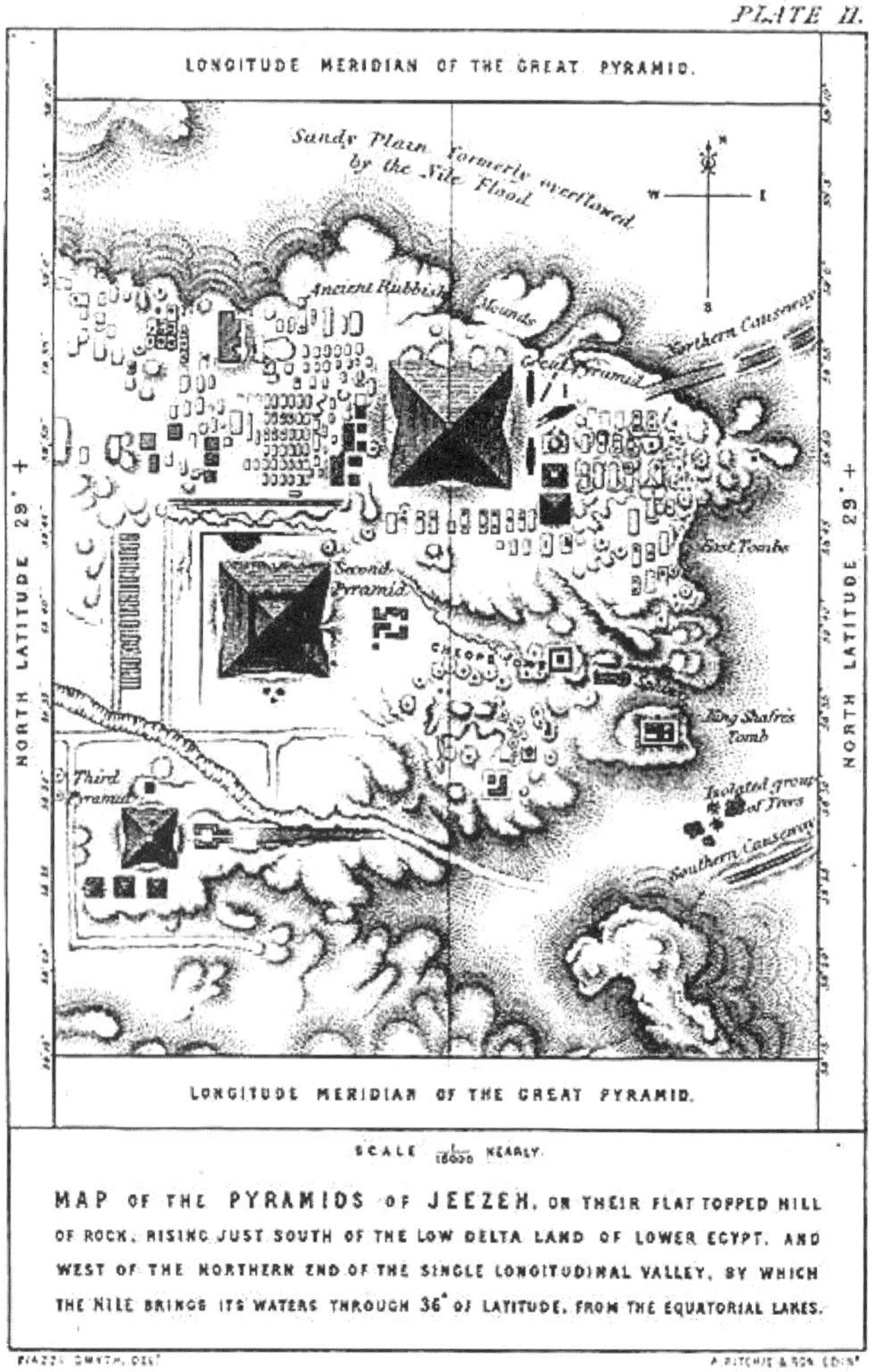

▲ 図40　ピアッツィ・スミスの描いたギザのピラミッド

Richard Lepsius）がいる。彼は19世紀中盤に、全12巻にも及ぶ『エジプトとエチオピアの記念建造物』（*Denkmäler aus Äegypten und Äethiopien*）や『エジプト、エチオピア、そしてシナイ半島の発見』（*Briefe aus Äegypten, Äethiopien und der Halbinsel des Sinai*）など数多くの業績を残した。彼の残した業績は数知れないが、ギザの多くのピラミッドに対して、彼の名前の頭文字「L」がナンバリングされている点（たとえばケントカウエスのものはLG１００号墓）からも、エジプト学の基礎をつくった研究者の一人といえよう。

20世紀初頭、ある刺激的な学説がイギリスを中心に流行する。唯一古代エジプト文明のみが他の世界文明の成立に影響を与えたのだという、超伝播主義（Hyperdiffusionism）と呼ばれるものだ。誰にでもわかる非常に簡潔な考え方であったことから、一気に拡大し、考古学・歴史学・文化人類学・民族学など、あらゆる学問分野にその影響は及んだ。つまり、短くはあったが（そして現在は否定されているが）、この時期、間違いなくエジプト学がアカデミズムの中心にあったのである。それを先導したのが、解剖学からエジプト学へと転身したオーストラリア生まれのエリオット・スミス（G. Elliot Smith）とイギリス生まれの数学者ジェイムズ・ペリー（W. James. Perry）であった。その流れの中で、ピラミッド研究に特化する人々が現れたのである。ピラミッド学（Pyramidology）とピラミッドロジスト（Pyramidologist）の誕生は、失われた古代文明（超古代文明）を創造した人々、たとえばアトランティス人やムー人によってピラミッドはつくられたとか、高度な知識を持つ地球外知的生命体、つまり宇宙人がつくったとかいう、荒唐無稽な説を数多く輩出した。そしてオカルト信仰者たち（Occultist）やニュー・エイジ運動信奉者たちがそれに追随したのである。

数字と超古代文明を追いかける人々と一線を画する流れも現れた。代表的な人物が19世紀の初めに、エジプトとスーダンで12年間フィールドワークを実施し、大著『古代エジプト人の風俗と習慣』を著したジョン・ガードナー・ウィルキンソン（John Gardner Wilkinson）と三度エジプトを訪れてフィールドワークを実施したエドワード・ウィリアム・レイン（Edward William Lane）であった。レインは民俗学的手法でフィールドワークを行い、当時の慣習・風俗を克明に記録したのである。レインが『近代エジプト人の風俗習慣』を著した際、いまだエジプトは神秘と神々の国であり、ピラミッドは迷信をまとっていた存在であったことが次の文章から読み取れる。

「古代エジプトの墳墓や寺院の暗い片隅などには、一般に、悪い魔人《エフリート》が棲みついていると信じられている。筆者の召使いのひとりはそうした迷信につかれていたので、筆者がどんなにすすめても、いっしょにピラミッドの中にはいろうとはしなかった。アラブ人の多くは、ピラミッドの建設や、エジプトの最もすばらしい古代遺跡などはすべてガン・イブン・ガンとその奴婢《ぬひ》と魔人の一族の手になったものだと考え、とても人間業で作れるものでないと思っている」（レイン1964, 182）

ピラミッドは、われわれ人類とは異なるアダム以前の種族の末裔と考えられているガン・イブン・ガンと呼ばれるものによって建造されたと考えている人たちが、当時のエジプトにはいたのである。日々ピラミッドを仰ぎ見ていたエジプト人たちにとってでさえも、ピラミッドは常識を超えた存在であったのだ。もちろんそれは、同時代のヨーロッパの人々にとっても同じであったはずだ。

そして時代は「エジプト考古学の父」フリンダース・ピートリの登場を待つことになるのだ。エジプト全土を網羅するかのように調査活動を実施したピートリは、一つの特徴的な遺物（たとえば土器）を時間的・連続的な秩序として配列すれば、その流れや形態の変化が読み取れるというS・D・法（継起編年法 Sequence Dating／コンテクスト・セリエーション）（図41）を考案し、時代区分に沿った遺物の分類を行ったのである。彼の手法は世界中の考古学者たちによって採用され現在にまで至っている。日本にもピートリと懇意であった「日本考古学の父」と呼ばれる浜田耕作を通じて、彼による緻密な土器の形式分類法であるS・D・法は持ち込まれたのである（大城 2009, 24-25）。

エジプトにおいて、科学的な考古学が開始されて以降、考古学者とエジプト学者にとっては、研究分野や研究対象が細分化されることとなった。そのこと自体は各研究の深化を即し、幅を広げていく原因となったが、調査の規模が大きすぎるピラミッドに関しては研究が後手に回った感がある。そのような中、現在、広く普及している次のような説が登場したのである。

「ピラミッド建造はナイル河の増水によって農作業ができなくなった農民たちに対する国による失業対策である。エジプトの人口の大部分を占めていた農民たちは、パン・タマネギ・ビールなどを給料として支給されて、ピラミッド建造に臨時作業員として雇用された」

これはドイツ人物理学者クルト・メンデルスゾーン（Kurt Mendelssohn）が1974年に提案した、いわゆる「ピラミッド公共事業説」の概要である。この説は、ヘロドトス以降、ピラミッド建設を説

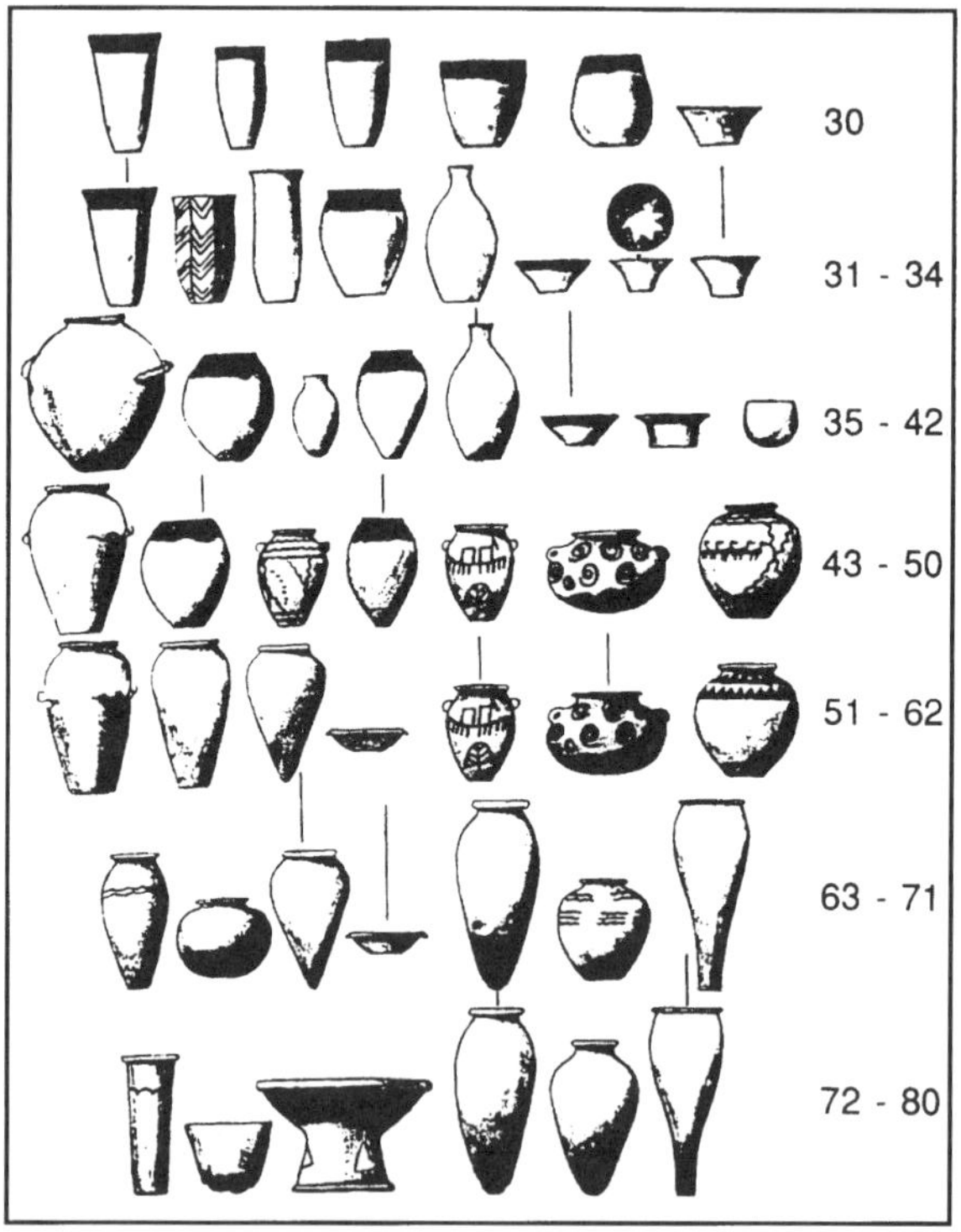

▲ **図41**　ピートリのS. D. 法に見る土器の連続的配列図

明する際に用いられてきた「ピラミッドは絶対的権力を国民に対して用いたファラオの命令により、エジプト国民と奴隷が強制的に労働を強いることによって建造された」という説を覆すことに大いに貢献した。確かにこの仮説は、ナイル河の定期的氾濫を組み込んだ説であったことから、説得力のあるものとなっており、現代においてもしばしば紹介されている。しかし、レーナーによるギザのピラミッド・タウンの調査成果があきらかになるにつれて、ピラミッド建造とは国家の一大事業ではあったが、決してアルバイトとして雇われた一般農民が片手間にできるような仕事ではなかったことがわかりつつあるのだ（河江 2015）。このような公共事業は農閑期の農民を困窮から救うために必要だという意見もあるが、当時のナイル世界に暮らす農民たちは、世界屈指の豊かな暮らしを定期的に増水・氾濫をくり返すナイル河から得ていたことを考慮するならば、あえて過酷な労働に農民たちが従事したとは考えられない。ピラミッド建造には、当時世界最高の技術が必要であり、さらにその技術を使いこなす高度な訓練を受けた職人・軍人が必要不可欠であったはずなのである。もしあるとすれば、それは損得を度外視した純粋な宗教的動機だけであろう。

4・4　21世紀以後のピラミッド学とネオ・ピラミッドロジー（Neo Pyramidology）の提唱

これまでで最もピラミッドの内部の秘密に迫ったのは、1980年代にフランス人建築技師たちがクフ王の大ピラミッドに対して調査を実施した際であろう。彼らは精密重力計を用いて、未発見の空間を探す目的でクフ王のピラミッドの密度を測定した。結果として密度の異なる石材がピラミッドに対して使用されていることが判明したが、それ以上の検討はなされなかった。近年話題となった建築家ジャン＝ピエール・ウーダン（Jean-Pierre Houdin）のらせん回廊説は、この成果をヒントにしたものであったが、やはりデータは曖昧で考古学的検証に十分に耐えられるとはいいがたい。

近年の科学技術の進歩により、肉眼では見えない場所を視ることができるレーダー探査も有効ではあるが、調査範囲は限られており、ピラミッドのような巨大な石造建造物を対象物とした際には膨大な時間と莫大な人手（コスト）が掛かりすぎるため現実には難しい。しかし、ミュオグラフィであれば検出器をピラミッドの下に置くだけで済む（検出器の開発費は必要だが）。後は天空から降り注ぐ素粒子ミュオンを検出器が勝手に捕らえてくれるのだ。われわれは日本で他の仕事をしながら結果を待つだけでよいのだ（重い機材を運び、汗をかきながらピラミッドの中を動き回る必要はまったくないし、現地の悪質な土産物売りやラクダ使いを追い払う必要もない）。現時点で巨大石造建造物であるピラミッドの内部を非破壊でスキャンするのに最も適した方法は、ミュオグラフィであることは間違いないのである。

考古学や歴史学の分野にはこれまでにも、時代時代でその当時最高の科学的技法が用いられてきた。1947年にシカゴ大学のウィラード・フランク・リビー（Willard Frank Libby）によって発見された放射性炭素年代測定法（C14年代測定）が、その後の学界に多大な影響をもたらしたことはよく知られている。またDNA解析の精密化は、古代エジプトで最も有名なファラオであるツタンカーメンの家系をあきらかにしたことは記憶に新しい（田中、大城 2016, 128-133）。しかし、われわれが知りたいのは（あるいは知らねばならないのは）、これまで誰も目にしたことがないピラミッドのその他の内部構造なのである。つまり、「未知の空間があるのか、ないのか」、そしてその内部構造から判明するであろう「ピラミッドのつくり方」なのだ。すぐにでもピラミッドのレントゲン写真を撮ることができれば、あるいはピラミッド自体を分解することができれば、何の問題もないのであるが、いかんせん対象が巨大すぎてそれはかなわない。もしできたとしてもレントゲンの場合、使用する放射線の量が莫大なものになるので、人体や環境への影響を考慮すると現実味はゼロである。分解するにも経費と技術が掛かりすぎる（バラバラにしたら元に戻さねばならないし……。そもそも世界遺産なので許可は出ないだろう）。その点ミュオグラフィは放射線を使用しないのでまったく安全である。作業中の事故も考えられない。人体にも環境にも優しいのがミュオグラフィなのだ。

科学技術は日進月歩であり、ミュオグラフィ研究自体も急速に進んでいる。現在ミュオグラフィを使用してのピラミッド・スキャン・プロジェクトも三次元デジタル測量、サーモグラフィ探査、レーダー探査、さらにドローンを併用駆使して進行中である。そのような最新科学を利用してピラミッドの謎に挑むのと並行して、われわれには「歴史」の流れをつかむことが求められるであろう。そこにもちろんピラミッド建造のヒントがあるはずだからだ。データを得るだけでは駄目なのである。そのデータを解釈する経験に基づいた歴史学的な思考が必要なのだ。

たとえば、エジプトにおける最初の統一王朝が出現した紀元前3000年頃以前に、現在のリビアにあるサハラ砂漠から、エジプト西方砂漠を抜けて、ナイル河にまでやって来た人々が巨石文明に大きな影響を与えた可能性があるし、ナブタ・プラヤにあるストーン・サークル（図42）などの巨石文化の発見やサハラ砂漠地域に広範囲に分布している原始絵画（図43）は、ピラミッドを創造した古代エジプト人たちに多大な影響をもたらした可能性がきわめて高いのである。今後、地理的に古代エジプトの領域を超えたピラミッドの伝播について考える必要がある。エジプトのピラミッドがアジアやアメリカ大陸まで伝播したとはいわないが、ナイル河をエジプトと共有していたヌビア（現スーダン）やリビアには複数のピラミッドが確認されている（図44、45）。さらに地中海沿岸地域への広がりにも目を向けておく必要があるであろう。

本来、エジプト学（Egyptology）とは、言語学・考古学・歴史学を備えた総合学問分野として成り立ってきた。ここに物理科学が加味されれば、さらなる飛躍が期待できるであろう。そしてその最先

▲ 図42　ナブタ・プラヤにあるストーン・サークル

▲ 図43　サハラ砂漠の原始絵画

▲ 図44　スーダンのピラミッド

▲ 図45　リビアのピラミッド

端にあるのがミュオグラフィなのだ。では次章において、実際に古代エジプトで建造されたピラミッドの情報を提供し、本書第2部への橋渡しとしたい。

第5章　ピラミッドの重さ

5・1　ピラミッドは重いか軽いか

ピラミッドを建造する際の最大の問題は、圧倒的な量の石材を使用する必要があったことだ。このことからピラミッドの建造に際して、古代エジプト人たちが石材の重量を考慮したといえそうである。少なくとも建造に掛かる時間には固執したはずだ。王の死は決して待ってはくれないのだ。もし石材の重さが軽減されて、ピラミッド建造の工期が短縮されるならば、それはきっと望ましいことであったであろう。あるいは高さをほぼ同等として底辺を短くすることによって工期の縮小を狙ったのかもしれない。そのために、クフ王のピラミッドよりもカフラー王のピラミッドは角度を鋭くした可能性がある。

より重量の軽い石材が用いられたことは、一見すると古代エジプト人たちがそれを望んだことのように思える。少なくともわれわれ現代人であれば間違いなく、楽に運ぶことができる方を選ぶはずだ。しかし、そこには検討しておかなければならない問題がある。おそらく何人かのエジプト学者に「古代エジプト人たちはピラミッド建造を早めるために、あるいは楽に石材を運ぶために、軽い石材を使用することを望んだのではないか」という問い掛けをした場合、反論として返ってくる言葉は次のようなものであろう。

「古代エジプト人たちがピラミッドを建造した際に考えていたのは、早く造りたいとか、簡単に造りたいとかではない。ピラミッド建造は王のための国家事業であり、一種の宗教行事のようなものであった可能性もあるので、苦労すればするほど、手間を掛ければ掛けるほど、その作業は尊いと人々は認識していたのかもしれない」

それはそのとおりであろう。たとえ報酬が支払われていたとしても、あれほど巨大な建造物が単純な労働のみでつくられたとは到底思えない。実生活に依拠する利益を超えた明確なモチベーションが必要であったはずだ。ピラミッド建設は、現人神であった古代エジプト王への崇拝の念があったからこそ成し得た偉業であったに違いない。ギザのピラミッドは日本で巨大な天皇陵が建造されたように、中国で始皇帝陵が建造されたように、崇めるべき神のごとき絶対的対象があってこそのものなのだ。結局、古代エジプトにおける巨大ピラミッド建造のすべての基本は、人類史上まれにみる強力な王と強大な王権の存在に帰結する。

しかしながら、実際に各ピラミッドの構造を考慮した場合、クフ王の先王であったスネフェル王が建造した三つの巨大なピラミッドに大幅な形状の変遷があることを無視することはできない。そしてその外観に現れたあきらかな変化は根本的に、信仰や崇拝とは密接な関連性を持たない可能性が高い。そのためおそらくメイドゥムの崩れピラミッド（図46）、ダハシュールの屈折ピラミッド（図49）、そして同じくダハシュールにある赤ピラミッド（図51）という順番で建造されたこれらのピラミッドの建築的・技術的変化点を具体的に見て行くことが、われわれに何らかの示唆を与えてくれるかもしれない。第

▲ 図46　メイドゥムの崩れピラミッド

1章で紹介した外観の変遷だけではない、ギザのピラミッドへと直接続くスネフェル王の三つのピラミッドの特徴とは次のようなものである。

5・2　メイドゥムの崩れピラミッド

図46はメイドゥムの崩れピラミッドで、規模は高さ約92メートル、傾斜角度約51度52分、底辺約144メートルである。建造当初は階段ピラミッドであったが、そこから最終的に真正ピラミッドを目指したと考えられている。過去に建造された階段ピラミッドと同じように、メイドゥムのピラミッドも周壁（東西約218メートル、南北約236メートル）を持っていたが、階段ピラミッドのようにセド祭（30年ごとに実施されたとされる古代エジプト王の王位更新祭）用の広い中庭はつくられなかった。周壁とピラミッド本体との間の空間には日乾レンガが敷き詰められていた。ピラミッド内部への入り口は、これまでのピラミッドと同じように北側に位置していたが、

▲ **図47**　残存する外装部分の化粧石

葬祭神殿（礼拝堂）は、ピラミッド本体の北側から初めて東側へと移動された。

以上のことから、当時「ジェド・スネフェル（スネフェルは永遠）」と呼ばれていたこのピラミッドは、第3王朝に建造された最初のピラミッド形態である階段ピラミッドから、後の真正ピラミッドへの発展過程を考えるうえでこれまで重要視されてきたのである。完成時期にも諸説（「スネフェル王のもの」あるいは「息子スネフェルがつくった父フニのもの」など）あり、その珍しい外観とともにつねに議論の的となってきた。

建造の初期段階では、石材を内側に約75度の角度で傾斜させていた。これは第3王朝期に建造された階段ピラミッドの建築法を踏襲したものであったが、建造の最終段階では、石材は真正ピラミッドの特徴でもある水平に積まれるようになった。外装（化粧石）には良質のトゥーラ産の石灰岩が使用されていた。外装の残存する部分（**図47**）からは、未完成であったこのピラミッドが、完成時に真正ピラミッドとなるように意図されていたことがわかる。現在はまるで塔のように見えるこのピラミッドは、完成時には階段部分に石材がはめ込まれ、その上に外装用に加工を施された美しい石材が敷かれていたのだ。

入り口はピラミッド地面から約15メートル、本体北側面の中央あたりに位置していた。通路はそこから下降すると左右互い違いに小部屋（建築部材の収納に用いられたのかもしれない）のある水平の通廊にたどり着く。その最奥部から上に向かって玄室（埋葬室）へと垂直に竪坑が延びているのである。これまでのピラミッドの玄室の天井部分が石板で覆われていたのとは異なり、その部分は以降建造されるピラミッド同様に「持ち送り積み」（図48）（このピラミッドは、玄室の天井部にこのような「持ち送り積み」技法が使用された最初のピラミッドであった）になっていた。この工法は圧力を軽減

▲ 図48　「持ち送り積み」技法

する効果をもたらすものと考えられている。長さが約6メートルで幅が約2・6メートルであった玄室自体は、地上とほぼ平行につくられていた（玄室の中で石棺は発見されなかった）。

ピラミッドの発展過程の中で、このメイドゥムのピラミッドから始まった新たなる特徴があった。それがナイル河へと向かって延びる参道の建設だ。後に葬祭神殿と河岸神殿とともにピラミッドの標準施設となる参道は、この崩れピラミッドから始まるのである（ただ参道の先で日乾レンガ製の壁が見つかってはいるものの河岸神殿跡は未確認である）。またこのメイドゥムのピラミッドには、建設時に使用された作業用の傾斜路が残存していたことでも知られている。つまりピラミッドの建造法を解く鍵がこのメイドゥムの崩れピラミッドにはあるのである。

5・3　ダハシュールの屈折ピラミッド

図49はダハシュールの屈折ピラミッドである。規模は高さ約104メートル（屈折個所から上は45メートル＋下は59メートル）、傾斜角度約43度21分（上）＋54度31分（下）、底辺約189メートルである。このピラミッドは、「南のスネフェルは輝く」と呼ばれており、本来真正ピラミッドとして設計されたと考えられている。結果的に当初の計画は不成功に終わったが、その特異な形状によって広く知られる存在となっている。このピラミッドは「屈折」というその言葉どおり、傾斜角度が途中で緩やかに折れ曲がっているのである。底部から約45メートル上の屈折個所までは、約54度であったが、そこから上は約43度の角度で仕上げられていた。内側に傾斜させて積まれていた石材も途中から水平に置くように修正されている。そのうえ、漆喰の使用箇所が多く見られることから、建設途中段階ですでにこ

▲ **図49**　ダハシュールの屈折ピラミッド

のピラミッドには、建築上多くの問題が起こっていたのだと推定できる。

外観だけではなく内部構造の複雑さもまたこのピラミッドの特徴である。中でもピラミッドの入り口が北側と西側の2か所にあるということを最大の特徴としている（**図50**）。北側入り口の通路は、約74メートルもの長い傾斜路の先に持ち送り積みの天井部をそれぞれ持つ前室と玄室が備えられていた。もう一方の西側入り口の通路は、約65メートルの長さで、同じように持ち送り積みの天井部を持つ玄室へと続いていたが、玄室へと至る途中に通路を閉鎖するための落とし戸が2ヵ所につくられていた（落とし戸はクフ王のピラミッドにもつくられた）。どちらの玄室にも石棺はなかったが、天井部にはスネフェルの名前が赤色で記されていた（これもクフ王と同じ）。いまだ玄室と入り口（北が地表から約12メートル、そして西が約33メートルの地点）が二つつくられた理由はわかっていない。

崩れピラミッド同様、ピラミッドの東側に葬祭神殿（礼拝堂）を備えていたが、北側にも供物台を備えた小型の礼拝堂がある点が特徴である。このことは建造が開始された当初、南北軸を意識していたこのピラミッドが、建造途中で東西軸へと変更された可能性を示唆している。参道は石灰岩でつくられた屋根を持たないもので、６００メートル先の最古の河岸神殿へと繋がると考えられている。南側に建造された衛星ピラミッドには、石材を水平に積むという新しい工法が採用されており、またクフ王の大ピラミッドの大回廊と同じく通路に小さな刻み目があるなど、後のギザの大ピラミッドの出現を予感させるものとして注目に値する。内部に持ち送り積み式の玄室を備えたこの衛星ピラミッドの持つ意味はあきらかではない。

これまでなぜ途中から緩やかに角度を変更したのかについては、しばしば構造上の問題点が指摘されてきた。つまり建設された地盤が比較的柔らかい粘板岩であったことと、その上に直接基盤をつくったことが原因で、ピラミッド全体の安定性を著しく欠いたというのである（クフ王やカフラー王のピラミッドは岩盤を整地したりして基盤をつくっている）。そのため角度を54度から43度へと緩やかなものに変更したという説がある。あるいは計画当初に設定されていた斜面の角度が急すぎたことにより、構造的に無理がでたというのが一般的な解釈なのである。しかしもともと途中から角度を変えるようにデザインされたのだと考えることもできよう。理想形である真正ピラミッド建設への試行錯誤の段階として、あえて実験的に表面を途中で屈折させたピラミッドを建設してみた可能性は否定できない。そのように考えるならば、入り口が西側と北側につくられた理由も理解できる。つまり、入り口をどの方向につくればよいかを実際に試してみたのである。あるいは建設途中でスネフェル王が死去した、ま

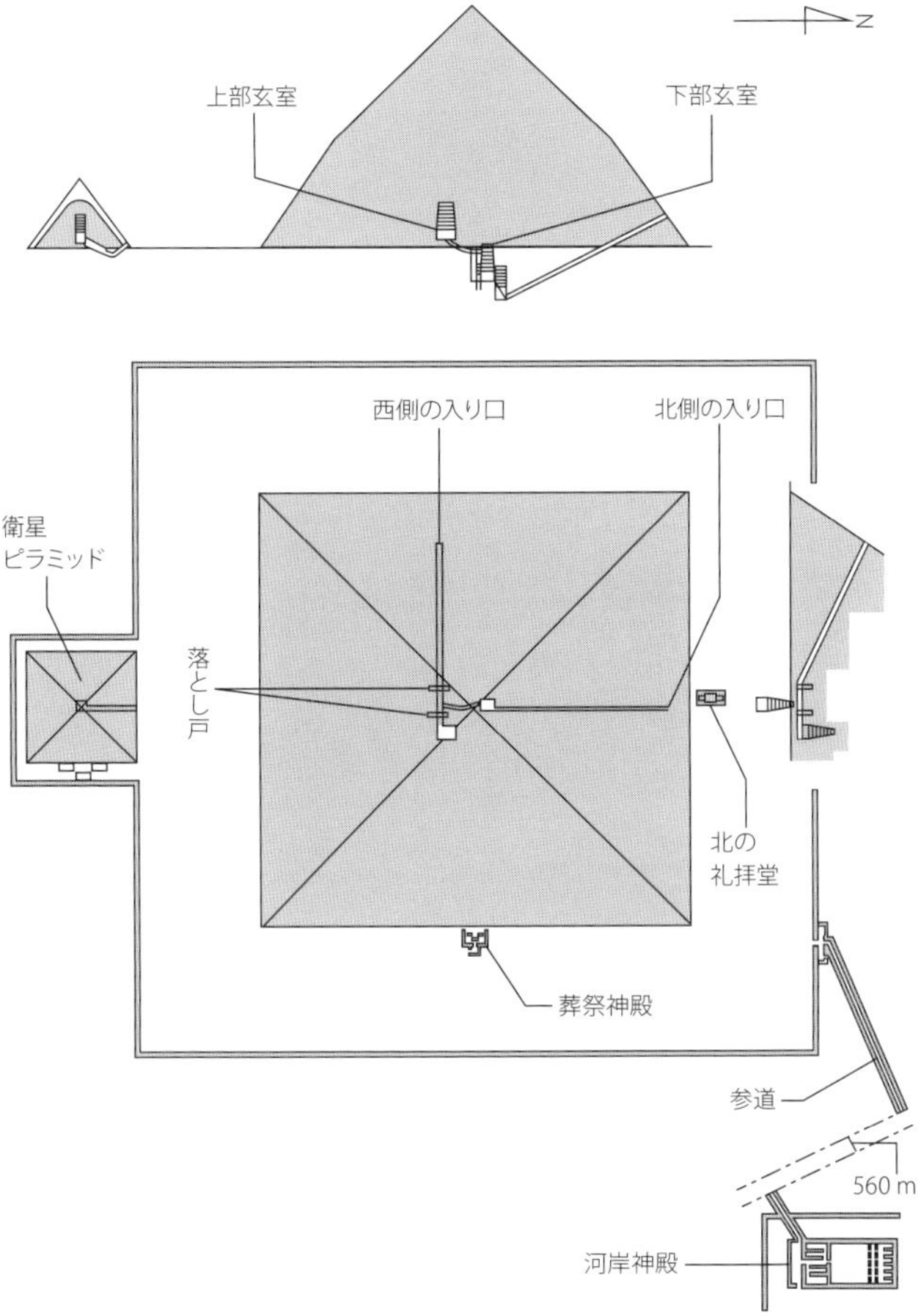

▲ 図50　屈折ピラミッドの断面図と平面図

たは大きな病に倒れてしまったことから、ピラミッドの完成を早めるために角度を変えたのかもしれない。しかしこの場合には、次の赤ピラミッドの建造開始が「屈折ピラミッド」と同時期であったことが問題となる。

5・4 ダハシュールにある赤ピラミッド

図51（外観）、52（内部構造）はダハシュールにある赤ピラミッドで、規模は高さ約105メートル、傾斜角度約43度30分、底辺約221メートルである。前の二つと比べると緩やかな傾斜角度であることを最大の特徴としている。使用された石灰岩の色から現在赤ピラミッドと呼ばれているこのピラミッドは、当時「スネフェルは輝く」と呼ばれていた。入り口は北面の地表から約28メートルの高さにある。そこから約63メートル続く通路を下降して、高さ約12メートルの持ち送り積み式の天井部を持つ前室へと至る。そこからほぼ同じ構造の第二の前室を抜けて、さらに8メートル高い位置につくられた水平の通路を通り、高さ約15メートルの持ち送り積み式の天井部を持つ玄室に至るのである。二つの前室は南北軸を向き、地表面と平行につくられていたが、玄室はそれとは異なり東西軸であった。玄室が地表よりも上につくられている点は、程度こそ違うがクフ王の大ピラミッドと同じ特徴である。さらにピラミッド玄室の方向に注目するならば、第3王朝の階段ピラミッドの伝統を引き継いでいたスネフェルの崩れピラミッドと屈折ピラミッドが南北軸であったのに対して、赤ピラミッドはギザのピラミッドのように玄室が東西軸を向いていることがわかる。

ピラミッド本体はやはり周壁で取り囲まれていた。東側に葬祭神殿を持ち、すでに破壊されている

▲ 図51　ダハシュールにある赤ピラミッド

が、至聖所とそれを挟むようにある二つの礼拝所、そしてその前方に中庭があったことが確認されている。河岸神殿の詳細な調査はなされておらず、これら二つの神殿を繋ぐ参道も未確認ではあるが、ダハシュールの二つのピラミッドは、双方ともに葬祭神殿から延びる参道とその先にある河岸神殿を備えていた可能性が高いと考えられている。これらの特徴は第４王朝へと引き継がれ、真正ピラミッド・コンプレックスの基本要素となるものであることから重要だ。ダハシュールは、屈折ピラミッドと赤ピラミッドの二つの巨大なピラミッドが建造された場所であることから、ギザに匹敵する、あるいはギザのモデルケースとしての役割を持っていた巨大空間であったと考えるべきであろう。ダハシュールに二つの巨大なピラミッドを建造したスネフェルであったが、晩年には最初に建造に着手したと考えられている巨大な階段ピラミッドを真正ピラミッドへと仕上げるために、再

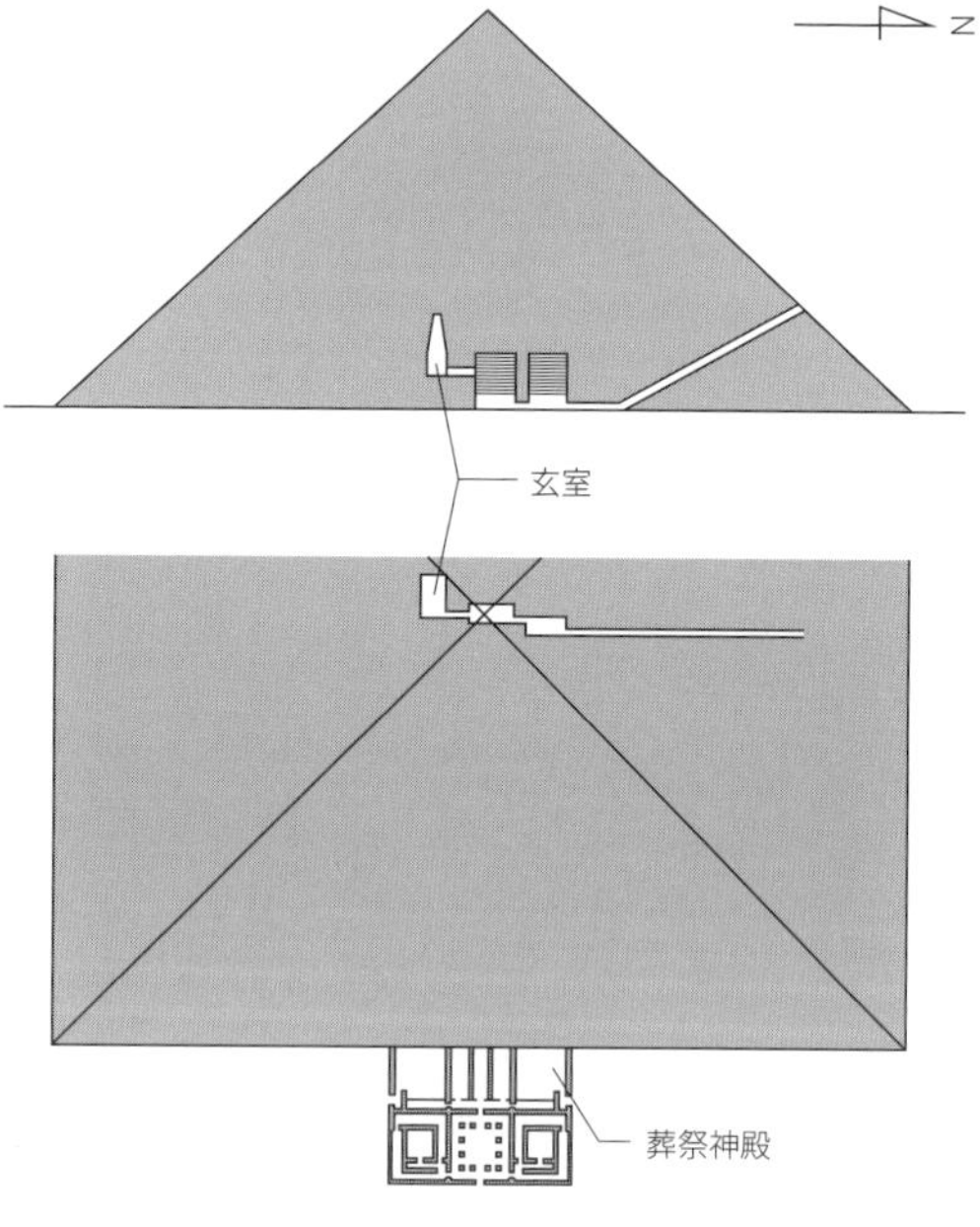

▲ **図52**　赤ピラミッドの断面図と平面図

びメイドゥムへと舞い戻ったと考えられている。しかしこの試みは、ピラミッドの崩壊という結末に終わる。

上記のようなスネフェル王のための各ピラミッドの特徴と建設過程を経たことから考えると、三つのピラミッドの設計者は建造に際してかなり試行錯誤していたことに疑いようはないのだ。試行錯誤の一環としてさまざまな改良点や試みが見えてくる。しかし、これまでの研究成果ではここまでであった。さらに一歩踏み出さねば、われわれがいまだ知らないピラミッドの持つ意味に近づくことができないのも事実なのである。そこで本書でミュオグラフィによって算出を試みた「カフラー王のピラミッドの重さ」が重要になってくる。これはあきらかにピラミッド学における新たな視点・知見であるからだ（つまり、新しいピラミッド学＝ネオ・ピラミッドロジーの範疇《ちゅう》だ）。カフラー王のピラミッドの総重量がこれまで想定されていたよりも軽かったこと（あるいは正確な数値がわかったこと）、そして用いられているモカッタム石

▲ **図53** クフ王のピラミッド

灰岩の石材がアーノルドによって報告されている密度範囲の下限値に近かったこと（つまり同じ大きさなら軽い石灰岩が選択的に用いられたこと）が、今回、第2部でわれわれが得た結果である。その数値自体が大きな意味を持つといえるが、さらにそこから何かピラミッドに対する新しい提案ができないであろうか。

スネフェル王のかたちの異なる三つのピラミッドを経て建造されたクフ王のピラミッドは、内部の複雑な構造を最大の特徴としている（図53、54）。地下にある未完成の玄室、「大回廊」、落とし戸（巨大な石板を用いた閉鎖装置）、「王妃の間」、「王の間」、「重量軽減の間」などの空間の存在は、他のピラミッドと大きく異なるのである。もしクフ王のピラミッドがピラミッド建造の到達点、あるいは理想形であったと考えられていたのであれば、カフラー王は同じものの建造を目指したはずだ。しかしながら、カフラー王のピラミッドはクフ王のものとは異なっている

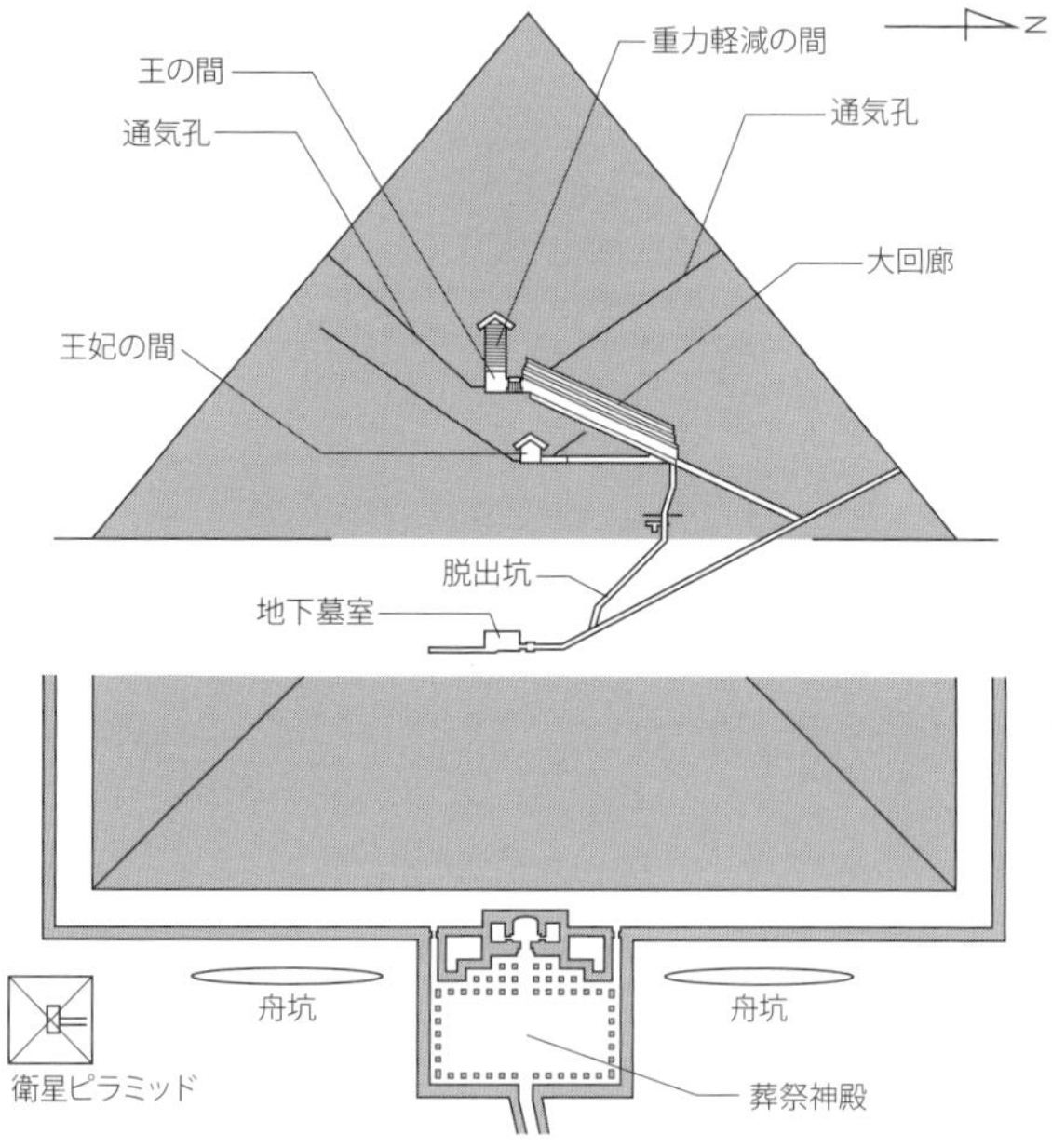

▲ 図54　クフ王のピラミッドの構造

（図55、56）。われわれはカフラー王のピラミッドの存在意義とはいかなるものであったのかを考えるために、これらギザの巨大な二つのピラミッドを比較し検討しなければならないであろう。最大の相違点は、上記に例を挙げた複雑な内部構造である。カフラー王のピラミッドは、クフ王のものに比べかなりシンプルなのである（ただし未発見の空間の存在は否定できない）。

クフ王の玄室（図57）は巨大な石材を組み合わせて成り立っていたのに対して、カフラー王の玄室（図58）は、切り妻屋根の天井部分以外が岩を掘り込んだものであった点も大きな違いである。基礎部分に関しても、カフラー王のピラミッドの南西隅の最下段は直接岩盤を使用している（ヴェルナー 2003, 232）。また玄室へと至る通路の一部に花崗岩の石材が内張りに使用されていたこと、そして外装の最下段が花崗岩であることも重要だ。これらの特徴は建造物の機械的強度（たとえば耐震構造な

▲ **図55**　カフラー王のピラミッド

ど）を意識したものであったのかもしれない。何といってもエジプトは巨大地震の経験国・常連国である。昨今のわが国における建設問題を鑑みても、建設の急務と耐震構造とは本来相容れないものである可能性はあるが、カフラー王のピラミッドはクフ王のピラミッドと比べて機械的強度を向上させることを目指し、同時にクフ王のピラミッドよりも傾斜角度を鋭角にし、なおかつ10メートル高い岩盤の上に本体を建造することでクフ王のピラミッドを視覚的に凌駕《りょうが》することを試みたのである。つまり、より少ないリソースで頑丈かつ視覚的効果の高いピラミッド建設をデザインした可能性がある。

内部構造のシンプルさに加え、クフ王のピラミッド内部のような単純な労働力だけではなく複雑で技術を要する作業、たとえば「大回廊」や「重量軽減の間」の制作などが、カフラー王のピラミッド内部に見られない点は、このピラミッドの最優先すべきことがすばやい建造であったことを示しているといえよう。さらにカフラー王のピラミッドは、計画段階ではもっと巨大であったと指摘されることがある（ヴェルナー 2003, 232）。確かに玄室の下にある副室が本来の玄室であったと仮定するなら、計画段階ではカフラー王のピラミッドはもっと北方向に延びた巨大なものになる予定のはずだ。

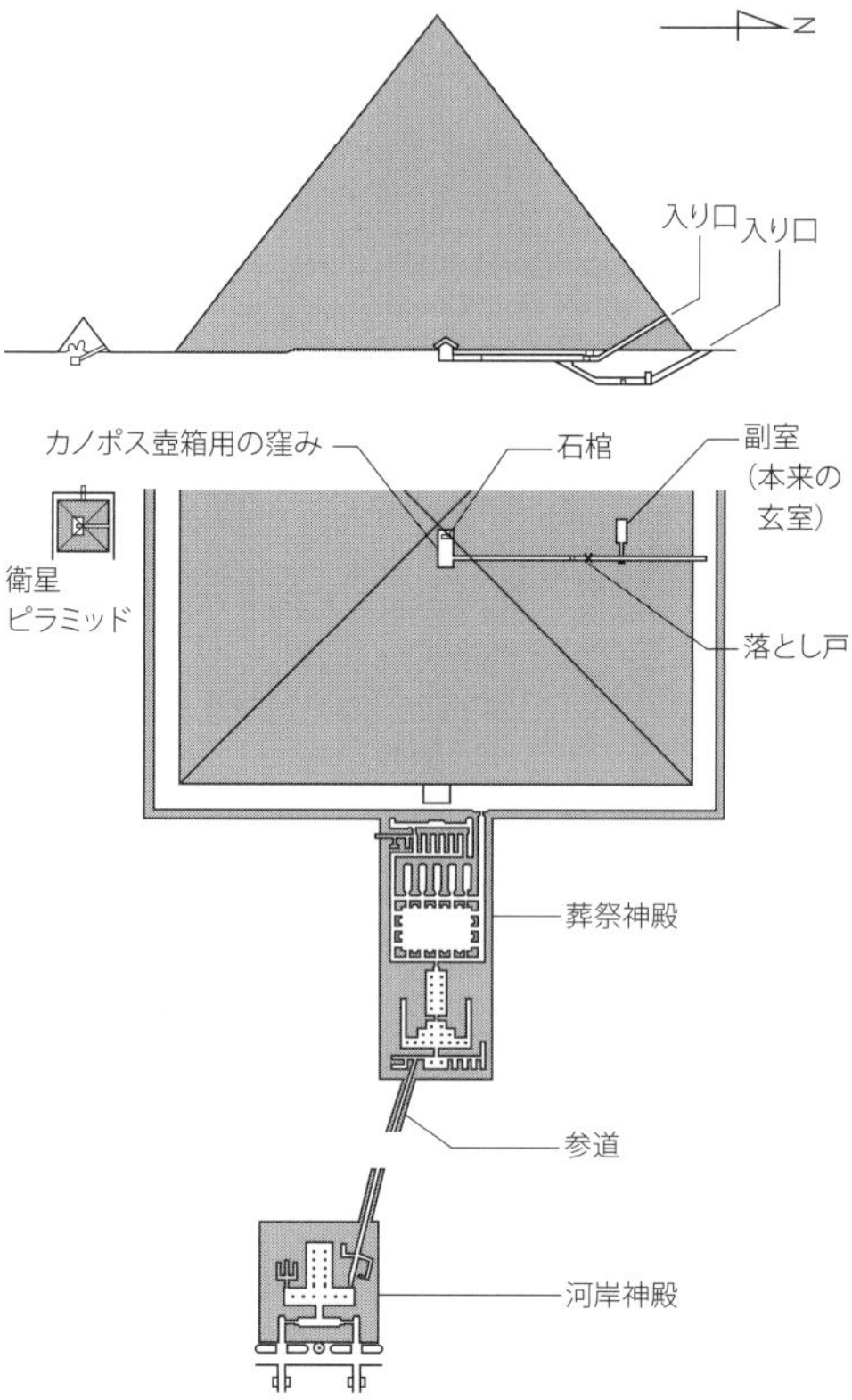

▲ **図56**　カフラー王のピラミッド・コンプレックス断面図と平面図

つまり、そうしなかった理由として、当初の計画を変更して建造を急いだということが考えられるのだ。この点に加えて以前検討したように（大城 2015, 95-107）、ピラミッド内部に巨大な岩盤の核が存在していれば、さらに建設コストと建設期間の削減が現実的となるであろう（本章6節）。

前述のことから考えると、もしカフラー王のピラミッドがクフ王のものよりもかなり軽いと想定できるのであれば、完成を早めた建築上の工夫を可能にした要因の一つが、石材の軽量化であったとい

▲ 図57　クフ王のピラミッドの玄室

▲ 図58　カフラー王のピラミッドの玄室

▲ 図59　ラフーンにあるセンウセレト２世のピラミッド

える。そしてもしクフ王のピラミッドに用いられた石材の密度が、カフラー王のものと大差ないと想定するなら、カフラー王のピラミッドと同様に、クフ王のピラミッドの重量を算出することができるのである。それはそれで意味あることだ。第２部において、ミュオグラフィがあきらかにしたカフラー王のピラミッドの重量は、ピラミッドに対する新たな議論のきっかけとなるであろう。

5・5　ラフーンのピラミッドの持つ意味

さらに今後、ピラミッド研究を進めるうえで注目すべきピラミッドを一基紹介しておきたい。それはファイユーム地域のラフーンにあるセンウセレト２世のピラミッド（図59）である。２・４節で紹介したように、このピラミッドからは、センウセレト２世のものと考えられる足のミイラと王権の象徴である黄金製のウラエウスが発見されているのである。このピラミッドは、カフラー王のピラミッドから約７

００年後に建造された。じつは古代エジプト史の中では、いわゆる「ピラミッド時代」と呼ばれている古王国時代以外にも、中王国時代に王のための巨大なピラミッドが複数建造されたことが知られている（図60）。

本書のプロローグで提起したように、「もし簡素化が進化の進むべき道であるとするなら、カフラー王のピラミッドのほうが内部構造に無駄がない」という主張の裏づけとなるのが、中王国時代に建造されたピラミッド群なのである。中でもセンウセレト２世のピラミッドは、外部に巨大な石灰岩製の建材が何か所も露出していることから、その構造がわかりやすい。このピラミッドに対して用いられたように、シンプルな工法（最初に枠組みを石材でつくり、その石材の間に建材である日乾レンガを積み上げ

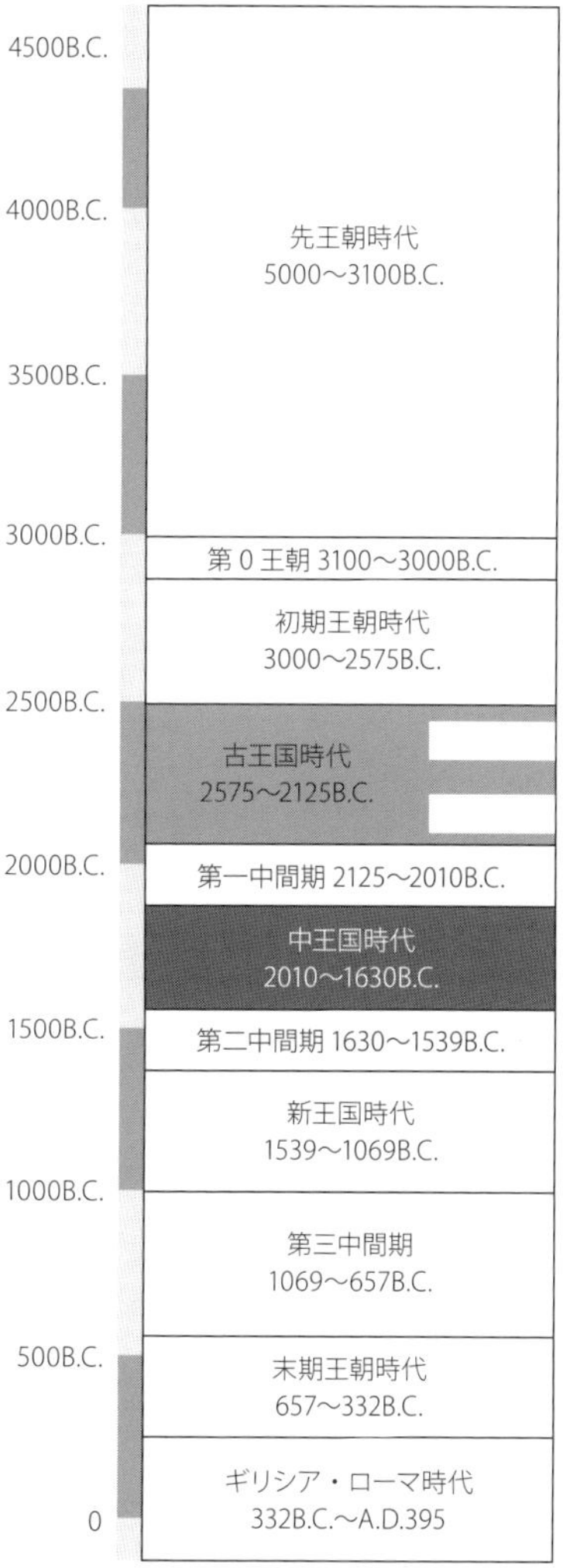

▲ **図60** 古代エジプト史編年表

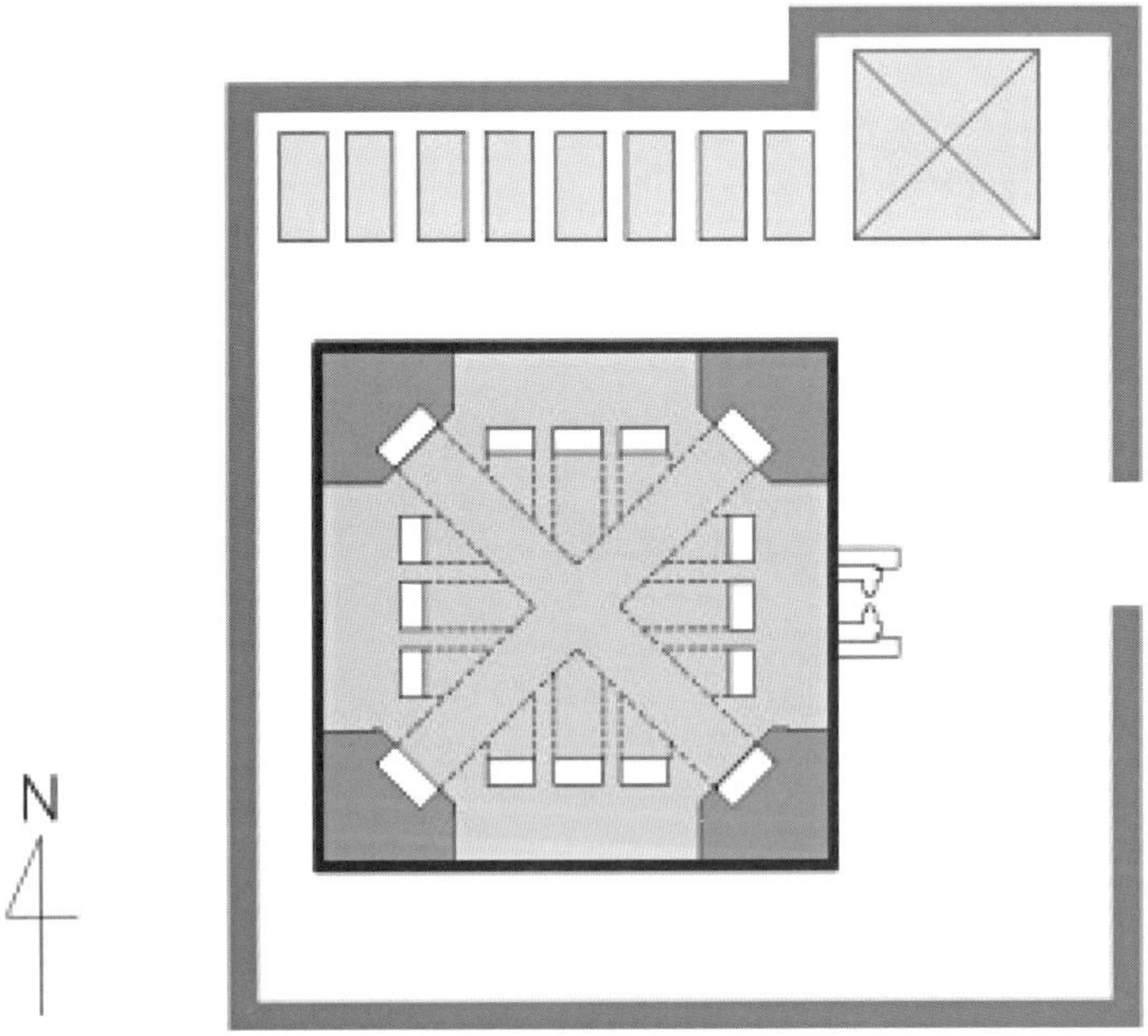

▲ **図61**　ラフーンにあるセンウセレト２世のピラミッド内部推測図

る）（図61）で短期間で大量生産可能な建材（日乾レンガ）を使用したことにより、ピラミッドの工期は圧倒的に早くなったはずだ。これまでの「巨大化がピラミッドの進化であり、古代エジプト王たちはそれを目指したのだ」というパラダイムを今こそシフトすべきだ。簡略化こそが、ピラミッドの進化なのである。

　古王国時代のピラミッドやピラミッドに付属する葬祭神殿・河岸神殿の石材を中王国時代のピラミッドに転用した例が数多く知られている。このこともまた「可能であればどんな手段を講じてもピラミッドを早く完成させたい」という意志が働いていたことの証拠であろう。ただし5・1節でも述べたように、ピラミッド建造は、現人神である王のための国家事業であり、一種の熱狂的な宗教活動のようなものであったことから、多大な労苦を伴う作業が「徳を積む」のような心理的作用を人々にもたらした可能性がある。つまり、シンプルな工法や建材が軽いことで、ピラミッドの建造が迅速に進んだとしても、それが一概に古代エジプト人たちにとって良きことというわけでもなかったという点には注意が必要だ。いずれにせよ、ラフーンのピラミッドの内部構造の把握と内部調査は、古王国時代のピラミッドの謎を解く鍵をわれわれに与えてくれるかもしれないのである。

5・6 ピラミッドと地震と耐震構造

第1部の最後に、今後われわれ日本人がピラミッドについて検討すべき問題に触れておきたい。それは「地震」と「耐震構造」に関する議論である。現在、世界中を見渡してみても、人が命を落とす原因として、戦争をはじめとした人的な問題以上に自然災害が大きな影響を与えていることがわかる。先日もコロンビアの豪雨による土砂災害で多くの人命が失われたばかりだ。とりわけ日本は地震大国であり、その地震が引き起こす火災や津波によって多くの尊い命が犠牲となってきた歴史を持つ。そのため他国・他地域と比べると日本における地震研究・火山研究は、つねに世界の最先端を走ってきた。地震や火山を中心とした自然災害の多い日本では、地震に関する研究は、必要不可欠な研究分野なのである。その過程で生み出された新技術こそがミュオグラフィであるともいえる。では、ピラミッドに対してミュオグラフィを使用することで、われわれはどのような新たな知見を得ることができるのであろうか。つまり、しばしば大地震が起こるエジプトにおいて、約4500年間崩壊することのなかったギザの巨大なピラミッドの内部構造、およびその発展過程を知ることができれば、耐震構造という側面から、新たな情報が得られるはずなのである。ピラミッドを研究することは、人類を救うことでもあるのだ。

ピラミッドの発展過程と内部構造を知るには、これまでピラミッドの外装部分の崩壊箇所からの目視や入ることが可能なピラミッド内部の通路や部屋の調査、ギリシア・ローマ時代の叙述家たちによる記述などを基に議論がくり返されてきた。しかしながら、今日にも及ぶギザのクフ王のピラミッドとカフラー王のピラミッドのきわめて良好な保存状態にもかかわらず、ほとんど何もわかっていないのが現状だ。これまで数多くの大地震を経験してきたにもかかわらず、これら二つの巨大なピラミッドは崩壊することなく(部分的には崩れていたり、石材の再利用のため略奪されたものは別として)、現在までその原型をほぼ完全に留めているのである。冷静に考えれば、これは驚くべき事実である。残念なことに古代エジプト人たちは、ピラミッドの設計図を残すことはなかったし、ギザ台地に立つ巨大なピラミッドを分解して中身を確認した人物はいない。言い換えれば、これらのピラミッドが建造されて以降、誰一人としてその内部構造＝「どのようにして建造されたのか」「中はどうなっているのか」を知る者はいないのである。最も名前がよく知られているクフ王のピラミッドでさえも、内部にある「大回廊」や「王の間」などの限られた空間は知られているが、それ以外の90%以上の部分については何もわかっていないのである。では以下において、現在ピラミッドについてどこまでわかっており、どこからわからないのかに注目して、確認作業を行ってみたい。

現時点でピラミッドの石材の積み方には大きく分けて2種類あったことが知られている。とくに第

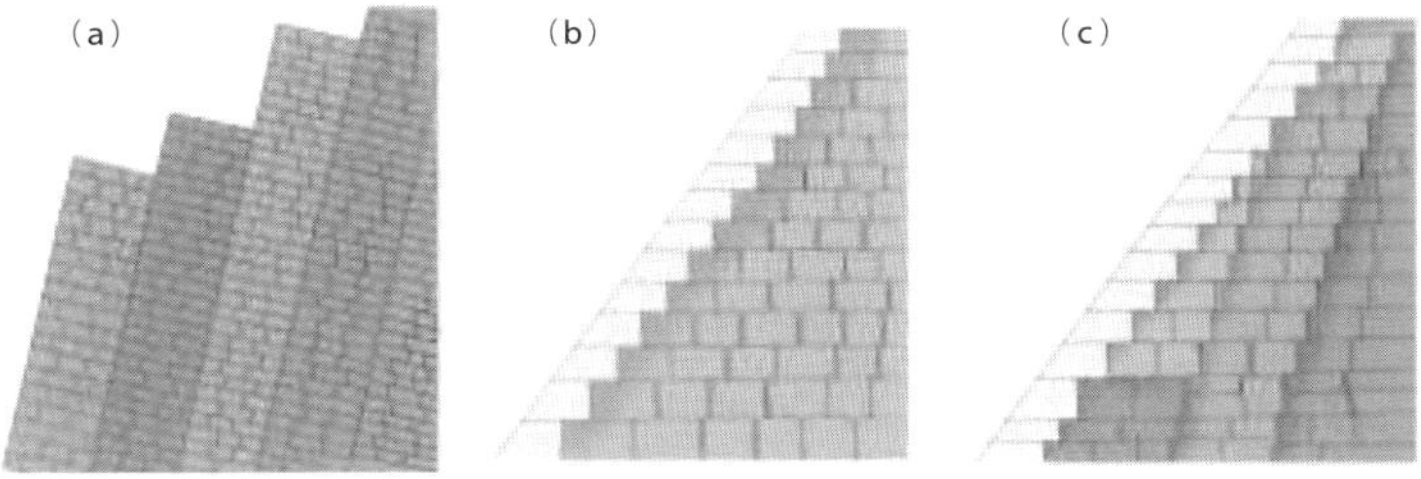

▲ 図62（a）（b）（c） ピラミッドの石材の積み方

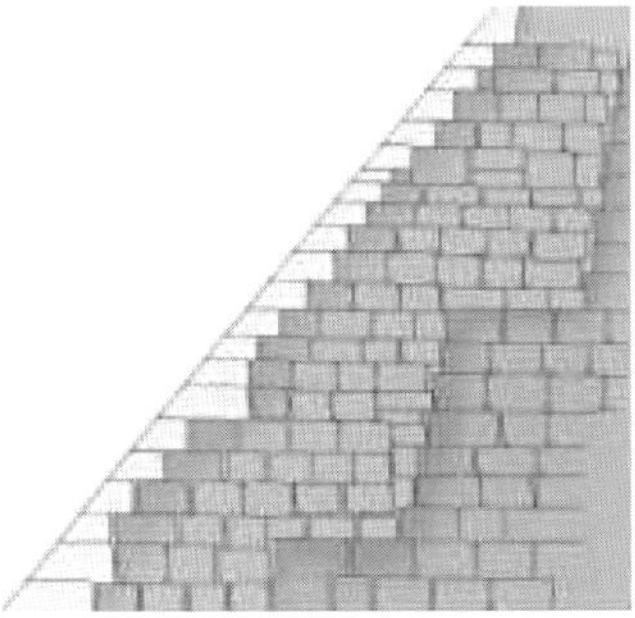

▲ 図63 核の部分が石材か日乾レンガ

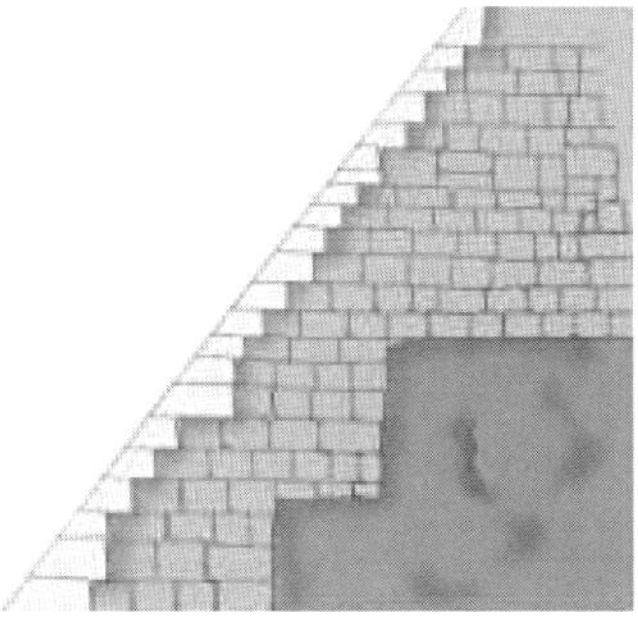

▲ 図64 巨大な自然岩盤の利用推測図

３王朝の階段ピラミッドに採用されたような層状に石材を中心に向かって斜め積みにした方法（図62（a））と、その後採用されるようになるより整形された石材を水平に上部まで積み上げた方法（図62（b）（c））とである。もちろん後者の積み方のほうがよりよいと古代エジプト人たちは考えたからこそ、採用したはずである。その積み方に加えて、ギザのクフ王とカフラー王のピラミッドは、階段ピラミッドのような核の部分を石材か日乾レンガで最初につくり、それを基礎として石材を上へと積み上げたのだとする説（図63）、ジャン＝ピエール・ウーダンによるピラミッド内部につくられたらせん状の傾斜路を石材を運ぶのに用いたのだという説、あるいは建造の際に出た瓦礫を

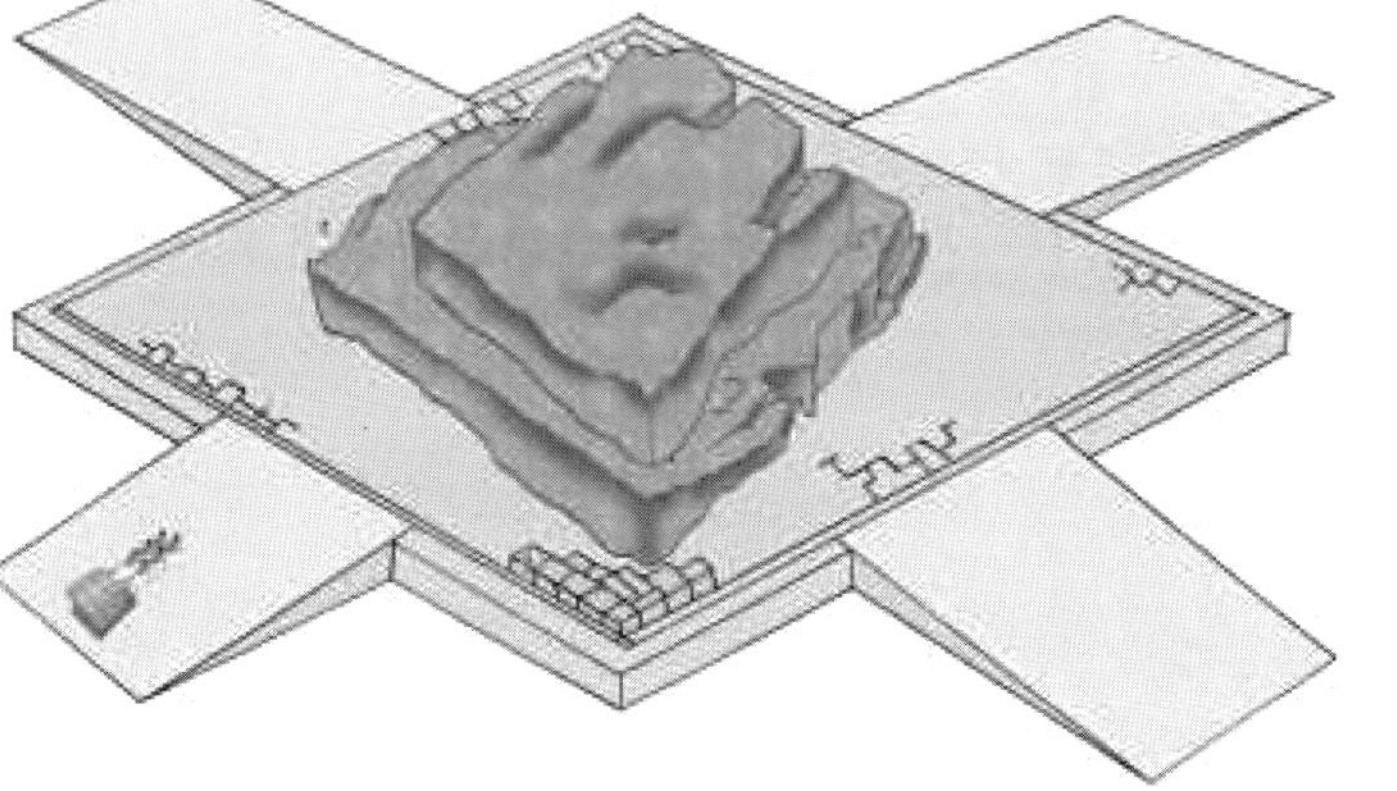

▲ **図65**　自然の岩を調整・整形してつくられた核の推測図

ピラミッドの内部に詰め込んだという仮説などが提案されたが、いずれも実証性に乏しく、クフ王の大ピラミッドの耐震構造、あるいは建造期間の問題を無視しているように思えてならない。

その点を踏まえたうえで、私の提案する仮説は次のようなものだ。「ピラミッドの基盤部分にもともと比較的大きな自然の岩があり（たとえばクフ王あるいはカフラー王のピラミッドの容量の20～30％程度）、それを人力で調整・整形することにより、階段状あるいは台形状の安定した岩の核をつくり出した」というものである（図64、65）。古代エジプトの創世神話に登場するドロドロして暗い混沌の海ヌンから出現した世界の始まりである「原初の丘」をピラミッド内部に包含するというイメージだ。

これまでにも自然の岩盤を利用したという考え方はあったが（Isler, 2001, 122-Fig.5.13）、今回提案するのは、その利用の割合をこれまで考えられてきたよりもかなり大きく設定しているという点だ。もし核として調整された頑丈で巨大な岩がピラミッドの内部に存在しているならば、ギザのピラミッドの持つ耐震性も理解でき、加えてヘロドトスによって10万人で20年、あるいはディオドロス・シクルスによる36万人で20年（現在は2～3万人で20数年という説が主流である）掛かったとされる大規模なマンパワーを介した仕事量と建造期間も大幅に短縮されるであろう（ヘロドトスとディオドロス・シクルスの数字の真偽をここでは詳しくは問わない）。ピラミッド建設に掛かった年数や延べ作業員数に対する解釈は、今後も書き換えられることになる。

では、それ以外に何がわかるだろうか。もしミュオグラフィを用いれば、ピラミッド建造におもに使用された2種類の石材（花崗岩と石灰岩）の密度の違いから次のことがあきらかとなる（大城 2015, 104）。

①どの部分にどちらの石材が使用されたのか

②どれくらいの石材容量が使用されたのか

③内部にまだ知られていない空間はあるのか

結果として、われわれはこれまで入手不可能であったピラミッドの内部構造に関するまったく新しい情報を得ることができるのだ。そしてその情報は、大地震をはじめとした自然災害を何度も被ってきた日本を含む世界中の地域に有効なものとなるはずだ。

では、「ミュオグラフィでピラミッドの内部を透視」した結果として獲得された新しい情報は、具体的にどのような役に立つのであろうか。ピラミッド内部をミュオグラフィを用いて透視することで、その構造・建築方法があきらかとなるのは想定の範囲内のことである。その結果自体が人類最大の謎である「ピラミッドの謎を解く」という意味であるともいえるが、同時にそこにはわれわれ人類にとってさらなる大きな意味がある。地震大国として知られるわが国日本と同様、エジプトは大地震をたびたび経験してきた。紀元後4世紀から6世紀にかけて頻発した大地震は、当時すでに古代地中海世界を代表する都市となっていたアレクサンドリアに多大なダメージを与えたことが知られている。その後都市は復興するが、紀元後796年の地震によって、アレクサンドリアの大灯台が一部損壊するほどの打撃を受けている（その後、大灯台は14世紀の二度の大地震によって崩壊した）。20世紀末にもカイロ市街は大地震によって破壊されている。しかしそれにもかかわらず、建造以来約4500年間、ギザの二つの大ピラミッドは崩壊していないのである。その構造には、文明の粋ともいえる耐震構造の秘密があるはずだ。そしてその耐震構造の発展過程は、これまでのように最初のピラミッドであるサッカラのネチェリケト王の階段ピラミッドから、ギザの二つの大ピラミッド（あるいは三つ目のメンカウラー王のピラミッドも含む）までの外部形状の発展過程とミュオグラフィを用いた内部の発展過程の二つをたどることであきらかとなるのだ。ミュオグラフィはピラミッドの謎を解き、地震をはじめとした大自然災害から人類を守るための技法なのである。そこにミュオグラフィをピラミッドに用いる最大の意義がある。

5・7　文明は自然災害で進歩する

関東大震災は世界都市へと発展途上の過程にあった帝都東京を破壊したが、日本人の希望や気力は損なわれることなく、その後の経済的躍進へのきっかけとなった。阪神・淡路大震災（1995年1月17日）がもたらした最大の遺産は、ボランティア精神やチャリティー観念の急速な発展であった。自衛隊、消防士、警察官のみが現地に入るというこれまでの通例がよい意味で覆されたのである。親族・

友人知人の安否を気遣うだけではなく、自主的に「何かをやらなければ」という意識があらゆる人々の中で芽生え出したのである。煙を上げる神戸の長田区やビルが傾いた神戸三宮の風景がテレビに映し出されるという状況は、それらを観た被災地から遠く離れた人々の心をも大きく揺さぶった。その結果、人々は水や食料を持って、崩れた阪神高速道路（図66）を代表としたライフラインの寸断された被災地へと自らの足で向かったのである。この日こそが、一般人が被災地に駆けつけて援助活動に従事するという現在にまで続くムーヴメントの先駆けとなったのである。

▲ 図66　阪神・淡路大震災で崩れた高速道路
写真：毎日新聞社/アフロ

そしてその多くが若者たちであった。「最近の若者は……」という社会的評判を覆す出来事ではあったが、会社を休んだり、ときには驚くべきことに会社を退職（それが結果としてよかったのかがどうかはともかく）までして被災地の復興支援に参加する人もあった。おそらく戦後の高度成長期の日本人であれば心にゆとりはなく、これほど大きな流れをつくり出すことはできなかったであろう。「24時間働けますか」という言葉とともにバブルが弾けた後に青年期を迎えた世代であったからこそ、フットワークが軽かったのだ。そして、その時代に失いかけていた自らのアイデンティティをそこに見出したのである。その流れが日本に真の意味でのボランティアとチャリティーの理念を広めたのである。阪神・淡路大震災は日本人の精神的成長を即したといえるかもしれない。

そしてその記憶が薄れつつあった2011年3月11日、福島を中心とした東日本を大地震とそれに起因した津波が直撃したのである。あれから6年の歳月が流れた。大学を生活の軸として暮らしている私のような人間にとって、6年という年月は新入生が入学して卒業していくまでの期間を2年も上回る歳月なのである。在学期間中に学生たちの中には地元への意識＝郷土心の芽生えが見られることが多い。私のゼミの卒業生の一人も原発被害の及ぶ大熊町の役場に就職し地元にリターン就職した。ことあるごとに、若者の地元回帰の言葉が熱く、そして重く聞こえてくるのだ。そのきっかけは皮肉なことに「被災」であった。おそらく古代世界においても、現代と同じような人の流れが形成されることがあったであろう。海の民が、ゲルマン民族が、モンゴル民族が、あるいは十字軍が民族移動を助長した。しかし、そのような人の動きの裏側には、われわれの目には見えづらいきっかけとして、自然災害があった可能性は高い（もちろん人為的な戦争もその一要因であるが）。大いなる自然の驚異の前では、人間はなす術を持たないちっぽけな存在にすぎない。そのような中、エジプトのギザ台地にそびえる、クフ王とカフラー王の二つの大ピラミッドは、人類が自然に打ち勝ってきた数少ない痕跡であり象徴なのだ。われわれは今、その内部に存在する英知を知らねばならない。ミュオグラフィがその手段となる。

これから第2部で語られるストーリーは、これまでわれわれ人類の誰一人として試みたことがない、カフラー王の大ピラミッドの重さを計測した過程を解説したものだ。もちろんそこにはミュオグラフィが登場する。従来、石材を使用して建造された古王国時代のピラミッドと日乾レンガを使用して建造された中王国時代のピラミッド（図55、59）との違いは、時の王権の力の差であると説明されてきた。つまり、古王国時代の王のほうが中王国時代の王よりも強力であったことから、ピラミッド建造に石材を使用できたとしてきたのである。しかし、もしセンウセレト2世の日乾レンガ製のピラミッド建造が簡潔な工法を用い、安価で簡単に大量生産可能な日乾レンガを使用することを目指したのだということが証明されれば、そしてもしカフラー王のピラミッドがクフ王のピラミッドよりも「軽かった」ということがわかれば、ピラミッド建造技術の進歩とは、「大きさ」ではなく、「軽さ」、「簡易さ」ということになるであろう。ピラミッドの進化とは、軽くなることであったのかもしれない。われわれには発想の転換とパラダイム・シフトが求められている。

第2部

ミュオグラフィ

田中宏幸

m u o g r a p h y

第1部では、著者の一人（大城）がエジプトのピラミッドおよびそれにまつわる歴史の概要を述べた。第2部では、もう一人の著者（田中）がミュオグラフィの聡明から最近の世界的動向までをその原理も含めて紹介する。第1部と第2部は独立性が高いことから、第2部でもあえて、第1章から始めることとする。

50年前に一人の男を惹きつけたピラミッドがミュオグラフィ観測の初舞台となり、10年前、火山を対象にミュオグラフィは花開いた。そして今、ミュオグラフィは再びピラミッドへ戻ろうとしている。そこでこの歴史的経緯に倣い、第2部を3章に分ける。第1章ではミュオグラフィの聡明からわが国における火山透視の成功、そして急速な世界への波及について論ずる。最終章では火山からさまざまな観測対象への展開、そして50年前のミュオグラフィ実験を詳しく振りながら、ミュオグラフィでピラミッドの重さを測ることに挑戦することで、現在進められているピラミッド透視プロジェクトへと読者の方々を導く。第1章と最終章の間に挟んだのが、ミュオグラフィの原理と最新技術である。この章は脚注を多用することで流れが損なわれないように工夫したが、ややテクニカルであり、最終章に進むために必ずしも必要ではない。第1章と最終章を読んでいただくだけでも、ミュオグラフィの概要をつかめるが、ミュオグラフィの原理と最新技術に興味のある方はぜひ読み進めてほしい。

第1章　宇宙からの素粒子ミュオンで巨大物体を視る

1・1　ミュオグラフィの黎明

ピラミッドや火山など巨大物体の内部構造は、これまで大雑把にしかわかっていなかった。それは、これらを直接スライスできないからである。だが、人類はこれに満足できなかった。巨大物体が呈する壮観さだけではなく、その背後に潜む「謎」も人々を魅了してきたからだ。その結果、さまざまな考察や憶測が生まれた。

スライスとはいえないまでも、小さな穴を開けることができれば、穴に沿った情報が得られる。これがコア試料採取だ。[13] いくつも穴を開ければ、情報をつなぎ合わせてモデルに制限をかけられる。最近、わが国で火山を透視する技術「ミュオグラフィ」が初めて実証され、[14] その後急速に世界に広まった。ミュオグラフィとはX線では難しい、巨大な火山や巨大な石造建造物内部の投影図を描き出す科学的手法であるが、その原理はわれわれが普段耳にするX線レントゲン写真撮影法とほぼ同じだ。

13　地面や岩盤などに穴を開ける際に筒状のドリルを用いることで、物体内部の情報を筒の中に保存することができる。このようにして採取された円柱状の試料をコア試料と呼んでいる。

14　Cosmic rays peek inside, *Nature*, 24 May 2007, 356.

だが、X線のかわりにミュオンと呼ばれる素粒子を用いる。ミュオンを使えば、キロメートルにも及ぶ岩盤を透視できるのだ。

X線レントゲン写真撮影法は、透視したい対象に照射されたX線の一部が物体内部に止まる性質を利用している。X線が通り抜けられなかった部分は、影となってフィルムに写る。ミュオグラフィも同様に、巨大物体を透過するミュオンが一部途中で止まるために、内部構造の影を映し出すことができるのである。

物体のサイズが1メートル程度を超えると、ほとんどのX線が透過できない。これに対して、ミュオグラフィは、はるかに大きなスケールの物体を可視化できる。今、世界ではミュオグラフィの応用が急速に展開されつつある。ミュオグラフィの調査対象は火山だけでなく、洞窟、遺跡、氷河、地下鉱山資源などに広がっているのだ。その歴史をひも解くと、ジョージの実験に行き着く。

ミュオンの強い透過力にいち早く気がつき、ミュオグラフィを実践しようと試みた研究者がいた。オーストラリアの物理学者ジョージだ。今から60年前の1955年、ジョージは初めて、オーストラリア国内、スノーウィーマウンテンの水力発電所用の調査坑道（グテンガームンヤントンネル）上部の岩盤密度を、ミュオンを用いて測定した（George, 1955）。ジョージが用いた測定装置はガイガーカウンターと呼ばれる粒子検出器の一種で、文字どおりカウンター（数を数えるもの）であり、検出器に入ったミュオンの数は勘定できたが、ミュオンが飛んできた方向はわからなかった。つまり、岩盤の内部構造はイメージングできなかったのだが、高エネルギーミュオンを用いることで、岩盤密度を測定できることを示した点が重要である。ジョージの実験については、後でもう少し詳しく述べることとして、ここでは時計の針を少し進めよう。

次の10年、すなわち1960年代は素粒子物理学の実験技術の発展と相まって、素粒子検出技術やそれに付随するデバイスが、急速に発展した時代であった。その潮流に乗り、1968年アメリカの物理学者ルイ・アルバレがエジプトのピラミッドを対象にミュオグラフィ観測を挑むことになった(Alvarez et al, 1970)。このノーベル物理学賞受賞者(1968年)が選んだのは、ギザの大地にそびえたつ三大ピラミッドの真ん中のカフラー王のピラミッドであった。紀元前5世紀の歴史家ヘロドトスが述べているようにクフ王のピラミッドより12メートルほど低いが、クフ王のピラミッドに次ぐ第二の規模であった。アルバレは隣のクフ王のピラミッドの内部構造が複雑に入り組んでいるにもかかわらず、カフラー王のピラミッド内部はシンプルで玄室が一つあるだけで、それ以外何一つ発見されていない事実に疑問を抱いた。その疑問を解決すべく、アルバレ率いるカリフォルニア大学バークレー校のグループはミュオンが飛んできた方向を記録できる装置をすでに発見されていた唯一の玄室である、ベルツォーニの玄室の内部に設置したのである(図1)。そこで使われたのが、スパークチェンバーと呼ばれるミュオンの飛跡を記録できる装置である。数か月間にわたる観測で、ピラミッドを上から下に向けて通り抜けてきたミュオンの飛跡データが十分な量記録されたのであった。

1・2　ミュオグラフィとは

X線は1895年11月8日、ドイツの物理学者ヴィルヘルム・コンラッド・レントゲンによって発見された。そして、レントゲン写真撮影がその直後に実施され、世界を震撼させたのだった(図2)。そ

▲ **図1**　1968年アルバレらがベルツォーニの玄室内部に設置したミュオグラフィ観測システム。当時の最新鋭の計算機が導入され、データは磁気テープに記録された。
出典：Alvarez et al. Science, VOL. 167, 1970

の結果について、レントゲンは「放電装置と蛍光板の間に手を置くと、手の影の中にほんのうすく骨の影が黒く見える」と述べている。これが科学的透視についての初めての記述であるが、今では誰もが知っているように、医学診断で常識的に使われるまでになっている。だが、レントゲンの功績はこれだけではなかった。彼の発見はそれ以降のミュオンを含むさまざまな素粒子の発見をトリガーしたのだ。それは、目には見えない光（粒子）がレントゲン写真というわかりやすいかたちで可視化されたからである。見えない粒子を、目に見えるかたちで表現することで、多くの人々がその存在を共有できる。レントゲンは、この目に見えない未知の光を、数学の方程式の未知数Xにちなんで「X線」と名づけた。

1900年代初頭にはアルベルト・アインシュタインによる特殊相対性理論の発表やアンリ・ベクレルによるウラン放射線の発見など現代物理学

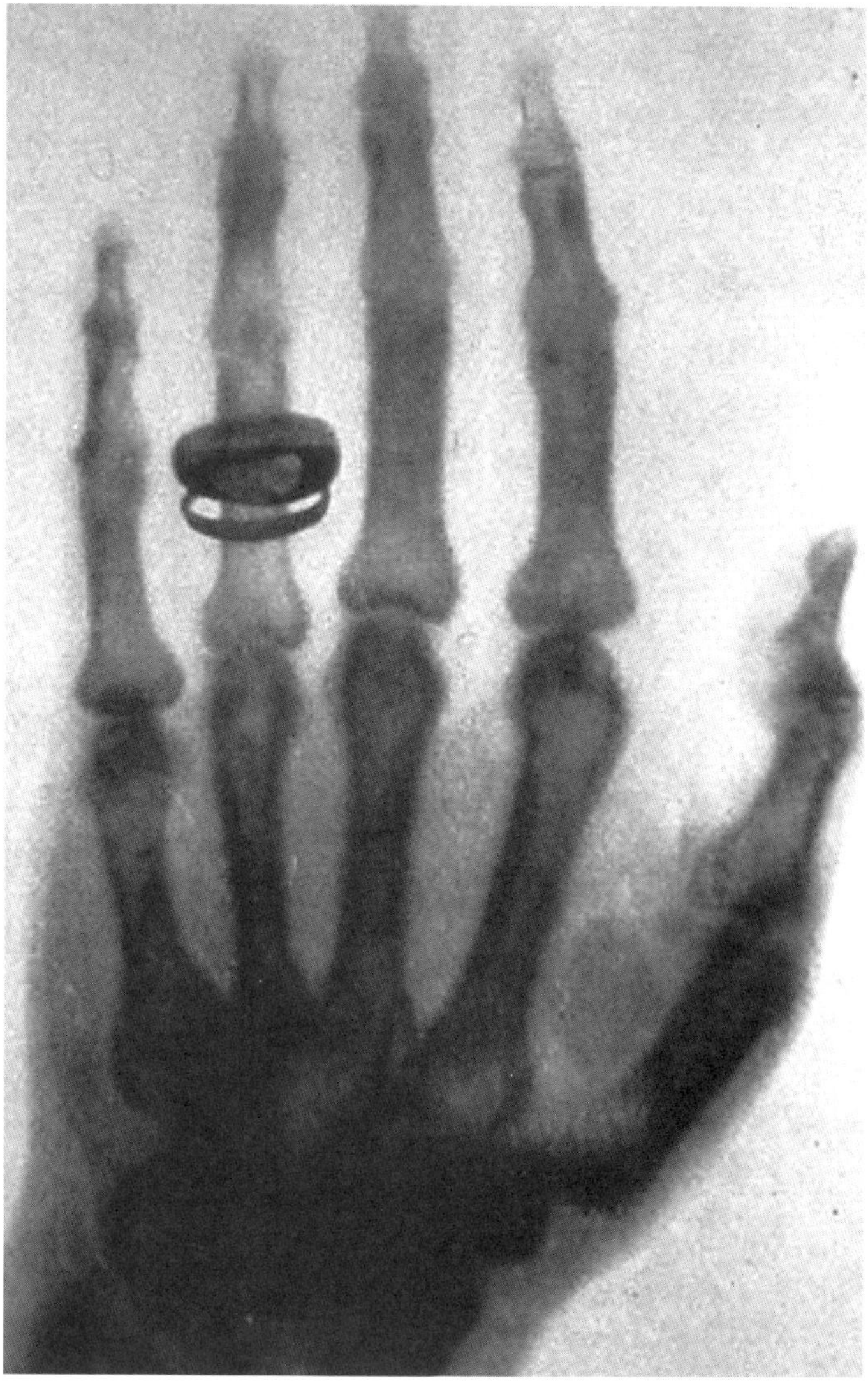

▲ **図2**　レントゲンが撮影した友人アルベルト・フォン・ケリカーの手

の礎となったきわめて重要な発明・発見があったが、本格的な素粒子の実験観測は1930年頃から始まった。ミュオンは1937年、アメリカの物理学者カール＝デイヴィッド・アンダーソンとセス・ネッダーマイヤーが宇宙から降り注ぐ粒子「宇宙線」の中に発見した素粒子である。それ以外にも、1932年にアンダーソンが陽電子を1947年にはイギリスの物理学者パウエルがパイオンを発見するなど、X線の発見後50年の間に数々の新粒子が発見されている。ミュオンが強い貫通力を持っていることはその当時から知られており、その性質を調べるために、測定実験は地下へ地下へと場所を移していった。観測深度が深くなるにつれて、貫通力の弱い他の粒子は岩盤で止まり、見たい粒子だけが残るからである。

X線レントゲン写真に話を戻そう。今では幅広い分野で活用されているレントゲン写真撮影法は、われわれの生活になくてはならない透視技術となっている。とくにここ2、30年の間に、コンピューターを使った三次元透視画像の再構築技術（トモグラフィ）が発達したことで、医療用のみならず、工業製品の内部の欠陥などもX線で詳細に撮影することが可能となっている。さらに最近、蛍光X線分析と呼ばれる方法を用いて貴重な絵画に触れることなく、絵の具の下に隠れる物質の化学組成を分析することも可能になってきた。絵具の色の違いで化学組成は変わってくるので、組成がわかれば、見えている絵具の下に何色の絵具が潜んでいるのかを分析することが可能なのだ。これによってレオナルド・ダ・ビンチは彼の有名な絵画「モナ・リザ」の上に少なくとも1回は上塗りしていたことがわかっている。このように、X線を使った透視技術はレントゲンによるX線の発見以降、さまざまな方面で大きく発展してきたのである。だが、火山やピラミッドをX線で透視することはできない。

「ミュオグラフィ」はX線のかわりに宇宙から降り注ぐ粒子（宇宙線）がもととなってできるミュオンを用いる透視技術である。くり返しになるが、ミュオンの透過力は強く、ミュオグラフィが透視できる物体のサイズは数メートル[15]から数キロメートルの範囲である。21世紀に入り、これまでX線では見ることができなかった巨大物体内部を可視化できるようになったのだ。

素粒子ミュオンは宇宙線が地球の大気と反応して生成されるので、空から地面に向かって、あらゆる方向から絶えず降り注いでいる。その数は1平方メートルあたり1秒間におよそ100個である。したがって、レントゲン写真撮影術のように人工的なX線源[16]は不要で、ミュオンを測定する装置さえあれば、地球上あらゆる所でミュオグラフィを実施可能である。ただしミュオンは地下からは湧き出してこない。[17]それはミュオンには地球全体を通り抜けるほどの貫通能力がなく、地球の裏側でできた

---

15 観測対象のサイズがあまりにも小さいとミュオンはすべて通り抜けてしまう。言い換えると、この対象はミュオンにとって「透明」である。すべてが止まっても、すべてが通り抜けても、透過像を得ることはできない。物体を一部が通り抜け、物体内部で一部が止まることが重要なのだ。

16 X線のような放射線を発生させるための装置あるいは物質を放射線源、あるいは単に線源と呼んでいる。

17 じつはほんのわずかだが、ミュオンは地下からも湧き出している。宇宙線と大気との反応ではニュートリノと呼ばれる素粒子もつくられる。ニュートリノは地球内部で反応を起こすことで、ミュオンに変わることがある。ニュートリノの貫通力はミュオンよりもはるかに高く、地球全体を通り抜けることができる。そのため、地球の裏側から貫通してきたニュートリノが地表付近でミュオンに変わり、地表から飛び出してくることがある。このようなミュオンをニュートリノ由来のミュオンと呼んでいる。ニュートリノ由来のミュオンの数は、宇宙線と大気との反応で直接生成したミュオンの数と比べてはるかに少なく、無視することができるレベルである。

ミュオンは地球内部のどこかで止まるからである。したがって、ミュオグラフィでは火山やピラミッドなどのように地表から飛び出している対象物が観測しやすい。水平に近い方向から飛んでくるミュオンを利用するのである。測定装置は火山の麓やピラミッドのベース付近に設置すればよい。地表から飛び出していない地下の構造を調べるためには、ジョージの実験のように既存のトンネルを利用するか、新たにトンネルを掘るかして、可視化したい対象物体の下に測定装置を設置する必要がある。

ミュオンは岩盤の厚さに応じて、貫通量が減っていくので、物体を透過してくるミュオンの数からミュオンが通ってきた経路に沿った物質量を見積もれる。だが、正確にミュオンの数を記録できないと、この見積もりが不正確になる。この問題を解決するために、ジョージは透過してきたミュオンの数を正確に求めることはあきらめ、トンネル外部と内部で測定されたミュオン計数の比を取る方法を開発したのだ。当時の技術では、ミュオンの数を100%記録することは至難の業だったのである。装置の数え落としがつねに同じ割合で起きると仮定できる場合には、トンネル内外の比を取ることでこの数え落としとは独立にミュオンの透過率が得られる。そして、ジョージは岩盤の厚さを水等量で[18]155〜171メートルと決定したのだ。この値はミュオン観測の前にあらかじめボーリングによる岩石サンプリングの方法で決定されていた岩盤の厚さ169〜181メートル（水等量）とよく一致していた。

18 ここでは、水相当の厚みを水等量と呼ぶことにする。たとえば、水の2倍の密度を持つ岩盤1キロメートルは水等量で2キロメートルに相当する。

だが、ジョージの場合は運が良かった。彼が使ったトンネルにはすでにレールが敷かれ、装置には車輪がついていた。そのため、レール上を動かしてトンネル内外でミュオンの計数ができた。図3に示されている写真を見ていただくとわかるが、当時の装置は重厚長大で車輪なしでは簡単に動かすことはできない。つまり、いったん装置を設置したら、サイズや重量の関係でなかなか動かせない場合が多かったのだ。たとえば、アルバレはカフラー王のピラミッド内部にあるベルツォーニの玄室と呼ばれる小さな部屋の中で観測装置を組み立てた。ピラミッド外部からベルツォーニの玄室に至る通路は狭く、装置をバラバラにして運ぶ必要があったからだ。さらに、装置にはノイズを遮蔽するための鉄の塊が用いられたために、観測システム全体の重量は10トンを超えた。そのため、装置をピラミッド外部に移動してのリファレンスデータの取得[19]はまったく現実的ではなかったのである。

さて、X線診断が万能でないのと同じように、ミュオグラフィによって火山やピラミッドの謎がすべて解決するわけではない。たとえば、ミュオンの透過能力は岩盤にして数キロメートルが限界なので、火山内部のあまり深い所は透視できない。また、密度が同じ物質については、ミュオグラフィでは区別がつかない。仮にピラミッドを構成する岩石ブロックが違う場所から切り出されたとしても、それらのブロックの密度が同じであれば、ミュオグラフィではその由来の区別がつかないのである。それに

19　素性がよくわかっているものをあらかじめ測定することで得られるデータを、リファレンスデータと呼んでいる。「何もない」ことがわかっている対象を測定した結果得られたデータがジョージが用いたリファレンスデータである。リファレンスデータを利用することにより、未知の物体の測定結果と、既知の結果を比較することが可能になる。

▲ 図3　1955年ジョージがオーストラリア、グテンガ-ムンヤントンネルに設置したガイガーカウンター。検出器は台車の上に乗っているので、トンネルの外と中を行き来できた。
出典：George, Commonwealth Engineer, July 1, 1955

もかかわらずミュオグラフィが魅力的なのは、巨大物体の内部構造の多くが、密度の空間分布に対応しているからである。たとえば、岩盤は密度が2グラム毎立方センチメートルであるが、空間は密度0グラム毎立方センチメートルである。これらの位置関係をあきらかにするのがミュオグラフィである。また、対象物体全体の平均密度から、その物体の総重量がわかる。第1部第5章で述べたが、ミュオグラフィによってピラミッドの重さがわかるのである。

1・3　ミュオグラフィの試み

▼1・3・1　世界初火山の透視

1970年、アルバレは、カフラー王のピラミッド内部には、(少なくとも観測装置の視野範囲内では)ベルツォーニの玄室の他に2メートルのサイズを超える空洞は存在しないと結論した。アルバレの予想に反した結果であった。だが、これは言い換えると、100メートルを超える石灰岩岩盤の厚みを2％の精度で決定したともいえる。一見控えめに聞こえるこの事実が、その後のミュオグラフィが発展するうえで大きな役割を果たしたのである。

大きな発見に繋がらなかったアルバレの実験以降、地下資源探査を念頭に幾つかのアイデアや特許が出願されるも、ミュオグラフィが世界に広まることはなかった。だが、アルバレの実験から40年近くの歳月が過ぎ、ミュオグラフィ観測に必要なデータセットが整備され、素粒子物理学の実験技術やシミュレーション技術が高度化したことで、ミュオグラフィの有用性を再検証するチャンスが到来した。そしてついに2006年、巨大物体内部の構造がミュオグラフィによって可視化されたのである。

得られた画像には、火山の内部にマグマの通り道が映し出されていた（Tanaka et al., 2007）。いったん技術の有効性が実証されると、その技術は急速に活用され始めるものである。翌年には、イタリアとフランスで、その数年後にはスペイン、イギリス、カナダで火山のミュオグラフィ観測計画が持ち上がった。それだけではない。火山でうまくいくのなら、ということで、産業用プラント（Tanaka, 2013; Ambrosino et al., 2015）、地震断層（Tanaka et al., 2011; Tanaka et al., 2015）、洞窟（Caffau et al., 1997; Barnafoldi et al., 2012; Oláh et al., 2012）、氷河、ピラミッド等古代遺跡、鉱山資源、果ては地球外天体（Kedar et al., 2012; Prettyman et al., 2014; Miyamoto et al., 2016）などへの応用が10年の間に世界各地で展開されるようになった。最近では、3・11の東日本大震災で被災した福島第一原子力発電所の内部がミュオグラフィにより、イメージングされたこと（Moroshima, 2015）、また、エジプト、クフ王のピラミッド内部に新たな空洞が発見されたことがわれわれの記憶に新しい。

なぜ、最近になってミュオグラフィの実施が比較的容易になったのだろう。一つは、ミュオンのエネルギースペクトル[20]の観測が進んだことである。１９８０年代以降急速にミュオンエネルギースペクトルの天頂角依存性[21]が正確に測られるようになった。たとえれば、これまでよくわからないX線源を使ってレントゲン写真を撮影してきたが、最近線源の仕様がはっきりしてきたということである。

次にコンピューターの処理速度の向上による、シミュレーション技術の高度化が挙げられる。これにより、さまざまな物質に対して、ミュオンの入射エネルギーと物質を通り抜けられる距離に関する計算を正確に行うことができるようになった（Groom et al. 2001）。シミュレーションにはモンテカルロシミュレーションという技法が用いられる。モンテカルロは地中海に面する有名な賭博場であるが、この方法ではこの問題の持つ統計性を、仮想的な「ルーレット」を使って確率的に扱う。これは、粒子と粒子の反応が確率的な過程に従うからだ。ところがその一方で、この計算手法では計算コストが増大するため、実用的な計算を行うことは最近まで難しかった。ミュオンのエネルギースペクトルの観測結果から、①観測対象に入射するミュオンのエネルギーと数が正確にわかり、シミュレーション技術の高度化により、②ミュオンの透過力を定量的に評価できるようになったことで、物体透過後のミュオンの数を正確に知ることができるようになったのである。

20　エネルギースペクトルとは、フラックスのエネルギー依存性を示したものである。たとえば、低いエネルギーではフラックスが高く、高いエネルギーではフラックスが低い場合、横軸にエネルギー、縦軸にフラックスを取り、エネルギースペクトルを表示すると右肩下がりとなる。

21　天文学分野でよく用いられる表現である。観測者の真上の方向から測った角度を天頂角と呼んでいる。水平方向は天頂角90度。

コンピューターの処理速度の向上は、データの解析速度の向上ももたらした。世界初、火山内部の透視像撮影に活躍した原子核乾板は軽く、商用電源が使えない限られた環境下でミュオグラフィ観測を行う際に大変有用な検出器である。通常の写真フィルムと同様、対象に対して有感面を一定期間露出するだけでミュオグラフィを実施できる。

だが従来、原子核乾板は記録されたミュオン飛跡の読み出しを人間の目で行っており、ごく少数の飛跡解析でも膨大な時間が掛かった。それが、ここ10〜20年くらいで高速撮像技術と高速画像処理技術の組み合わせで1000万本を超えるような大量の飛跡も自動解析できるようになり、原子核乾板によるミュオグラフィ観測の実現可能性が格段に向上したのであった。そのため、原子核乾板は火山透視の成功に決定的な役割を果たすことができたのだ。

一方、アルバレの装置は10トンにも及んだ。これほどまでに装置が重いと、装置の設置場所も限られる。火山は風光明媚な観光資源であることが多く、その周りに周回道路や博物館、土産物屋などの商業施設が点在していることも少なくない。だが、これらは十分安全な所に建設されたものであり、山頂からはかなり距離がある。ここからミュオグラフィ観測ができればよいが、実際には遠すぎて観測がうまくいかない。そこでもっと近づいて観測できればよいのだが、整備されたインフラを外れればすぐに過酷な環境が待っている。10トンを超えるような装置を火山近傍に持っていくことはほぼ不可能なのである。

そこで、注目されたのが当時、ミュオグラフィに使える可能性が高まっていた原子核乾板であった。2006年、原子核乾板は浅間山火口近傍に約2か月間設置され、その後回収、現像、ミュオンの飛

▲ **図4**　2006年の浅間山観測で用いられた原子核乾板

跡が解析された（**図4**）。こうして、最初のミュオグラフィ画像は原子核乾板で撮影されたのである。

ミュオンの透過力は、岩盤にしてせいぜい5キロメートル程度までなので、火山を透視するといっても、岩盤の厚みがこれより厚くなると、ミュオンが通り抜けられない。**図5**に示されるように、火山は円錐状のかたちをしているので、麓に行くほど、ミュオンが通り抜けるべき岩盤量が増える。火山深部を見ようとしても、あまりにも岩盤量が多すぎるとほぼすべてのミュオンが途中で止まってしまうのだ。つまり、ミュオグラフィによる火山探査は浅部に限られるのである。だが、マグマの通り道を移動するマグマを直接視覚化できるようになれば、噴火予測に大きく貢献できる可能性がある。以下の節では、世界各国に瞬く間に広がった火山のミュオグラフィ観測について、最新結果を交えて紹介していきたい。

▲ **図5**　火山内部を通り抜けるミュオン。ミュオグラフィの火山観測はとくに火山浅部のイメージングに威力を発揮する。

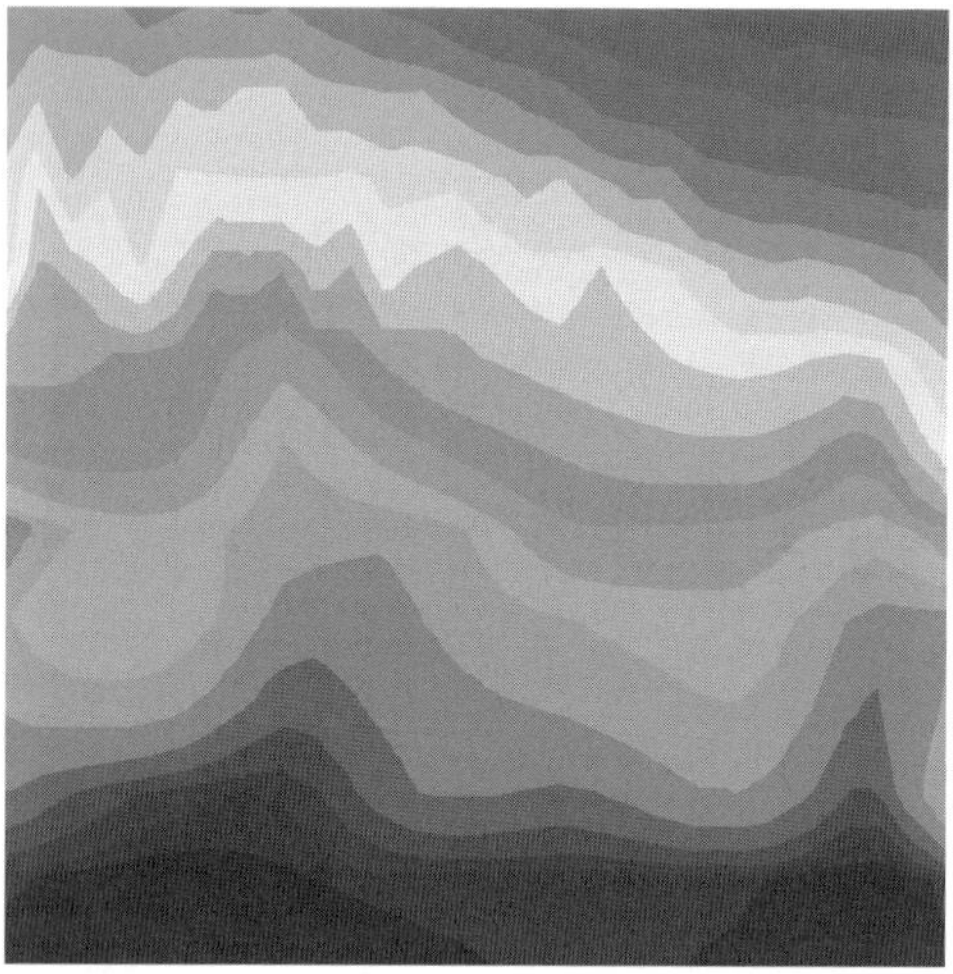

▲ 図6　世界で初めて撮影された浅間山山頂の投影図

▼ 1・3・2　火山の内部探査

図6は、2006年、世界で初めて撮影された活火山内部のレントゲン写真である。火山の名前は浅間山である。浅間山は東京から北西におよそ100キロメートル離れた群馬県と長野県の県境にそびえる活火山である。これまでも噴火を何度もくり返してきており、とくに、天明3年（1783年）に起きた天明の大噴火では甚大な被害をもたらした。その際に噴出した膨大な量の溶岩流が現在も「鬼押し出し」という名前で残っている。浅間山はこの撮影の2年前の2004年にも噴火している。噴煙は高度3500~5000メートルに達したため、1983年以来、21年ぶりの本格的な噴火が危惧された。2006年当時、この噴火で、流出したマグマが火口の底にたまり、固結していた。

ミュオンが山を通り抜けるとその内部の構造に応じて透過してくるミュオンの数に違いが出てくる。そのため描き出される画像にも濃淡が現れる。濃い所が、ミュオンがたくさん飛んできた方向、淡い所はその逆である（**図7**）。ただし、この濃淡は火山の外形の影響も受ける。これは、火山の内部構造にかかわらず、ミュオンがより厚い所を通れば、それだけ透過してくるミュオンの数は減り、逆に、薄くなればミュオンの透過量が増えるからである。内部構造だけを取り出すためには、この影響を取り除く必要がある。その方法は次章で詳しく説明するので、ここでは結果だけを示したい。

さて、この透視画像を見てみると火口底（火口の底の部分）に冷えて固結したマグマが周囲よりも高密度の領域（明るい領域）として映し出されている。これは2004年の噴火時に噴出したマグマである。火口底のさらに下には、マグマ流路の上端と考えられる低密度の領域（暗い領域）がイメージングされている。一般的に、火山の噴火は筒状の管の中を地下からマグマが上昇することによって起きると考えられている。つまり、噴火が起きていない定常時には、マグマ流路は低密度の状態になっていると考えられるのだ。**図7**に示されているV字型にえぐれている部分は火口[22]である。

得られた画像から2004年の浅間山の噴火を以下のように解釈できる。①固結したマグマによって塞がれていたマグマ流路が、マグマから分離したガスの圧力によって爆発、開かれ、それに伴い火山灰、火山礫などを大量に噴出した。②その後、マグマが火道を上り、火口からマグマが噴出した。③噴出したマグマは火口の底にたまり固まった。だが、たまったマグマは表面だけが冷えて固まったに

22 火口とは火山の地形に特徴的な、山頂部にあるお椀状の窪地である。宮城県の蔵王山や群馬県の草津白根山の山頂にはエメラルドグリーンの湖があるが、これは火口部分に水がたまったものである。

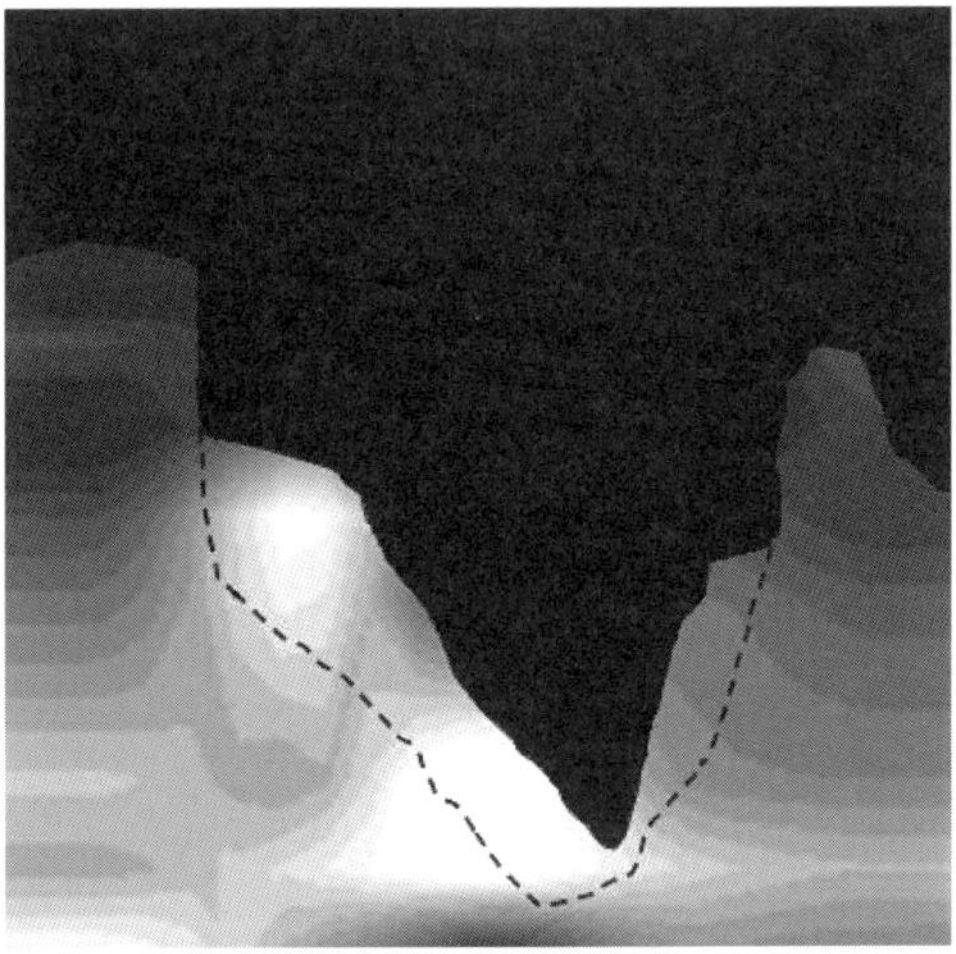

▲ **図7**　世界で初めてあきらかにされた浅間山山頂内部の構造。図６に示された投影像から外形からくる影響を取り除いた画像。ミュオンの経路に沿った平均密度がマッピングされている。

すぎず、内部はまだ熱くドロドロの状態だ。そのため、ひとたび噴火がおさまると、流路内部の固まっていないマグマは地下に落ち込み、空洞が残る。火口底の下に見つかった低密度領域がこれなのだ。それでは、他の火山でも同じような現象が起きているのだろうか？

じつは、噴火後マグマはつねに地下に落ち込んでいくとは限らない。その例として、北海道の昭和新山の観測で得られた画像を示そう（**図8**）。浅間の画像と同じく、明るい部分が高密度で暗い部分が低密度の領域を表している。この火山は山頂部に浅間山のようなお椀状の火口が存在しない。地下から吹き出したマグマが丘陵状に固まっているのである。これは、マグマの粘性が違うからだ。マグマの粘性が高いと地表に出た後もかたちが崩れないのである。

今から70年以上前の１９４４年、昭和新山は何もなかった畑の中からいきなり出現して、その後

▲ **図8**　昭和新山の観測で得られた透視画像。外形からの影響は取り除かれている。

どんどん成長して1年も経たないうちに、標高400メートル近くに達する巨大なドーム状の地形が形成された。このような地形は溶岩ドームと呼ばれる。とくに昭和新山はその形成過程を人間が直接目視できたことから、溶岩ドームの形成メカニズムを理解するうえできわめて重要な火山である。さて、得られた透視画像を見ると、マグマ流路が空洞ではなく高密度の物質で満たされていることがわかる。浅間山とは対照的だ。マグマの粘性が高いため、マグマが地下に落ち込めなかったのだ。

このように流路が完全に塞がれていると、そこを再びマグマが上昇してくることができない。そのため、同じ場所で噴火が起きにくい。北海道の有珠山周囲には、昭和新山以外にも多くの溶岩ドームがあるが、その流路は同様に塞がっていると考えられており、少なくとも噴火の記録が始まってからは同じ所で2回噴火が起きたことはない。

ところが、浅間山のように空の流路が栓をされている状態では、マグマや水蒸気が流路を上ることができる。そしてついには栓を吹き飛ばして噴火することになる。ミュオグラフィはこの栓が吹き飛んだ様子も捉えたのだ（図9）。これこそが2009年2月2日に起こった浅間山の噴火であった。

同日の様子を毎日新聞は次のように伝えている。

「気象庁は2日、浅間山（群馬・長野県境、標高2568メートル）で午前1時51分ごろに小規模な噴火が発生したと発表した。08年8月のごく小規模な噴火以来、半年ぶり。噴煙の高さは火口上約2000メートルに達し、噴石が火口の北約1キロまで飛んだ。降灰は関東南部にも及んだが、農作物などの被害は確認されていない。東京都心でも04年9月以来の降灰が確認された。」（毎日新聞

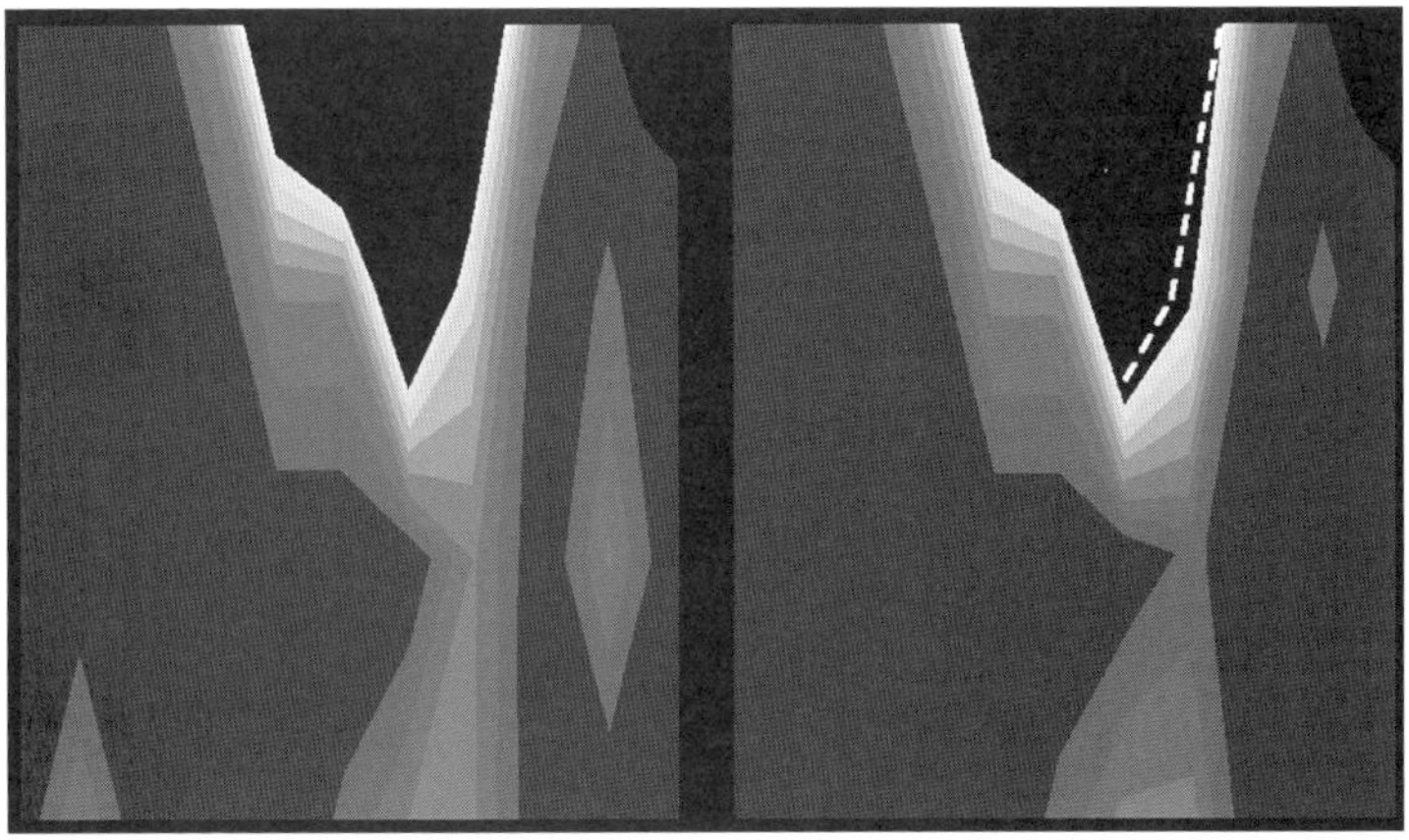

▲ **図9**　2009年の浅間山の噴火前後の観測で得られた透視画像。左が噴火前、右が噴火後である。右図に示されている点線は噴火前の火口の形状を示している。

2月2日付夕刊）

図9がその時捉えられた画像である。左が噴火前に撮影されたもの、右が噴火直後に撮影されたものである。噴火前の火口の形状がわかるように、噴火後の画像にそのかたちを書き込んだ。2枚の図を比較してみるとまず、噴火によって火口サイズが大きくなっていることがわかる。これは、火口の底に固まっていたマグマが吹き飛ばされたからに他ならない。このマグマは2004年の噴火で形成されたものだが、吹き飛ばされたかけら（火山灰や火山弾）を分析すれば、本当に2004年に噴出したマグマと組成的に同一のものかを実証できるわけだが、分析結果から、確かに2004年に噴出したマグマと同一であったことがわかった。浅間山の噴火では、前の噴火で火口にたまった溶岩の一部が、その後の噴火で吹き飛ばされる現象が過去何度もくり返されてきたのだろう。

次に火口底の下に伸びるマグマ流路に注目してみよ

う。左右の図で若干の違いはあるものの、劇的に変化しているとはいいがたい。もし、ここをマグマが上がって来たら、マグマ流路は見えなくなると予想される。だが実際はそうなっていない。ということは2009年の浅間山噴火では、マグマは地表まで上がってきていなかったということである。マグマが実際に上がってきていない噴火は小規模な噴火と呼ばれる。それは、単発の噴火で終わることが多いからだ。実際、2009年の浅間山噴火では、くり返し噴火が起こることはなかった。

さて、ここまでで本州と北海道の火山のミュオグラフィ観測結果を紹介したが、今度は九州にある、また一段と変わった火山を紹介しよう。九州の南には、マグマの上昇と沈降をくり返している火山がある。鹿児島から100キロメートルほど南に位置する薩摩硫黄島と呼ばれる火山だ[23]。この火山は、マグマ性のガス（マグマから直接分離して出てくるガスで、マグマで温められて地表に出てくる水蒸気などとは異なる）を日常的に大量に吹き出しているにもかかわらず、過去7000年間、大きな噴火をしたことがない火山である。この不思議な現象を説明するために提出された仮説がマグマ対流仮説である。**図10**を見てほしい。これがマグマ対流仮説の原理である。マグマは地下深く（地下10キロメートル程度にあると考えられている）のマグマだまりと繋がっており、地表近くとの間をつねに行き来している。

この状況をもう少し具体的に説明するとこうだ。地下10キロメートルからマグマがゆっくりと浮上すると、マグマの中に溶け込んでいた気体が減圧によって泡となって分離する。この分離が進むと、そのうちマグマは泡だらけになる。グラスに注いだ生ビールの上に浮かぶ白い泡と同じ原理だ。泡だら

23　薩摩硫黄島は、日本で最も大きなカルデラの一つと考えられている鬼界カルデラの縁に位置している。このカルデラのサイズは直径約20キロメートルにも及ぶ。最も最近では約7000年前に噴火したとされており、このとき発生した大規模火砕流によって九州南部の縄文初期の文明が絶滅したと考えられている。

けになると一層密度が低くなるので、浮力でマグマは急速に上昇するが、それと同時に泡も外に抜ける。泡が抜けたマグマは周囲より密度が高くなり、今度は地下深くへと落ち込んでいく。このようなサイクルが薩摩硫黄島の中では、7000年間休みなく続いていると考えられているのだ。

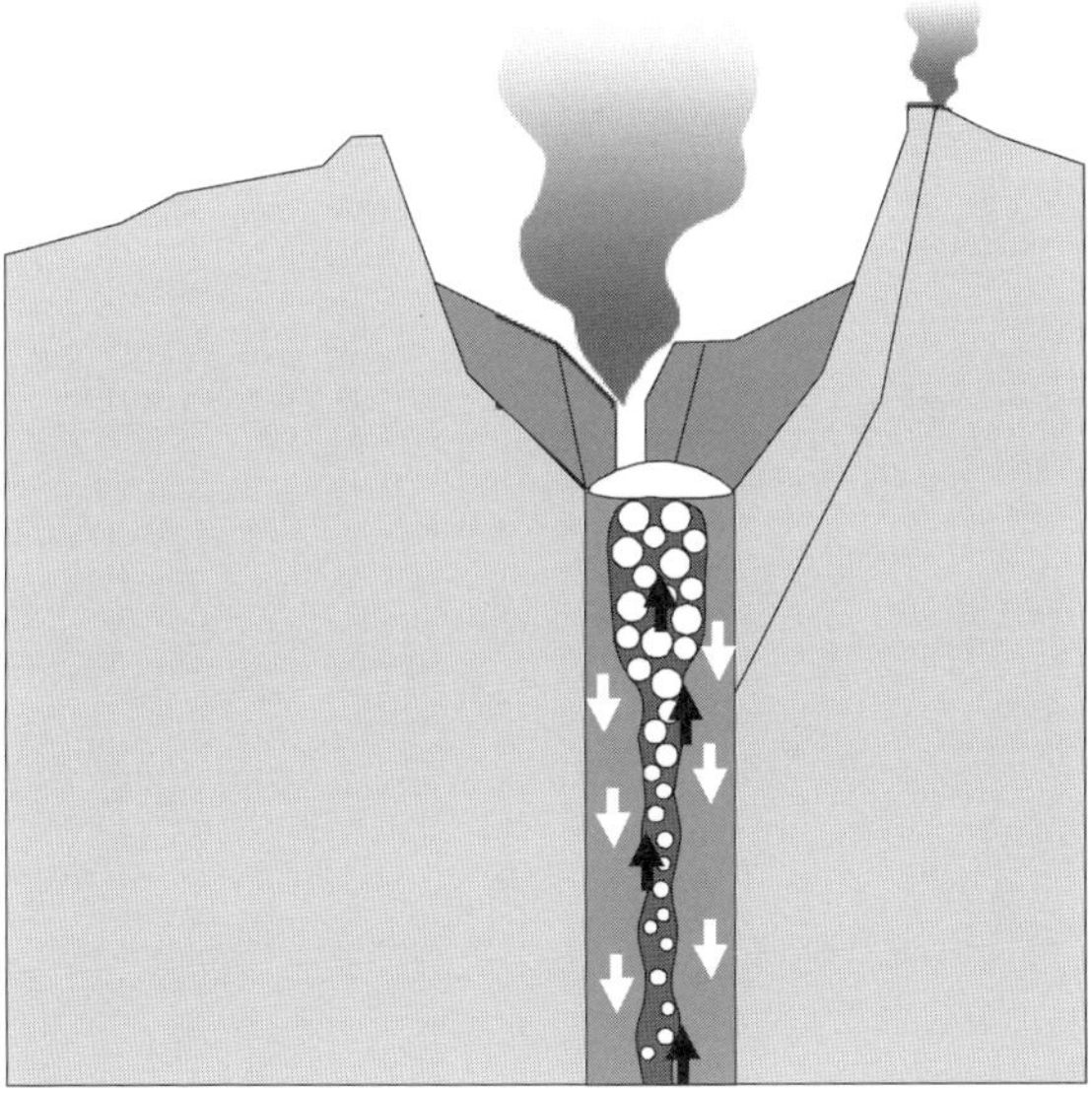

▲ **図10**　薩摩硫黄島のマグマ対流仮説を示す図。暗色で示された部分はガスが溶け込んだマグマ、下向き矢印で示された領域はガスが抜けたマグマを表す。地下から地表に向かって、マグマが上昇すると徐々に気泡が増え、ついには破裂してガスは火山の外に逃げていく。

この現象をミュオグラフィで撮影した結果が**図11**である。図中の明るい所がまさにマグマが高度に発泡している所である。密度が低くなっているために、そのぶんミュオンが多く透過するのである。下から上に向かって暗色から明色に急激に変化している所が、泡がほとんど含まれていない高密度のマグマヘッド、つまりマグマの再上端である。その上に低密度の泡が浮かんでいる。泡はそのうち弾け、その中に閉じ込められていたガスがその上部にある通り道を通って、火山の外に逃げていく。

この薩摩硫黄島で2013年6月、

小規模な噴火が起こった。噴火に伴ってマグマはどう動いたのだろうか？　図12にはそのとき撮影された時系列画像が示されている。薩摩硫黄島では6月4日に噴火レベルが1から2に引き上げられ、7月10日の警報解除まで警戒態勢が続いた。その間、6月16日と30日に夜間火口付近が赤く映える「火映」が確認されている。火映とは、マグマなどの高温の物体が地表付近まで上がってくることで火口付近の岩石が赤熱される現象だ。時系列画像の下に示した表には、火映と噴煙が観測された日時および噴煙の高さを入れた。だが、噴煙の高さを比較する際には注意が必要である。気温や天候に大きく左右されるからだ。雨水や地下水などが地温で熱せられても発生する。図を見ていただくとわかると思うが、とくに6月14〜16日に撮影された画像には、マグマが地表付近まで上昇していた様子が写っている。このタイミングは火映が観測された日時に合致する。

火山噴火の予知は「いつ始まるのか」についての予測だけではない。「どの程度の規模の噴火が起こるのか」、「噴火がいつまで続くのか」についての予測もきわめて重要だ。たとえば、２０１０年に噴火したアイスランドのエイヤフィヤトラヨークトル火山の噴火では、大量の火山灰が放出され、西ヨーロッパおよび北ヨーロッパ地域の空港が長期間閉鎖された。だが、これによる経済的ダメージを予測できなかった。空輪をいつから再開できるのか見積もれなかったからである。この状況は今でも大きく改善されているとはいいがたい。

噴火が「いつ始まるのか」については、火山性地震の測定や地殻変動のモニタリングによっておおよそわかるようになってきている。しかし、「どの程度の規模の噴火が起こるのか」と「いつまで続くのか」については現在でも予知が難しい。ミュオグラフィでは、火山深部の可視化を行うことができ

▲ **図11**　薩摩硫黄島の観測で得られた透視画像。明るい部分が図10に示されている気泡が増えている領域と考えられている。上図は薩摩硫黄島の写真。

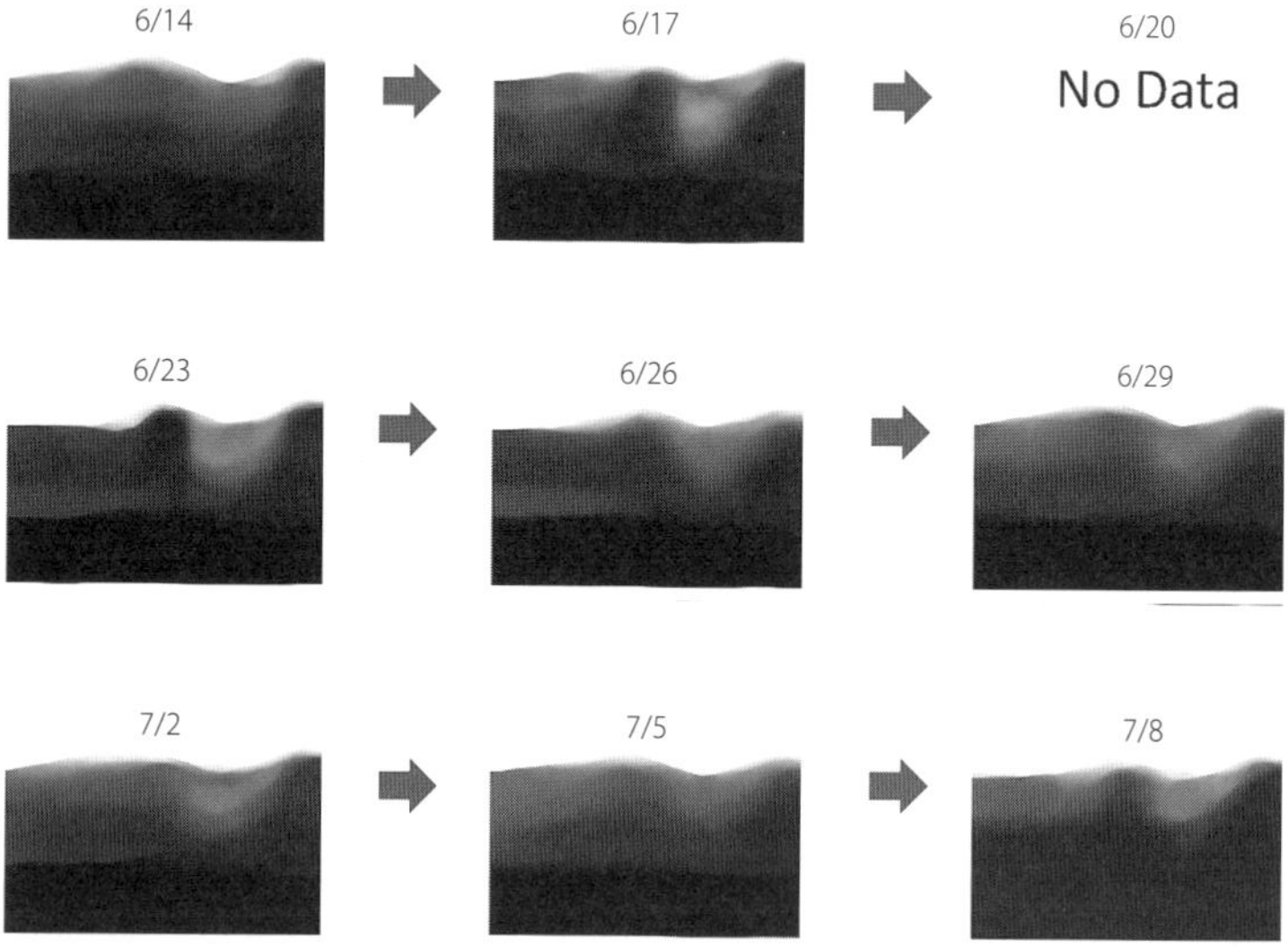

2013年　薩摩硫黄島の噴火の推移

日付（6月）	**4**	**6**	**7**	**16**	**17**	**30**	**7月 10**
噴煙の高さ（m）	—	300	600	400	100	200	—
火映	—	—	—	X	—	X	—
噴火レベル							
	1→2						2→1

▲ **図12**　2013年の薩摩硫黄島噴火に伴う、マグマ昇降を捉えた透視画像。火口の下は普段はミュオンの透過量が少なく、色が明るいがマグマが上昇してくるにつれミュオンが止まるようになり、暗くなる。2013年の噴火シーケンスの表もつけた。6月16日と30日に火映（本文参照）が観測されている。

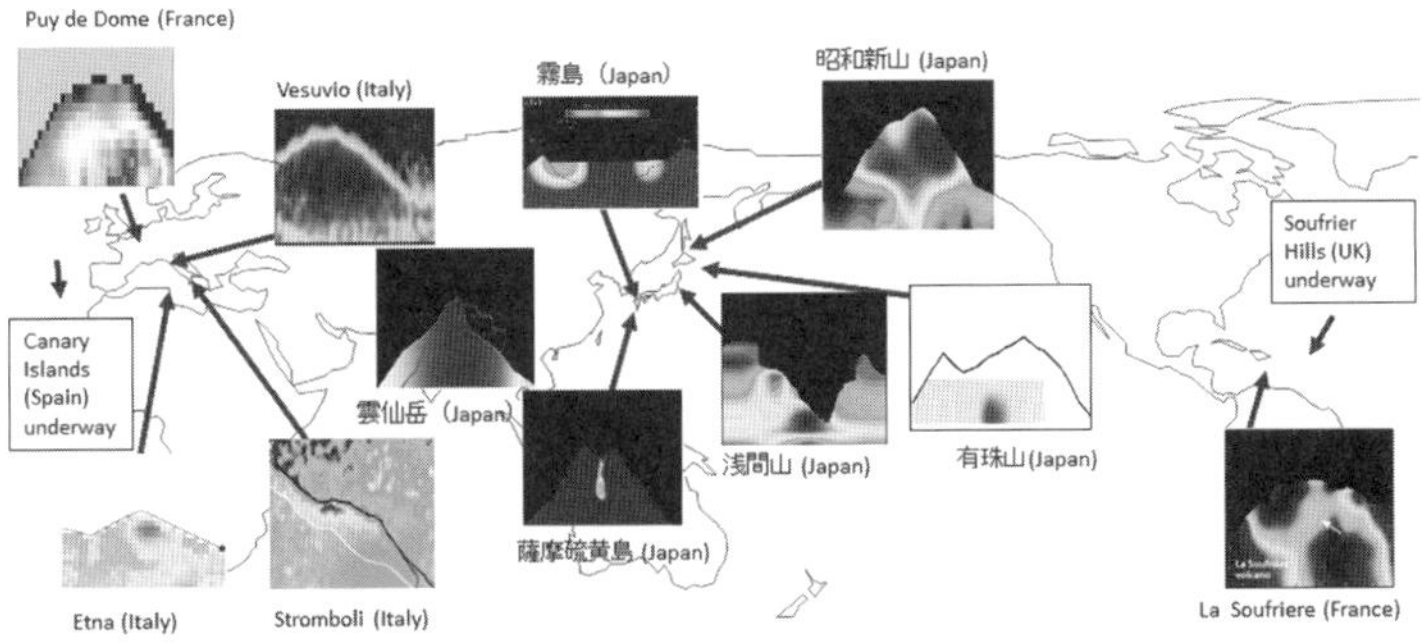

▲ **図13**　世界の火山ミュオグラフィ

出典：C. Carloganu, G. Macedonio, D. Carbone et al., V. Tioukov et al., T. Kusagaya et al., N. Lesparre et al. をもとに田中が編集

ない。すなわち、地下10キロメートルにあるマグマだまりの様子をモニタリングすることはできない。だが、仮に観測が火山浅部に限られたとしても、2009年2月の浅間山噴火や2013年6月の薩摩硫黄島噴火におけるミュオグラフィの観測結果は、流路内部のマグマを直接監視することで、将来ミュオグラフィが「噴火がいつまで続くのか」についての予測に実用化される可能性を示唆している。

▼ 1・3・3　世界への急速な波及

2006年、わが国が世界に先駆けてミュオグラフィの実証に成功したことで、この技術は瞬く間に世界に広がった（図13）。ミュオグラフィは世界中至る所で普遍的に実施可能だからだ。とくにイタリアはヴェスヴィオ火山、ストロンボリ火山、エトナ火山と名だたる火山を保有する世界有数の火山国であり、火山のミュオグラフィ観測を日本に次いで世界で2番目に実施した国でもある。

一方、ヨーロッパは素粒子物理学研究においても長い伝統を持つ。冒頭でも述べたように、X線の発見や相対性理論の発表など現代物理学の基礎は、ヨーロッパの研究者たちによって築かれてきた。したがって、ミュオグラフィの観測がヨーロッパで実施されることは自然の流れともいえるのだ。

この節では、世界の火山観測の例として、イタリア、フランス、スペインの火山を取り上げる。それ以外の例については、第3章「ミュオグラフィ研究の加速」で扱うので、興味のある方は第2章を飛ばして読んでいただいても差し支えない。

コラム（大城）「地中海の火山」

燦々《さんさん》と降り注ぐ太陽光を反射する白い建物と鮮やかな青い海と青い空のコントラストという印象が強い地中海世界であるが、じつは夜に映える噴火の様子から「地中海の灯台」と呼ばれるストロンボリ島で知られるエオーリニ火山列島や、ミノア文明の影響下の火山噴火で埋もれてしまった古代遺跡アクロティリを持つサントリーニ島、そして古代ローマ都市ポンペイを火山灰と火砕流で埋め尽くしたヴェスヴィオ山のように、火山の多い地域としても知られている。そしてそれら火山は、しばしば巨大な地震を引き起こすのである。地中海をこよなく愛した稀代の歴史家フェルナン・ブローデルは、その広い視野と豊富な経験から地中海に火山と地震は欠かせないとし、その著書の中で次のように述べている。

「変化に富んだ地質、今日なお鎮まることのない造山運動、しばしば死者を出す頻繁な地震、温泉源、広範囲に広がる火山帯、かつての火山、現在の活火山、少なくとも今後再び活動する可能性のある火山などの存在が容易に予想できる」（ブローデル 2008, 25）

地中海にはとくに火山と災害の観点から重要な島が幾つかある。ナポリ近郊のイスキア島（古代名ピテクーサイ）がその代表だ。古代からエウボイア人などにより繁栄してきたイスキア島は、ヴェスヴィオ山を望む海上にある。14世紀におけるエポメーオ山の噴火以来、休火山となっているが、噴火の際に島民が脱げ込んだアラゴン城が主島に付属する小島の上に増築がくり返されてつくられている点が注目される。火山噴火という到底人類が太刀打ちできない自然災害への対応例として、イスキア島民たちの避難場所となったアラゴン城は貴重な存在である。

シチリアと北アフリカ沿岸部との交易が盛んであったパンテッレリーア島もまたよく知られている。現在7000人以上の住民が暮らしている。1891年の噴火を最後に、激しい活動は影を潜めているが活火山でもある。パンテッレリーア島が人類の歴史の中で知られているのは、連合国軍によって第二次世界大戦中に行われたコークスクリュー作戦による。イギリス軍が10日間に及ぶ空爆によりイタリア軍を降伏させたこの戦いは、連合国軍のシチリア征服の足掛かりとなったのである。

◯エトナ山（イタリア）

火山は、歴史的に見ても人々の生活に最も大きな影響を与えてきた地球科学的現象の一つだと思われる。火山は（火山性地震ではない）地震と違い、どこで噴火が起こるのかがあらかじめわかっている。当たり前のことだが火山のある所で噴火が起きるのであって、火山のない所では噴火は起きないのだ。それでは火山の噴火災害から逃れるために火山の近くに住まないようにすればよいのではないか。確かに火山が害を及ぼすだけの存在だったらそうだろう。

ところが火山は人々に大きな益ももたらす。火山地形の壮大な景観はその一つである。また火山はわれわれの食文化とも切り離せない。火山が噴火をすると火山灰が大量に放出される。火山灰は農作物にも降り積もり大打撃を与える。だが、火山灰がもととなってつくられる火山性土壌は、ミネラルに富み水はけが良いために、ブドウの生育に適しており、有名な火山地帯では質の高いワインが生産されるのである。紀元前122年、エトナ山は大噴火を起こした。シチリア島全域がローマ帝国の支配下にあった頃のことである。この噴火は、玄武岩質のスコリア（暗色の軽石）と火山灰をあたり一面にまき散らし、当時行われていた農業に壊滅的な打撃を与えた。噴火が収まってしばらく後に移植してきたローマ人たちは、火山麓扇状地に発達する水はけの良い土壌を利用し、ブドウを植えた。これがエトナ地方名産のワインづくりの始まりであったらしい。

エトナ火山はヨーロッパ最大の活火山でもある。標高3350メートル、底面の直径は40キロメートルにも及ぶ。頂上には四つも火口があり、それぞれヴォラギネ（Voragine）火口、ボッカ-ヌオヴァ（Bocca Nuova）火口、北東火口、南東火口と呼ばれている。17世紀にエトナ火山南方の都市カターニャのほぼ全域が溶岩流に飲み込まれてしまったという出来事があったと考えられている。カターニャ大聖堂内部の壁面には、1969年にエトナ火山から流出したマグマによって、カターニャの町が飲み込まれようとしている様子を描いたフレスコ画があるからだ。だが現在では、エトナ火山は特別に危険な火山とは考えられておらず、数千人がその斜面と麓に住んでいる。このように、何千年にもわたってこの地域に恐怖と恵みをもたらしてきたエトナ山の内部がどうなっているのか、という好奇心は隣の国フランスのカルボーンらのグループを動かした。

彼らは四つの火口のうち、南東火口のミュオグラフィ観測を行った（Carbone et al., 2013）。南東火口では２００７年から２０１１年の間に18回の噴火が観測されており、これら噴出したマグマが火口周辺に新たな円頂丘を形成している。**図14**はこの円頂丘のミュオグラフィ画像である。ミュオンがよりたくさん通り抜けてきた所は低い密度（明るい領域）、逆にあまり通り抜けてこなかった領域は高い密度（暗い領域）を示している。

まず、最も目立つ円頂丘の中央部に位置する低密度領域は地下から伸びてきており、これはマグマ流路の上端部を映し出している。だが、これは古い流路であり、ここを通って噴火は現在起きていない。次に目を引く画像右側の低密度領域は、地下で分岐した流路を示している。現在はここから噴火が起きている。このマグマ流路の正体は、円頂丘の南東斜面にできた割れ目と考えられている。割れ目を伝って、マグマが上昇してきているのだ。マグマにとってみれば重力に逆らって真上に出るより、横に出るほうが簡単なのだ。過去の爆発でこの割れ目が形成されたことで、ここから噴火するようになった。

○ピュイ・ド・ドーム（フランス）

ノートルダム＝デュ＝ポール大聖堂[24]はクレルモン・フェランの中心部のやや小高い丘に位置してお

24 ノートルダム＝デュ＝ポール大聖堂は、世界遺産「フランスのサンティアゴ・デ・コンポステーラの巡礼路」の一部として登録されている。

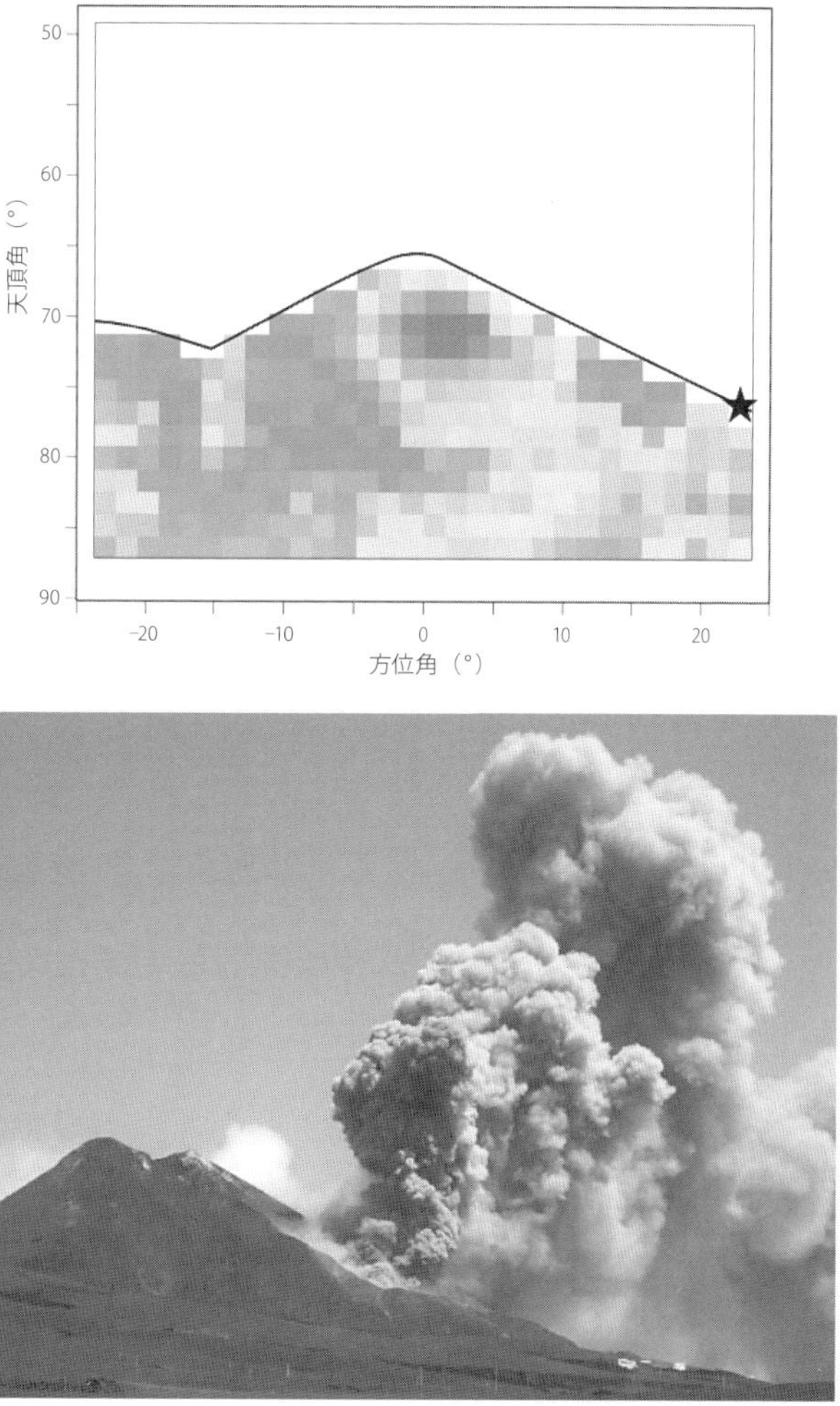

▲ **図14**　エトナ火山南東火口の観測により得られたミュオグラフィ透視画像。地下から山頂部に伸びるマグマ流路が低密度領域（ミュオンがより多く通り抜ける領域）として映し出されている。さらに地下で流路が山頂部とは別方向に分岐している様子がわかる。現在噴火をしている場所は山頂部ではなく、この分岐の出口である（★）。実際の噴火を撮影した写真もつけた。
出典：Carbone et al., 2014

り、そこから歴史的な街並みを眺めることができる。その街並みを一層美しくしているのが、通りのはるか彼方に見えるピュイ・ド・ドームである。晩秋になると、その頂上に雪をかぶり、街並みと相まって絶景である。

クレルモン・フェラン近郊の山に登ると、町全体が見渡せるとともに、お椀をひっくり返したような地形がたくさん目に映る。まるで古墳群のようだが、頂上がすり鉢状にへこんでいる。これらはみな単成火山といわれる火山で、これら一群をひとまとめにシェヌ・デ・ピュイ火山群と呼んでいる。ピュイ・ド・ドームはシェヌ・デ・ピュイ火山群の中でもひときわ大きな火山で、クレルモン・フェランが位置するピュイ・ド・ドーム県もこの火山から名前が取られている。

フランス南部の中央に位置する火山「ピュイ・ド・ドーム」の正体は、2回の噴火がつくった、双子の溶岩ドームであることが地質学的な調査から推定されている。だが、双子の溶岩ドームを誰かが直接見たわけではない。それは、ピュイ・ド・ドームは1万1000年前に活動を終えた火山だからだ。1万年以上もの時を経て、表面は風化してしまい、厚い堆積物がドームを覆っている。

クレルモン・フェランはタイヤメーカーのミシュランで有名な都市であるが、「Volvic®（ボルヴィック）」と呼ばれるミネラルウォーターでも有名である。そのラベルには火山のイラストが描かれている。これがピュイ・ド・ドームである。Volvic®はピュイ・ド・ドームが何万年もかけてつくってきた火山性土壌の天然のろ過機能を利用した水なのである。

TOMUVOL（トムヴォル）は、2009年に結成された素粒子物理学者と火山学者が参加する学際コラボレーションの名前である（Carloganu et al., 2012）。TOMUVOLの活動拠点は、クレルモン・

フェランにある。チームの目的は、ピュイ・ド・ドームのミュオグラフィ観測である。観測のために彼らがつくり上げた装置は山体頂上から2キロメートル離れた人工のトンネル内部に設置されたが、長距離無線LANネットワークを使って、すべて遠隔地からモニタリングできるようになっている。撮影結果を**図15**に示そう。高い密度の溶岩の周囲を低い密度の堆積物が覆っている様子がよくわかる。そして、密度が高い領域が左右二つに分かれており、溶岩ドームが双子であることを示している。

現在、ピュイ・ド・ドームを世界遺産に登録しようとする動きが活発化している。この活動はピュイ・ド・ドームの地元委員会、オーベルニュの国立公園、クレルモン・フェラン大学、オーベルニュ地域の地方自治体の連合体が主導している。この連合体の40年にも及ぶ努力が、フランス本国内唯一ともいえるこの美しい火山性の景観を保ってきたのだ。一例を挙げれば、1977年の国立公園への登録、2000年の「フランスの景観リスト」への登録、そして2008年の「フランスの顕著な景観」への格上げである。ピュイ・ド・ドームの世界遺産への登録の目的は二つある。一つ目はピュイ・ド・ドームの美しい景観を世界に広く紹介すること、そして二つ目は国際的な火山学研究の推進をサポートすることにある。そのパイロット事業として、ピュイ・ド・ドームのフランス・イタリア合同ミュオグラフィ観測も行われている。

ピュイ・ド・ドームは、現在多くの旅行客を集めている。ヴルカニアと呼ばれている火山テーマパークには2015年、約35万人が訪れた。また、ピュイ・ド・ドームの山頂に繋がっている鉄道「パノラミック・デ・ドーム」には2015年、約45万人の利用客があった。さらに毎年15万人のハイカーがピュイ・ド・ドームを登る。このように観光客が急増する中、ピュイ・ド・ドームに恒久的なミュ

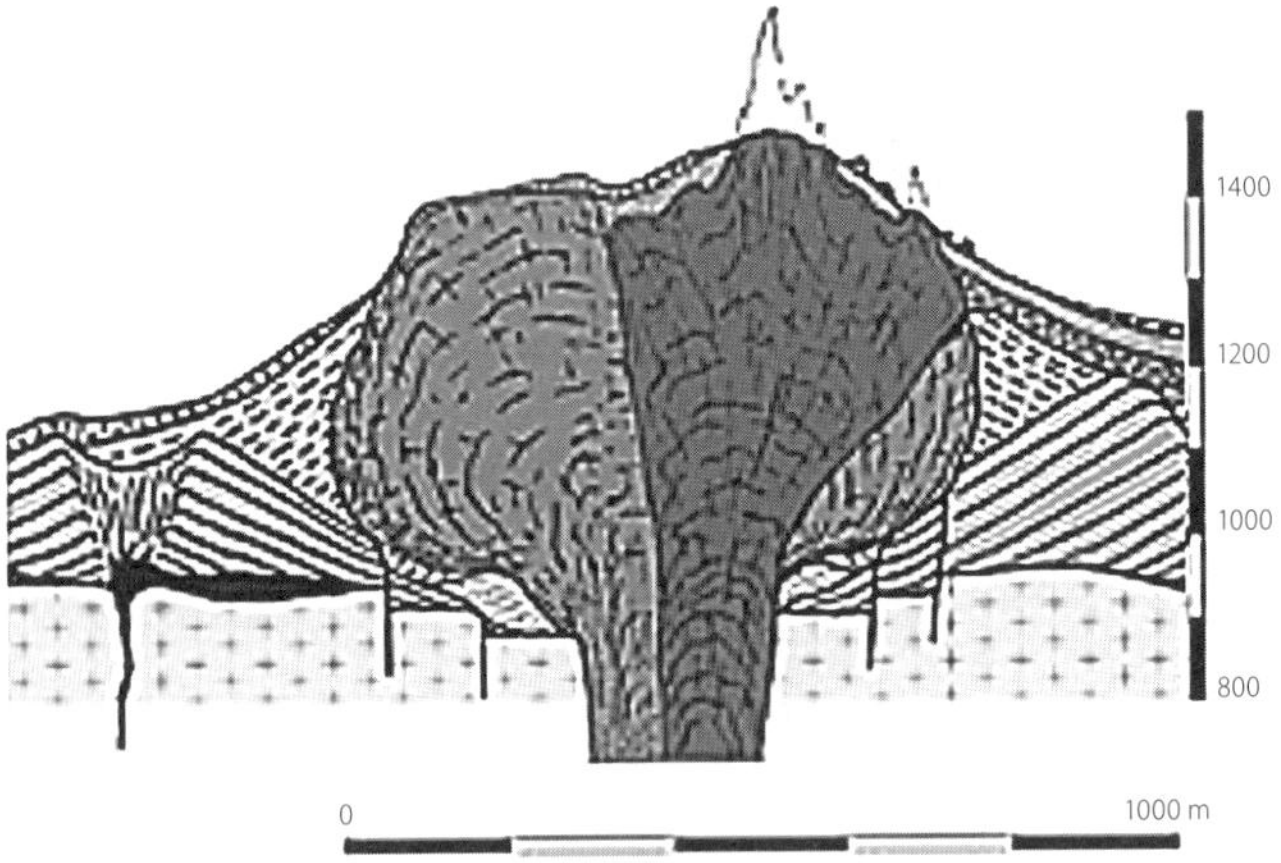

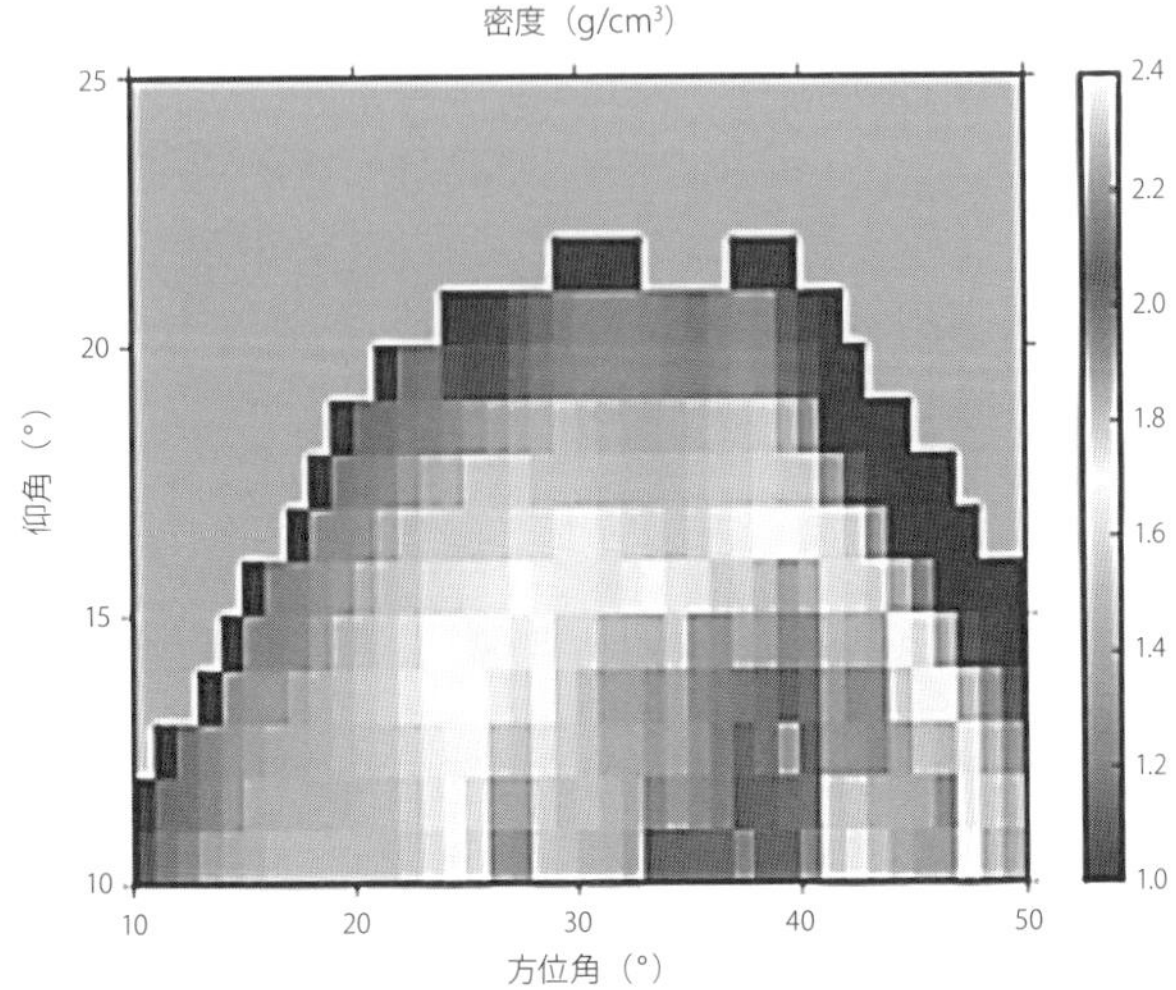

▲ **図15**　ピュイ・ド・ドームのミュオグラフィ観測によって得られたデータの最新解析結果。低密度の堆積物の中にマグマを示す高密度物体が隠れている様子がわかる。地質学的調査から得られた内部の想像図もつけた（上図）。

出典：C. Carloganu, MUOGRAPHERS2016, Tokyo

オグラフィ観測所をつくろうという動きがある。ピュイ・ド・ドームには、すでに地球科学的な研究結果が多数蓄積されており、ミュオグラフィの火山学に対する有効性の実証研究を進めやすい環境にあることや、観測所を訪れる多くの観光客にミュオグラフィのデモンストレーション展示を提供できることなどから、多くの人的交流が期待されているからである。ピュイ・ド・ドームの頂上では、すでにクレルモン・フェラン地球物理学観測所（OPGC）が気象や大気の物理学、化学的な観測を長年行ってきた実績がある。このピュイ・ド・ドーム大気観測所は1876年に設立された観測所で、じつに140年以上の歴史がある。

OPGCはピュイ・ド・ドーム頂上にあるため、ここからミュオグラフィを行うことはできない。そこで、この観測所と麓のピュイ・ド・ドーム・ミュオグラフィ観測所を結ぼうというのである。検討されている候補地は大気観測所から1・5キロメートル離れた場所で、二つの観測所をネットワーク（長距離無線LAN）と商用電源で結ぶ計画だ。

○ラ・スフリエール（フランス）

現在、フランス本国には活動的火山はないが、植民地にはある。ラ・スフリエールは、西インド諸島のグアドループ島の人口密集地帯に位置する活火山である。グアドループ島はレッサーアンティル列島の一つである。この火山列島は火山地帯独特の景観美と熱帯雨林特有の生物の多様性が組み合わさって、まさに楽園とも呼べる極上の空間をつくり出している。この中でもグアドループ島は、起伏の激しい火山島で数々の噴気孔、温泉湖が広く分布している島である。

グアドループ島の面積は2000平方キロメートル足らず、沖縄本島より少し大きめの島である。そこに40万人強の人々が暮らしている。そして島の最高峰が標高1467メートルのラ・スフリエールである。ポワンタピートルと呼ばれる市街地はほぼ島の中央部に位置しており、ラ・スフリエールからはあまり離れていない。ラ・スフリエールはヴェスヴィオや桜島と同じタイプの火山で成層火山と呼ばれるが、人口密集地帯に隣接する点でもこれらの火山と似ている。美しい景観をつくる火山だが、その一方で噴火を起こすと周囲に大きな被害をもたらす。火山の危険性と美しさは表裏一体なのだ。17世紀から20世紀にかけてイギリスとフランスの間で領有権が行き来したグアドループ島では、ラ・スフリエールの火山活動を監視するための設備の整備が遅れ、1950年代になってようやく少しずつ整備されていった。さらに、1976年から77年にかけて断続的に起こった噴火を機に、ここ2、30年の間で整備拡充が急速になされてきた。

ラ・スフリエールは、最近300年で6回水蒸気爆発を起こしたことが記録されている。完新世[25]に起きたラ・スフリエールの山体崩壊の記録を調べてみると、水蒸気爆発とマグマ性噴火のどちらも、山体崩壊に結びついていることがわかる。山体崩壊とは山体の強度が低下することで山の斜面がなだれ落ちる現象である。上下の地盤の間に明瞭な境界（割れ目）があり、そこに火山爆発などによる衝撃が与えられると、割れ目を境にして上の地盤が滑り落ちる。ラ・スフリエールの山体強度は、割れ目を広げる水蒸気爆発と、岩石の化学的構造を変化させる強酸性の熱水流体によって低下すると考えられ

25 最終氷期が終わる約1万年前から現在までの地質時代のことをいう。

ている。山体崩壊は巨大津波の引き金になるなど、大きな被害に結びつく現象であるため、前もってラ・スフリエール内部の構造を調べ、山体強度の弱い所を推定しておくことは、今後起きるかもしれない山体崩壊の被害を予測するためにも重要である。

ラ・スフリエールのミュオグラフィ観測では、フランスの地球科学分野と素粒子物理学分野のコミュニティーが協力することになった。パリ国立地球物理学研究所とリヨン原子核物理学研究所が連携することで、２００８年、ディアフェーンコラボレーションが結成されたのである。

ラ・スフリエールのミュオグラフィ観測では、商用電源を利用できなかったので、ソーラーパネルが用いられた。南側と東側の2か所の観測点は、どちらもラ・スフリエール火山観測所から直接見え、無線ＬＡＮを使って遠隔地からの機器のモニタリングも可能であった。さて、このようにして撮影された画像はどうだったか？　**図16**に示すように、山体内部の密度はかなり非一様であった。最も低い所と高い所では倍程度の違いがあったのだ。これは熱水地帯特有の構造である。このような密度の大きなばらつきは山体中に形成された多数の〝孔〟によるものと考えられている。穴が密集する部分では密度が低くなるのだ。

図16に示した山頂部の写真では三つの噴気孔が示されている(Jourde et al. 2016)。1番はタリッサン孔、2番はナポレオン北噴気孔。3番は南火口である。このように見えている範囲だけでも三つの噴気孔がある。

ラ・スフリエールのミュオグラフィで観測された低密度領域には、火山性の洞窟が多数見つかっている。とくに**図16**の中央下部に写っている巨大な空間はスパランザーニ洞窟だ。スパランザーニ洞窟

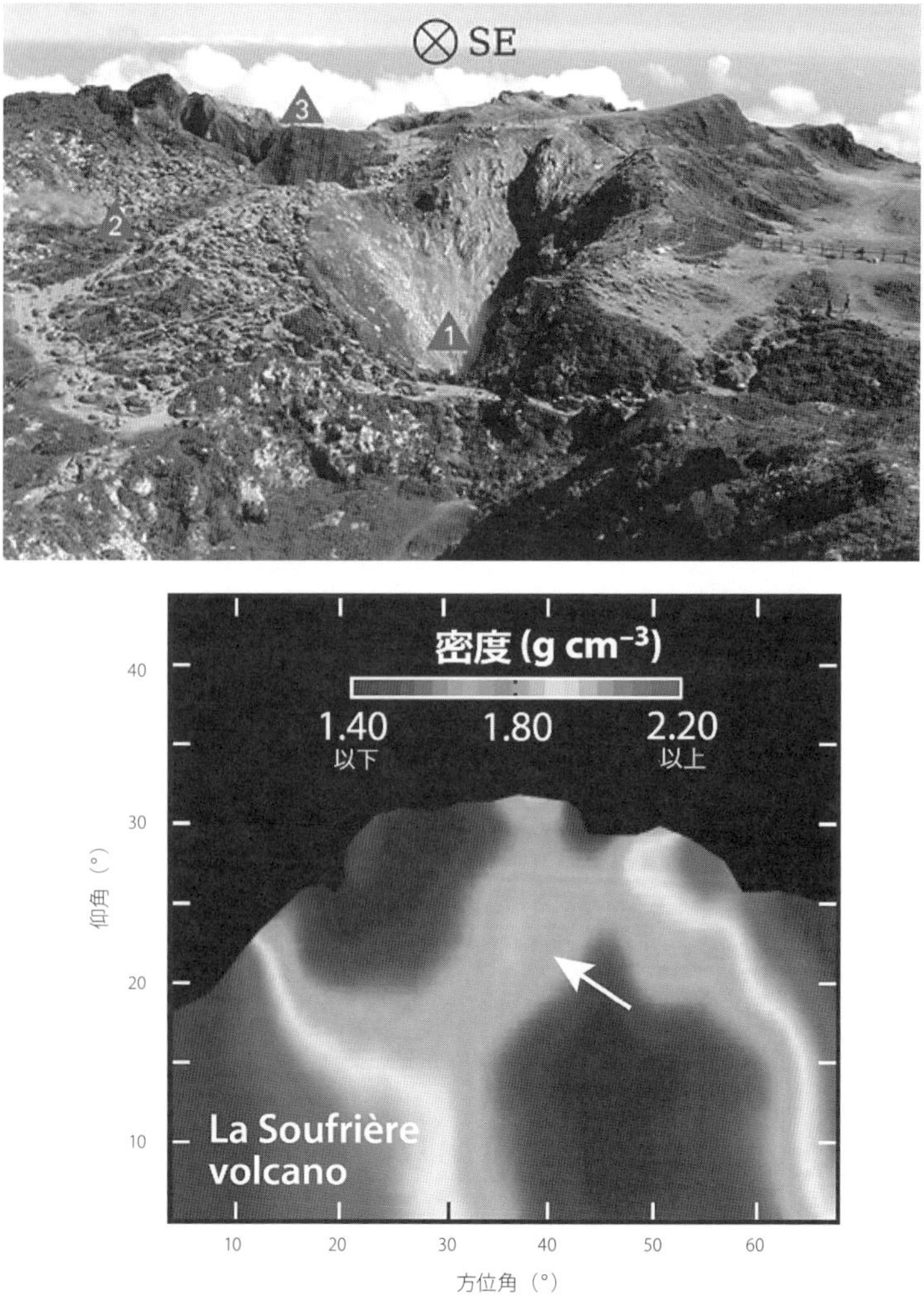

▲ **図16**　ラ・スフリエールのミュオグラフィ観測によって得られた透視画像。暗い部分が火山ガスの通り道。矢印が示す明るい領域はガスの通り道をふさぐ岩盤であると考えられている。上図は山頂部の写真。数字は噴気孔を示す。
出典：Jourde et al. 2016

は19世紀初頭の教科書にその存在が示唆されているが、1836年に崩れて、中に入れなくなったということである。現在でもその入り口がどこなのかはっきりしていない。

スパランザーニ洞窟の見取り図と位置関係が当時の探検家によって描かれている。これを得られた画像に重ね合わせてみると、中央下部に写っている巨大な空間とスパランザーニ洞窟の位置が一致することがわかった。だが現在、この洞窟は火山ガスの通り道になっていて、内部を探検することはできない。内部には高温で毒性の強い火山性のガスが充満していて、入り口付近とはいえ10分と持たないのだ。

スパランザーニ洞窟付近には大小多数の孔が開いており、この領域の山体の平均密度を下げている。つまり、このあたりが山体強度の弱い部分である。また、スパランザーニ洞窟は蓋がされている点にも注意が必要だ（図16矢印）。スパランザーニ洞窟には高温のガスの通り道になっているが、もし将来、ガスの流量が増えると、蓋の下は超高圧になる。そしてついにはこの蓋を吹き飛ばして爆発するかもしれない。

現在、ラ・スフリエールではガスの噴出口の近傍において、爆発レベルをミュオグラフィで監視し続けている。爆発で噴出口の一部が吹き飛んだり、破壊されたりする様子をモニタリングしようというのだ。

○カナリア諸島（スペイン）

海や湖の近くにある火山の山体崩壊は巨大な津波を引き起こすこともあり、大きな被害を出す火山災害の一つである。時代は少し飛ぶが今から1500年前の紀元6世紀、スイスのジュネーブを巨大津波が襲った。その高さは13メートルにも及び、家屋や水車小屋、教会などが跡形もなく消えたそうである。この事件は「トレデュナム・イベント」と呼ばれる。津波といえば、巨大地震と連動して沿岸部に襲い掛かるものというイメージがあるが、スイスには海もなければ、ほとんど地震も発生しない。また、少なくともこのとき地震があったという記録も見つかっていない。ではいったいなぜ津波が発生したのだろうか？

2012年、ジュネーブ大学のグループにより、「トレデュナム・イベント」の原因があきらかになった。ジュネーブから70キロメートルも離れたローヌ川三角州近くの山の斜面崩壊によるものであることが示唆されたのである (Kremer et al., 2012)。このスイスの例はたまたま火山の崩壊ではなかったが、歴史的には火山の山体崩壊のほうがよく起こっている。それは火山自体が衝撃の源であり、また山体に割れ目をつくりやすいからである。

わが国でも山体崩壊がもとで津波が発生している。その中でも有名なものが、「島原大変肥後迷惑」である。これは1792年の雲仙普賢岳の噴火に伴うもので、島原近辺での強い地震が原因となって、眉山の南側部分が大きく崩れた。その結果、3億4000万立方メートルの土塊が島原城下を通って、有明海になだれ込んだ。島原の被害が甚大であったことはいうまでもないが、対岸の天草にも大きな被害をもたらした。巨大な土塊が有明海に落ち込んだ影響で津波が発生して、島原、天草双方に襲い掛かったからである。このときの津波の高さは島原側が6~9メートル、天草側が4~5メートルであったと推定されている。これにより島原も天草もほぼ壊滅状態に陥った。このように、山体崩壊はひとたび起こると広い範囲で甚大な被害をもたらす危険性を持っており、ときにいわゆる「メガ津波」をトリガーするともいわれている。

通常、地震に直接起因する津波の高さがせいぜい10メートル程度であるのに対して、メガ津波の高さはときとして100メートルを超える。メガ津波は「島原大変肥後迷惑」や「トレデュナム・イベント」のように巨大な土塊が海や湖になだれ込むことで起こる。メガ津波の例として、1883年に起こったインドネシアのクラカトア火山の噴火が引き起こした火砕流が、海になだれ込んだことで発生した津波が挙げられる。津波の高さはスマトラ島南岸で最大24メートル、ジャワ島西岸で最大42メートルであったといわれる（Bryant, 2014）。また、アメリカ・ワシントン州にあるセント・ヘレンズ火山の1980年の噴火でも山体崩壊が起き、巨大な土塊がスピリット湖になだれ込んだ。津波の高さは最大260メートルに達したと考えられている（Voight et al., 1983）。

将来メガ津波が危惧されている火山に、カナリア諸島の一つラ・パルマ島[26]のケンブレ・ヴィエハ火山がある。この火山には巨大な亀裂が走っていると考えられており、噴火が引き金となった山体崩壊の可能性が懸念されている。この亀裂は、ケンブレ・ヴィエハの地表から地下に向かってやや斜度をつけて走っており、上盤の体積は、500立方キロメートルに及ぶと見積もられている。カリフォルニア大学のワードとロンドン大学のデイが実行したコンピューターシミュレーションの結果によると、

26　天文家の間ではロケ・デ・ロス・ムチャーチョス天文台で大変有名な島である。ロケ・デ・ロス・ムチャーチョス天文台はテイデ天文台とカナリア諸島二大天文台の一つをなすが、ハワイのマウナケア天文台に次いで有数の観測施設が集まっていることで知られている。

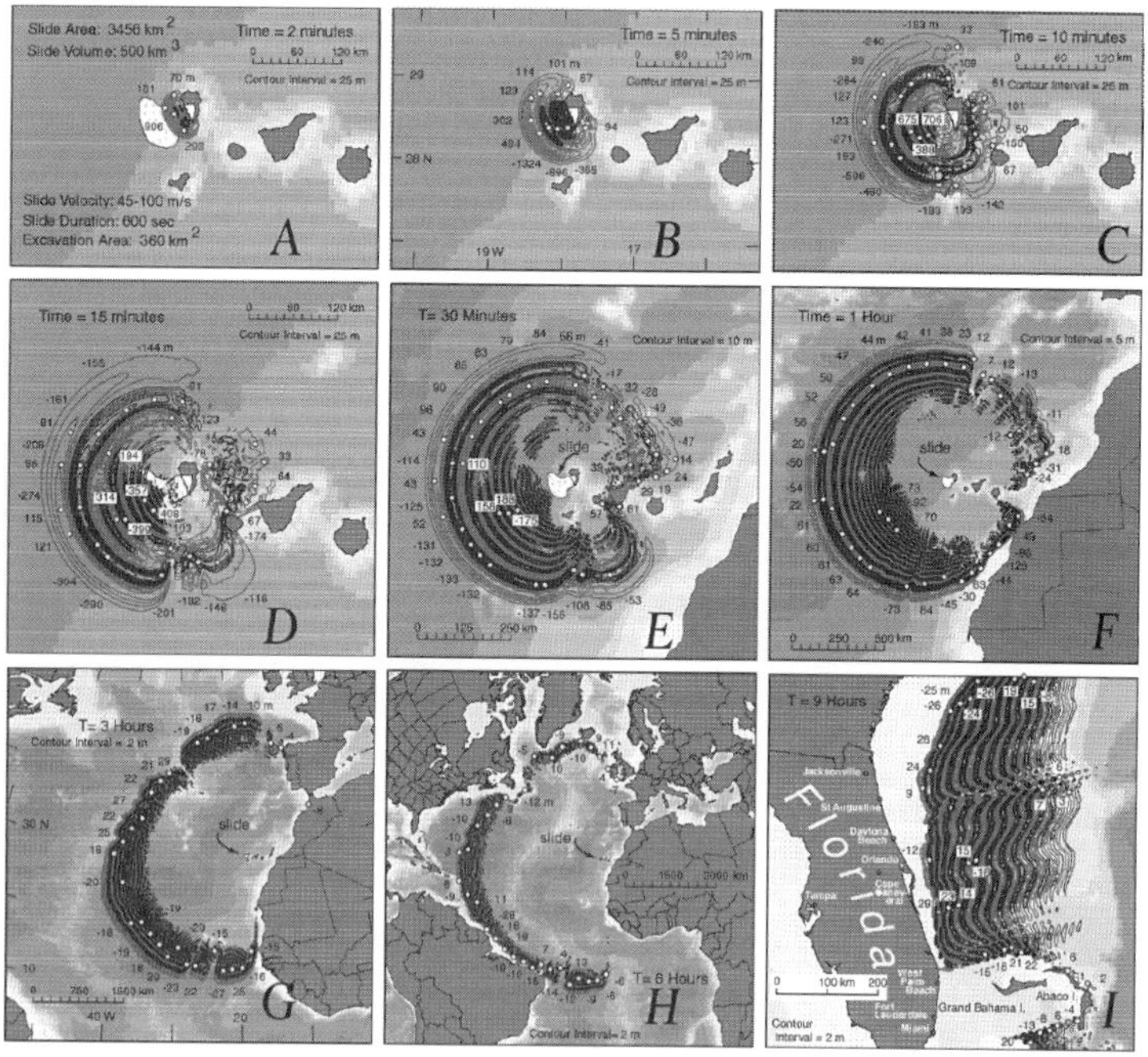

▲ 図17　メガ津波のシミュレーション結果。万一、ケンブレ・ヴィエハ火山の噴火により斜面崩壊が引き起こされると、大量の土塊が大西洋に一気に落ち込むことでメガ津波が発生すると予測されている。図中の数字は津波の高さ(m)を表す。1時間後にはアフリカの西岸に、そして9時間後にはアメリカ東海岸に津波は到達する。

出典：Ward and Day, 2001

仮にこの土塊が一気に海に落ち込むと、最大1000メートルの津波が発生すると予測されている(図17)。山体崩壊後15分で津波がテネリフェ島に到達、1時間後にはアフリカ西岸に達する。津波は伝搬するにつれ徐々に低くなるが、それでも9時間後にはアメリカ東海岸一帯に最大十数メートルの津波が到達するという。

コラム（大城）「テイデ山」

カナリア諸島の中でもひときわ有名な島、テネリフェ島。この島の大部分はテイデ山と呼ばれる、ほぼ富士山と同じ標高を持つ巨大な成層火山（標高3718メートル）からなっている。テイデという名前はベルベル系先住民のグアンチェ族の言葉で「地獄」を意味するエチェイデに由来すると考えられている。テネリフェ島は「常春の島」としてもよく知られており、冬場でも15度程度、真夏でも30度はめったに超えることがない、きわめて快適な気候特性を持つ島である。

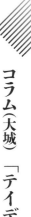

テイデ山とその周辺地域はテイデ国立公園（1万8900ヘクタール）に指定され、2007年、同地域はＵＮＥＳＣＯの世界遺産にも指定された。2013年現在、世界で9番目に人が訪れた国立公園とされている（総計280万人）。もう一つこの島で有名なのがテイデ天文台だ。テイデ山はヨーロッパ地域の中では最も標高の高い山なので、その頂上はヨーロッパのどこよりも宇宙に近い。それが、テイデ天文台がこの地に設立されたゆえんである。

テイデ山には何千という横穴が掘られている。横穴の大きさは人が十分入れるほどのもので、その深さは何キロメートルにも及ぶ。横穴の一部にはトロッコが入れるようにレールが敷かれ、電気が引かれているものもある。この横穴は新鮮な水を得るために掘られたのである。このトンネルを使ってテイデ山のミュオグラフィをやってみよう、という話も持ち上がっている。

ケンブレ・ヴィエハ火山の亀裂は1949年の噴火の際に4メートル動いた、と推定されているが、1971年の噴火では動いた証拠は得られていない。つまり、この亀裂が本当に山体崩壊を起こすのかどうかはまだわかっていないのである。実際、現場に足を運んでみると、そこにあるのは何の変哲もない、窪んだ地形にすぎない。島を分断するような巨大な割れ目には到底見えないのだ。だが、もしこの亀裂が過去何度も動いているのであれば、亀裂の周囲には破砕帯と呼ばれる低密度領域の存在が予想される。つまり、ミュオグラフィを用いてくぼみの地下を透視することで、これが本当に山体崩壊につながるのかについて決着をつけられるかもしれないのである。ミュオグラフィによるケンブレ・ヴィエハの調査は、まだ始まったばかりであるが（Miyamoto et al. 2014）、この背景には新潟県にあるフォッサマグナパークのミュオグラフィ観測があるので、この章の締めくくりとして少し紹介しておきたい。

図18はUNESCO世界ジオパークに認定されている新潟県糸魚川市にあるフォッサマグナパーク内で撮影された、糸魚川静岡構造線[27]の断層露頭（崖など地表にむき出しになっている断層）である。これまでの地質学的調査で断層（写真中で上から下に伸びる白い線）の右側は1600万年前の岩石で、左側

27　新潟県糸魚川市から諏訪湖を通って、静岡市に至る大断層線。

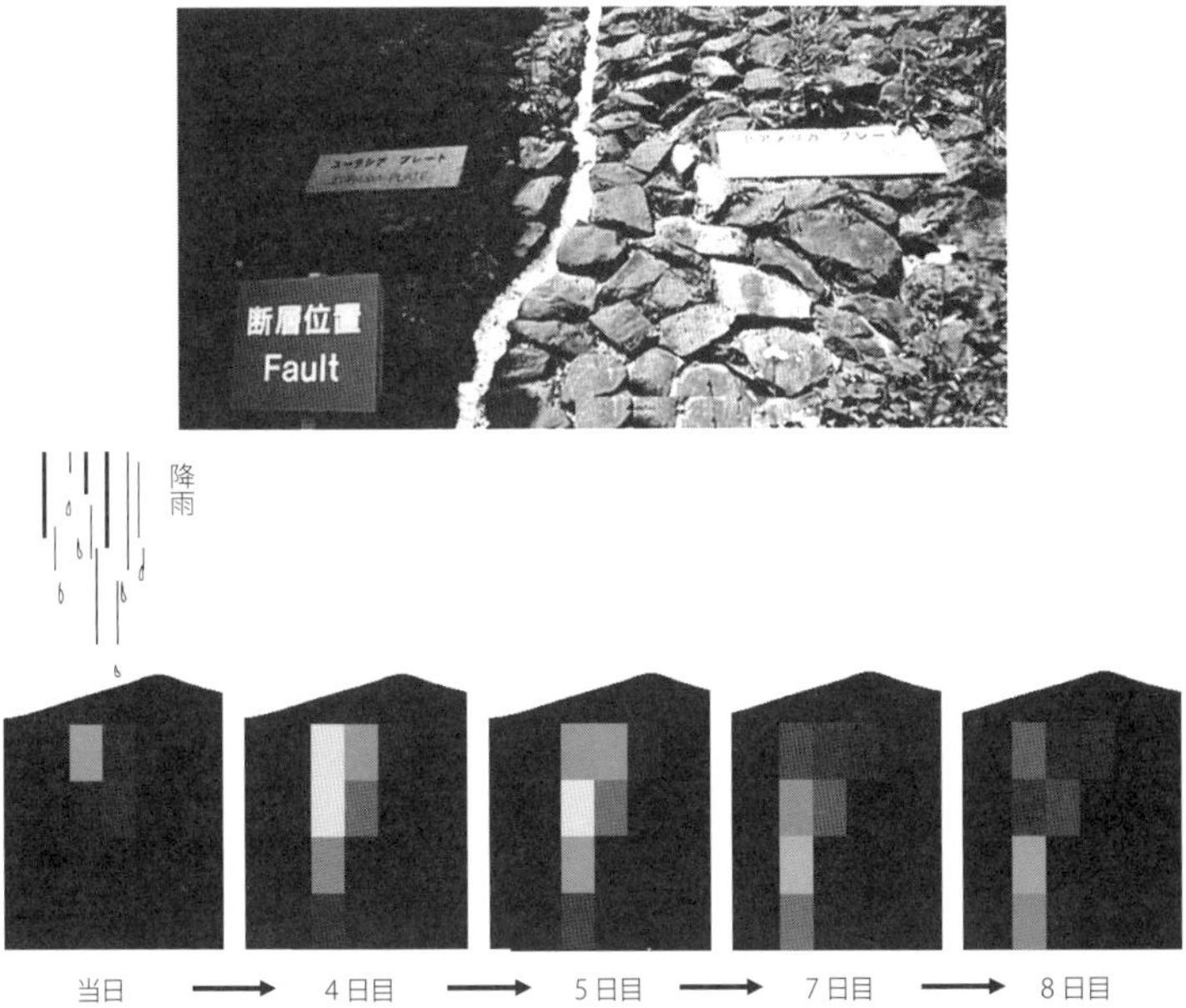

▲ **図18**　メガ津波のシミュレーション結果。新潟県糸魚川市にあるフォッサマグナパーク内で撮影された、糸魚川静岡構造線の断層ミュオグラフの時系列的な移り変わり。青い部分は前日と比べて密度が上昇した領域を示す。

のやや暗緑色の岩石は2億6000万年よりも古いものであることがわかっている。また、この断層は地震活動によって、過去に少なくとも4回動いたと考えられているため、この周囲の岩石は破砕帯が発達していた。[28] 実際ミュオグラフィ観測では、フォッサマグナパークの断層近傍の密度はその周囲より20%程度も低く測定されているのだ（Tanaka et al., 2011; Tanaka and Muraoka, 2013）（**図17**）。岩石破片の間の隙間が多いということは、そこは雨水の通り道ともなり得るということである。

図18の明るい部分の時系列的な移り変わりは、大雨直後の破砕帯内部の水の流れを捉えている。破砕された岩石破片の隙間に雨水が捉えられると、相対的に密度が上昇する。もし、ケンブレ・ヴィエハの巨大な割れ目がフォッサマグナパークの断層と同様、過去何度も動いた割れ目であれば、降水イベントに対して同様な現象がイメージングされるはずである。

28　このような断層周辺において、岩石破片の間の隙間が多い領域を断層破砕帯と呼んでいる。地下にある破砕帯は、定常的な地下水の通り道ともなっていることが知られている。丹那トンネルの建設時には、丹那断層の断層破砕帯に穴を開けてしまったために大量の出水が起きた。また、破砕帯を流れる地下水位が上がってすべり面に到達すると摩擦抵抗が低下して、上の岩盤が滑りやすくなる。これはとくに、雪解け、梅雨、台風シーズンにおける、地下水位が上昇する時期に起きやすいとされている。このような場所にため池などをつくると、集中豪雨などの際に土塊がため池に落ち込み周辺集落に津波の被害をもたらす可能性がある。

第2章 ミュオグラフィの原理

2・1 銀河系起源のミュオン

銀河系の彼方から何千万年もかけて飛んでくる粒子が地球の大気でミュオンをつくる。そして膨大な数のミュオンが今もわれわれの体を通り抜けている。

ミュオンは、われわれの銀河内から休みなく飛んで来る宇宙線[29]と呼ばれる高エネルギー粒子がもととなっている。そして、地球の大気中で二次的に生成される素粒子だ。だから朝から晩まで24時間ほぼ一定の割合で地球表面に降り注いでいる。その数は1メートル四方の地面に1秒あたりおよそ100個である。つまり、一晩寝ている間にわれわれの体を100万個以上のミュオンが通り抜けているのだ（図19）。

29　ビクター・フランツ・ヘスが宇宙線の発見者であるといわれている。ヘスは1910年代に気球を用いて放射線の量と地面からの距離との関係を調べようとしていた。当時、放射線が岩石や鉱物など、地球上の物質から放出されることはよく知られていた。そこでヘスは、気球に乗って上空に行けば行くほど地面から離れていくのだから、（つまり、放射線のもととなる物質からも離れていくのだから）放射線量も減っていくだろうと予測した。しかし、彼の予想とは反対に、放射線の量は上空へ行くほど強くなっていった。ヘスは、高度とともに増加する放射線が「宇宙からやってくる線」ではないかと考えた。彼は、この業績により、1936年にノーベル物理学賞を受賞している。

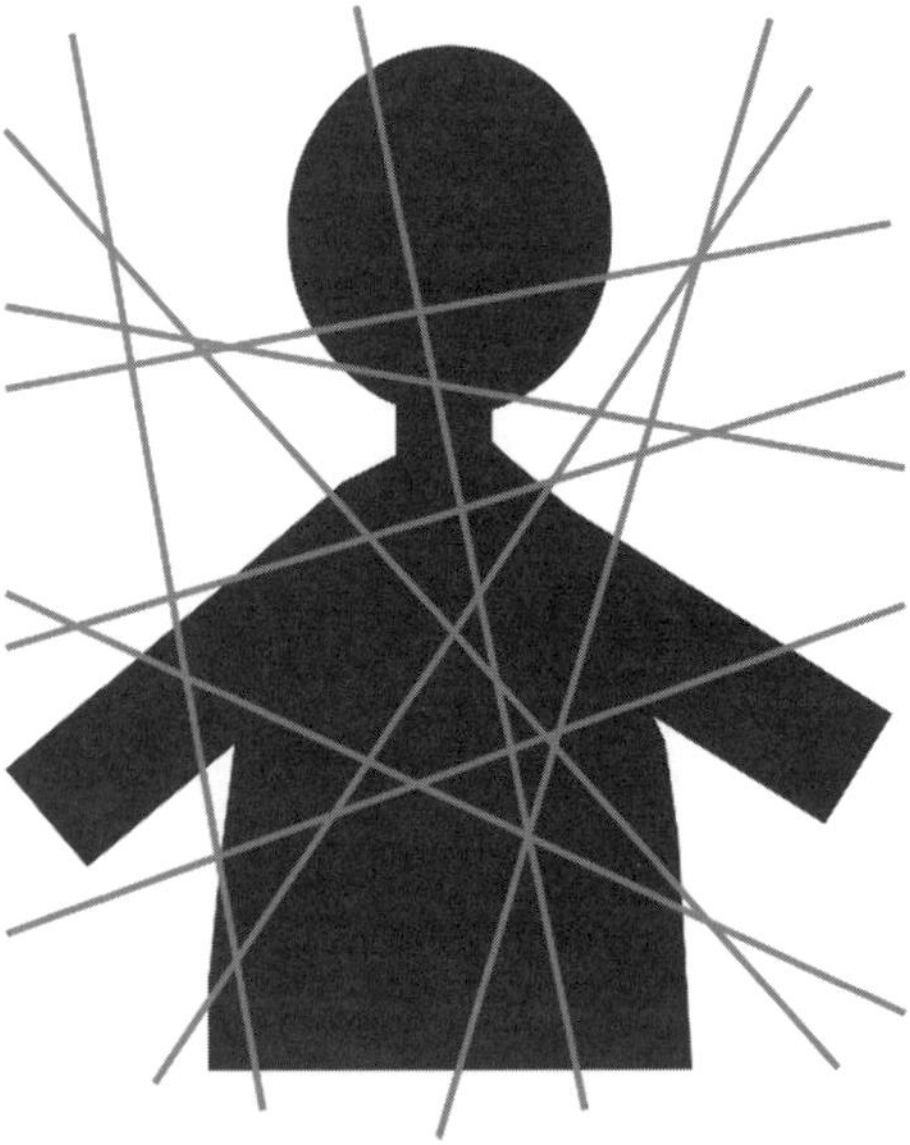

▲ **図19**　ミュオンは一晩に100万個体を通り抜ける

▲ **図20**　銀河円盤内を紆余曲折しながら伝搬する宇宙線

宇宙線はおもに銀河系内の超新星爆発による衝撃などによって、ほぼ光速まで加速される。[31] だが、加速された宇宙線は銀河磁場の影響で地球にはまっすぐ飛んで来ることができずに、図20に示すように系内をあちこち移動しながら500万〜1000万年くらいかけてようやく地球に到達する。[33]

30 超新星とは、大質量の恒星の大規模な爆発現象であるが、夜空に明るい星が突如輝き出し、まるで「星が新しく生まれた」ようにみえるので、こう呼ばれている。

31 地球近傍の宇宙線のエネルギー密度がおおよそ1エレクトロンボルト毎立方センチメートルであることから、地球近傍の宇宙線のエネルギー密度が、銀河円盤全体にわたる平均的なエネルギー密度だと仮定すれば、銀河系にトラップされている宇宙線全体の仕事率を見積もることができる。その結果、宇宙線のエネルギーは銀河全体でみると莫大であることがわかる。地球全体が受ける太陽放射の総量（17京4000兆ワット）の30京倍である。

32 銀河磁場は、3マイクロガウス程度の強さで、ほぼ銀河の渦に沿っているが、大きな揺らぎがあることがわかっている。宇宙線は荷電粒子であるから、この磁場による擾乱を受ける。低エネルギーの宇宙線は磁場による擾乱を受けやすいが、高エネルギーの宇宙線はあまり影響を受けない。つまり、低エネルギー宇宙線に比べ、高エネルギー宇宙線は、より直線的な経路を通って地球に到達する。したがって、高エネルギー宇宙線が低エネルギー宇宙線よりも、銀河系で過ごす時間が短い。

33 宇宙線が地球に到達する前に通ってくる物質量からこのようなことがわかる。リチウム（Li）、ベリリウム（Be）、ホウ素（B）、スカンジウム（Sc）、バナジウム（V）などのような原子核の存在比が、太陽系内で見出されるものよりもはるかに大きな割合で、宇宙線中に二次核として存在することが知られている。これらの核は、星の核合成において、最終の生成物としてはほとんど存在しない。しかし、原子核同士の衝突では生成される。炭素や酸素核の一次核に、陽子や中性子を衝突させることにより、宇宙の中で容易に生成されうることが加速器実験などから判明している。このため、宇宙線の元素比や同位元素の存在比を測定することにより、宇宙線の通過した物質量を推測することができる。一次核と二次核の組成比を測定すると、GeV程宇宙線の飛行速度はほぼ光速なのだから、トータルの飛行距離は５００万～１０００万光年と計算できる。つまり、宇宙線は地球に到達するまでに、銀河の直径の50～１００倍にも及ぶ複雑な経路をとっているのだ。だから、地球に到達する頃には、もともとの進行方向に関する情報は完全に失われている。つまり、地球にはどの方向からも一様に宇宙線が降り注いでいることになる。

地球大気に突入した宇宙線は、大気を構成する窒素や酸素などの原子核にぶつかり、核反応を起こした結果、パイオンやケイオンなどのメソンが生成される。メソンはほんのわずかな時間しか存在できず、１億分の１秒程度でミュオンとニュートリノに崩壊する（図21）。もちろん、メソンの崩壊で発生したミュオンの速度もほぼ光速[34]である。

さて、宇宙線にはさまざまなエネルギーのものがある。したがって、ミュオンのエネルギーもさまざまである。だが、一般的な傾向として、ミュオンのフラックス[35]は高エネルギーほど低い。これは元

度のエネルギーを持つ宇宙線は放出されてから観測にかかるまで、水素にして平均5～10グラム毎平方センチメートルの物質量を横切っていることがわかる。最近の天体観測から、銀河円盤に垂直な軸に沿った物質量は約10^{-3}グラム毎平方センチメートルであることがわかっている。この数値を用いると、宇宙線は地球に到達するまでの間、銀河円盤の厚さの数千倍以上の距離を旅していることになる。宇宙線の速度を光速、銀河円盤の周縁部の厚さを１０００光年とすると、宇宙線の銀河系内での旅行時間は５００万～１０００万年と計算される。

34　ほぼ光速で運動する粒子のことを物理学の業界では高エネルギー粒子と呼ぶ。後で説明する相対性理論効果が現れる粒子が高エネルギー粒子である。

35　フラックスとは単位立体角あたり、単位時間あたりに単位面積を通過する粒子の数のことをいう。ここで、

荷電パイオン $\pi^{\pm} \rightarrow \mu^{\pm} + \nu_{\mu} (\overline{\nu}_{\mu})$ (～100%)

荷電ケイオン $K^{\pm} \rightarrow \mu^{\pm} + \nu_{\mu} (\overline{\nu}_{\mu})$ (～63.6%)

中性ケイオン $K_{L} \rightarrow \pi^{\pm} + e^{\pm} + \nu_{e} (\overline{\nu}_{e})$ (～40.6%)

中性ケイオン $K_{L} \rightarrow \pi^{\pm} + \mu^{\pm} + \nu_{\mu} (\overline{\nu}_{\mu})$ (～27.0%)

中性ケイオン $K_{S} \rightarrow \pi^{+} + \pi^{-}$ (～69.2%)

▲ **図21** ミュオンの生成過程) ギリシャ文字のπはパイオンを、μはミュオンを、νはニュートリノを、アルファベットのKはケイオンを、アルファベットのeは電子をそれぞれ表す。右肩の±はそれぞれの粒子の電荷を表す。記号±は正負の電荷を表す。νの上のバーは反物質を意味する。ほとんどすべてのミュオンはパイオンかケイオンの崩壊によって生成される。一部のケイオンはパイオンに崩壊するが、パイオンはやがてはミュオンに崩壊するので、これらのケイオンもミュオン生成に寄与する。パイオンもケイオンもすべてが上式に従って崩壊するわけではない。式横の数字は上記のようなモードで崩壊する割合を示している。

となる宇宙線が似たような傾向[36]を持っているからである。ところが、ミュオンのエネルギースペクトルには決定的な違いがある。(二次)宇宙線のエネルギースペクトルは飛んできた方向によらない[37]。だが、ミュオンは違う。水平方向のミュオンのほうが鉛直方向のミュオンと比べてフラックスが低いかわりに平均エネルギーが高いのだ。理由は大気の密度勾配[38]が方向によって違うからである。鉛直方向

立体角とは視野を表す立体的な角度のことでステラジアン(Sr)が単位としてよく用いられる。

36 宇宙線のフラックスは、エネルギーが増大するとともに急激に減っていく。また、おもな元素成分の割合は、エネルギーによらず一定である。いずれの元素成分についても、その強度とエネルギーはエネルギーの逆べき乗則でよく記述できる。

37 地球に入射する宇宙線は完全には等法的ではない。それは地球磁場の影響で入射できる宇宙線の最低エネルギーに差異が生じる。陽子やアルファ粒子を主とする宇宙線は正の電荷を持っているため、ローレンツ力を受ける。その結果、東から入射できる宇宙線の最低エネルギー(リジディティーカットオフ)のほうが、西から入射できる宇宙線のリジディティーカットオフより高くなり、その結果西からの宇宙線のほうが数が多くなる。このように入射方向によって宇宙線フラックスに非対称性が出る効果を東西効果と呼んでいるが、この効果は、高エネルギーの宇宙線にはほとんど効かない。同様な問題は大気中でできるミュオンについても存在する。大気中では正負いずれの電荷を持ったミュオンが生成されるが、正ミュオンのほうが数が多い。したがって、東と西でミュオンが地表にたどり着くまでに飛ぶ距離に差異が生じる(西からのほうが長い)。飛ぶ距離が異なれば大気中でのエネルギー損失にも差異が出るため、崩壊率が東西で異なることになる。この効果はやや高いエネルギーの宇宙線でも現れる。

38 大気は地上から上空に向けてだんだんと薄くなっていく(大気の密度が低くなっていく)が、これは地上からの距離に対する密度の減少率、と表現できる。これを大気の密度勾配と呼んでいる。この密度の減少率は鉛直方向と斜め方向とでは異なり、斜め方向のほうがゆっくりである。すなわち、斜め方向から入射してくる宇宙線は長い距離飛んでもなかなか周囲の大気の密度が上がっていかないのである。

のメソンの平均自由行程[39]は短くなり、大気原子核にぶつかる確率が上がる。ぶつかったメソンは多重化[40]するため、数が増えるかわりにエネルギーが分散する。一方、水平方向では大気の密度勾配が小さいため、メソンは別の大気原子核にぶつかる前にミュオンに崩壊する確率が高い。数は増えないが、エネルギーが分散されないぶん、エネルギーの高いミュオンができる。この性質が火山やピラミッドなどの地表に突き出た巨大物体を透視するのに都合がよいのである。エネルギーが高いミュオンのほうが貫通力が強いからだ。

次に、ミュオンが現代物理学の枠組みの中でどのような位置づけにあるのかについて簡単に紹介したい。

まず、ミュオンは宇宙を構成する12個の素粒子のうちの一つである。**図22**にはその12個の素粒子が示してある。まずこれら12個の素粒子は、強い相互作用をする素粒子としない素粒子でそれぞれ、六つのクォーク[41]と六つのレプトン[42]に分類される。ミュオンは強い相互作用をしないことがわかっている

---

39 粒子が粒子とぶつかった後、別の粒子にぶつかるまでの典型的な距離。大気の密度が高いということは大気原子間の平均距離が短く、大気の密度が低いということは、その逆である。

40 いくつもの破片に細かく砕け散ってしまうことをイメージしていただきたい。

41 クォークという名前はマレー・ゲルマンがジェームズ・ジョイスの小説『フィネガンズ・ウェイク』の一節からとった名前である。その理由は難解であるが、大変興味深い。一方、リチャード・ファインマンは同様の粒子をパートンと名づけた。こちらは語源がわかりやすい。パート（部分）とオン（粒子）とを組み合わせたもので、陽子や中性子を構成する粒子という意味がスッキリと伝わる。

42 レプトンという名前はギリシャ語で「軽い」を意味するレプトスに接尾語オン（粒子）を組み合わせたもので、

電荷				
+2/3	u	c	t	クオーク
-1/3	d	s	b	
0	ν_e	ν_μ	ν_τ	レプトン
-1	e	μ	τ	

▲ **図22**　宇宙を構成する12個の素粒子。上の六つがクォーク、下の六つがレプトンである。クォークに分類されている六つの素粒子、u, d, c, s, t, b はそれぞれ、アップ、ダウン、チャーム、ストレンジ、トップ、ボトムと呼ばれているクォークである。左の数字は粒子の電荷を表す（反粒子は正負が逆）。たとえば、陽子はuが二つにdが一つでつくられているために、4/3 − 1/3で電荷は＋１である。レプトンに分類されている六つの素粒子のうち、e, μ, τ はそれぞれ電子、ミュオン、タウオンと呼ばれており、それに対応する、三つのニュートリノ（電子、ミューニュートリノ、タウニュートリノ）がギリシャ文字のνで示されている。

ので、レプトンの仲間である。レプトンはさらに電磁相互作用をしない粒子とする粒子でニュートリノとそれ以外に分けられる。ニュートリノは透過力がきわめて強い素粒子で火山やピラミッド程度で止められることはほとんどない。言い換えると、火山やピラミッドはニュートリノにとって透明なので透視には使えない。残り三つのレプトン、すなわち電子、ミュオン、タウオンのうち、電子はわれわれに最もなじみが深い素粒子で、われわれの身の周りの物質を構成する重要な粒子である。ミュオンは電子と似た性質を持つが、二つの点において大きく異なっている。一つ目は重さについてである。ミュオンは電子の200倍以上も重い。これがミュオンに透過力がある理由である。二つ目は粒子が存在できる時間についてである。電子は勝手に消滅することはない。一方、止まっているミュオンはおよそ100万分の2秒で崩壊する。同じレプトンの仲間であるもう一つのタウオンは、ミュオンよりさらに15倍重いが、静止しているタウオンに存在が許されている時間はミュオンよりもはるかに短く、1兆分の1秒にも満たない。

ここまできて、一つ疑問が生じる。ミュオンが100万分の2秒しか存在できないのであれば、宇宙で最も速いとされている光速[43]で走ってもたかだか600メートル程度しか飛べない。これではキロメートル以上にも及ぶ火山を透過できないのではないか？

軽い粒子を意味する。だが、レプトンの仲間であるタウオンは陽子より重く、レプトンという名前が必ずしも実体を反映できなくなってきている。

43 アインシュタインが発表した特殊相対性理論では光の速度より速い物体は存在しないとなっている。

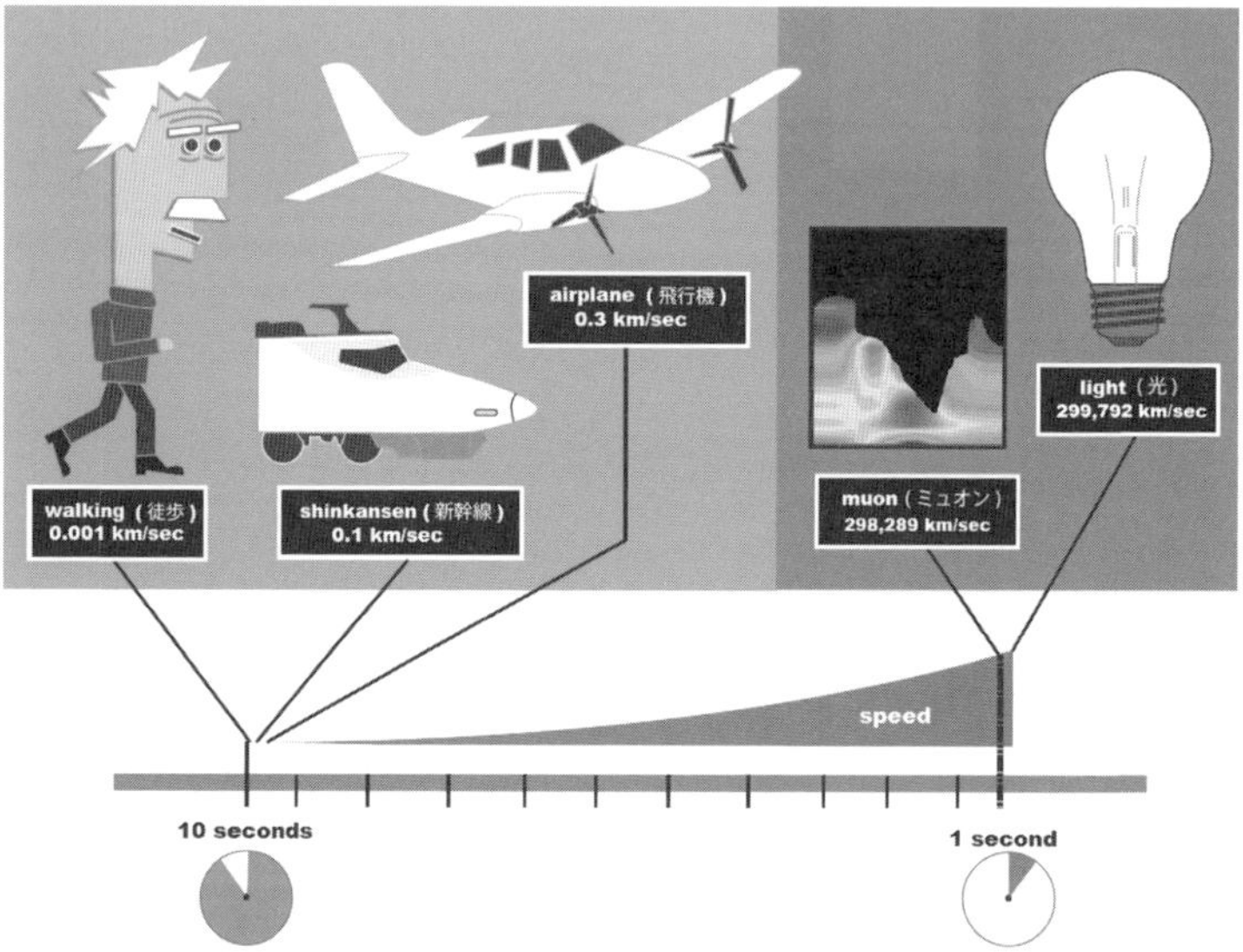

▲ **図23**　われわれが日常目にする物体の速度と光やミュオンの速度の違いを比較している図。速さの違いを視覚的に表現するために、それぞれの速度をインジケーターの幅で示した。最下段のストップウォッチは歩いている人、新幹線、あるいは飛行機に乗っている人の時計が10秒進む間に秒速298289 kmの速度で飛ぶミュオンは1秒しか進まないことを示している。

そこで、まず大気中を飛び交うミュオンの速度がわれわれが普段経験している速度とどれだけかけ離れているかを見てみよう。**図23**を見てほしい。われわれが速いと思っている新幹線も飛行機もミュオンの速度に比べれば桁違いに遅い。マッハ10、つまり1秒間に3キロメートル以上も飛べる世界最速の飛行機でも、ミュオンが飛ぶ速度のわずか10万分の1程度なのである。

これほどまでに速いミュオン周囲の世界は、われわれが普段経験する世界とはまるで違っている。それは、アルベルト・アインシュタインが体系化した特殊相対性理論の効果が顕著に表れてくるからである。**図24**は古典物理学を体系化したアイザック・ニュートンが古典物理学に支配される弾丸の上に乗って移動している。その上に乗ったニュートンは時間が経過することで成長、老化する。同様に**図25**は特殊相対性理論をつくり上げたアインシュタインが相対論的物理学に支配される弾丸の上に乗って移動している。弾丸の速さはともにほぼ光速である。特殊相対性理論の世界（ほぼ光の速度で運動する人の周囲の世界）では、古典物理学の世界（つまりわれわれが通常経験している世界）と比べて、時計の進み方が遅れ、年を取るのが遅くなる。[44] ミュオンも同じである。古典物理学の世界ではミュオンはたっ

---

44 特殊相対性理論の有名な帰結に、質量とエネルギーが等価である、というものがある。すなわち、たとえば、電子の質量10^{-30}キログラムを５００キロエレクトロンボルト（ＫｅＶ）というエネルギーの単位で表現することが可能である。粒子が光速に十分近づくと、その運動エネルギーが質量エネルギーを超え出す。このとき、その粒子の持っている時計の進み具合は大体、（質量エネルギー）／（運動エネルギー）だけ遅れる。タウオンはそもそも存在できる時間が1兆分の1秒と極端に短いが、加えて質量が大きいため、質量エネルギーも高い。すなわち、運動エネルギーがミュオンよりずっと高くないと、時計の遅れの効果が出にくい。ミュオンは50テラエレクトロンボルト（テラは1兆倍意味する接頭語）で、1秒程度存在できるようになるが、ミュオンより17倍も重いタウオンでは同じエネルギーでも１０００万分の1秒も存在できない。相対性理論の効果をもってしてもタウオンで巨大物体を透視することは至難の業なのである。

（※）ここで、1エレクトロンボルト（ｅＶ）は一つの電子を1ボルト（Ｖ）の電圧で加速したときに電子が持つエネルギーに相当する。普段目にする1カロリーという単位もエネルギーの単位の一種だがエレクトロンボルトで言い換えると2・6×10^{19}ｅＶである。エレクトロンボルトという単位がいかに小さなエネルギーを指しているのかがわかる。だが、原子スケールで考えてみると、１ｅＶは決して小さなエネルギーではないことがわかる。カロリーという単位はアボガドロ数オーダーの原子を相手にしているのに対して、エレクトロンボルトは粒子1個に対して使用される。たとえば、大気中の酸素や窒素などの原子がすべて１ｅＶで動き回っていると、気温は10万度になってしまう。エレクトロンボルトという単位は、分子や原子や素粒子の世界では便利な単位なのだ。

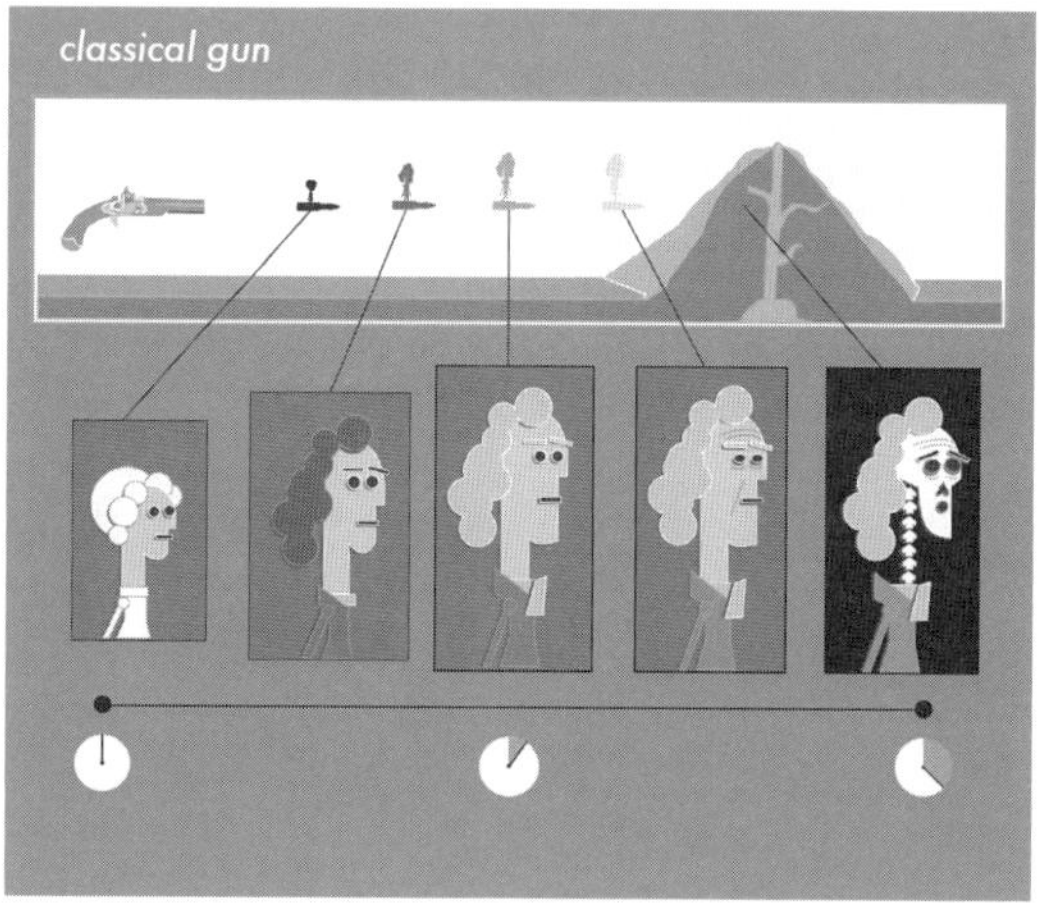

▲ **図24**　古典物理学的な弾丸の上に乗ったニュートンの成長過程を表す図。弾丸の進む速度はほぼ光速である。相対論的な弾丸の上に乗ったアインシュタイン（図25）と比べて、時間の進み具合が速い。

た100万分の2秒しか存在できない。それは止まっていようが、運動していようが同じである。だが、相対性理論の世界では速いミュオンは年を取るのが遅くなる。つまり100万分の2秒より長く存在できるのだ。それに伴い、飛べる距離も伸びるのである。

ミュオンは今から80年以上前の1936年、アンダーソンとネッダーマイヤーによって宇宙線の中に初めて観測された（Neddermeyer and Anderson, 1936）。それから長い年月を経て、ミュオンのエネルギースペクトルに関する情報が（とくに高エネルギー領域において）大きく改善されてきた（Beringer et al., 2012）。物体に入射したミュオンはエネルギーが低い物から順に止まっていき、通過していくうちに次第に数が減っていく。この減り具合はミュオンが持つエネルギーに関する情報とモンテカルロシミュレーションと呼ばれるコンピューターシミュレーション技法を組み合わせることで正確に計算することがで

▲ **図25**　相対論的な弾丸の上に乗ったアインシュタインの成長過程を表す図。弾丸の進む速度はほぼ光速である。古典物理学的な弾丸の上に乗ったニュートン（図24）と比べて、時間の進み具合が遅い。

きる。つまり、ミュオグラフィの解析には、正確なミュオンのエネルギースペクトルが必須なのだ。

2・2　物質を透過するミュオン

第1章でも述べたが、モンテカルロシミュレーションという名前は、賭博で有名な都市モンテカルロから名づけられている。ルーレットを使って行うからだ。とはいえ、本物のルーレットを使うわけではなく、コンピューターの中でランダムな数（乱数）を発生させることで計算を行う。

ミュオンは物質中で少しずつエネルギーを失い、ついには止まる。[45] 入射してから止まるまでにミュオ

45　ミュオンの入射エネルギーと物質中でのエネルギー損失割合がわかれば、ミュオンが止まるまでに走る距離、すなわち透過力を計算できる。ミュオンのエネルギー損失過程は連続的過程と離散的（確率的）過程に分けられる。前者はミュオンが

ンが走る距離が透過距離である。モンテカルロシミュレーションはこの透過距離の計算に使われてい

物質を通る際、周りの媒質の原子を電離することによる。反応頻度は高いが、反応ごとのエネルギー損失は小さいので、全体として、少しずつ連続的にエネルギーを落としているように見えるため、入射エネルギーが決まれば、ほぼ一意にミュオンが止まるまでに走る距離も決まる。一方、ミュオンはエネルギーが高くなると、離散的過程によるエネルギー損失も目立ってくる。この過程はミュオンの飛跡に沿って離散的にバーストを起こすのが特徴である。そのために、時々多くのエネルギーを損失する。したがって、ある一定のエネルギーから始まる過程でも、個々のミュオンのエネルギー損失は、その平均の周りに〝揺らぐ〟ことになる。したがって、決まった入射エネルギーでもミュオンが止まるまでに走る距離は揺らぐ。

実際に、モンテカルロシミュレーションを動かして、物質中におけるミュオン伝搬をシミュレートしてみると、ミュオンのエネルギーが100ギガエレクトロンボルト程度までは連続的な過程によるエネルギー損失が主であることがわかる（ギガは10億を意味する）。100ギガエレクトロンボルトのエネルギーを持つミュオンは400メートルの水を透過できる。つまり、密度2グラム毎立方センチメートルの岩盤の場合、200メートル程度までは、ミュオンの入射エネルギーが決まれば、ミュオンの透過距離が一意に決まるということを意味している。

（※）電離（イオン化）とは、物質中を荷電粒子が通過すると、その道筋に沿って起きる現象である。電離というのは、物質中の原子または分子がプラスイオンと電子に分かれる現象である。イギリスの物理学者C・T・R・ウィルソンは、荷電粒子の電離現象に注目し、1911年に霧箱（cloud chamber）を発明している。過飽和状態の蒸気の中を荷電粒子が通ると、電離作用によってその道筋に沿ってイオンができ、これを核にして細かい霧が発生する。これをうまく拡大して一つひとつの霧滴を数えることができるようにすれば、粒子の飛跡のイオン密度を知ることができる。

（※）離散的過程には制動輻射、直接対生成、光核反応があるが、ミュオンは質量が電子の200倍もあり、電子と比べて制動輻射はそもそも起こりにくい。そのため本来、制動輻射に埋もれてしまうはずの直接対生成や光核反応過程も考慮する必要がある。制動輻射とはミュオンが原子核の脇を通過した際、原子核の電場による。モンテカルロシミュレーションは、ミュオグラフィの解析において大変有用なシミュレーション技法であるが、高い計算コストを要求するため、一昔前は高速計算機でしか行えなかった。だが、今では家庭用のパソコンでもある程度のシミュレーションができるようになってきている。

さて、ミュオンが物体を通り抜ける様子をミクロの視点から観察してみると、物体を構成する無数の原子とミュオンが度々反応していることがわかる。それらの反応はあまりに細かく、すべての反応をコンピューター上で再現することは現代のコンピューティング技術でも難しい。だが、反応を間引けば時間を節約できる。これが、現在よく行われているタイプのモンテカルロシミュレーションである。つまり、この種のモンテカルロシミュレーションでは、いったいどれくらいの頻度でミュオンが原子と反応を起こすのかをルーレットで決める。こうすることで、実際の反応に近い状況を疑似的にコンピューターの中でつくり出すのである。確率的に発生させる反応の回数を増やせば、物質中におけるミュオンの反応をかなり忠実に再現することができる。このようにして、物体を通り抜けられるミュオンの最低エネルギーが正確に求められるのだ（Groom et al., 2001）。

コンピューターの仮想空間の中では、地表に降り注いでいるミュオンの数やエネルギーに合わせて、ミュオンを岩盤表面に照射できる。これまでさまざまな実験グループによって測定されてきたエネル

って散乱され、ミュオンが比較的大きなエネルギーの光子を放出する過程である。一方、仮想光子による直接対生成は実光子を放出せずに、電子、陽電子を直接対生成する過程である。光核反応については、核子がミュオンから光子のエネルギーをもらい、その核子が他の核子にエネルギーを分配することで、原子核が熱い状態になり、原子核が壊れる過程である。

ギースペクトルのデータを使うことができるからだ。照射されたミュオンが、岩盤内部に進入すると、モンテカルロシミュレーションによって、岩盤中に止まるミュオンおよび通り抜けるミュオンのイベントが一つひとつ再現される。そして、その先に設置してあるこれまた仮想的な観測装置によって、通り抜けてきたミュオンの数が記録される。これを到来方向ごとにプロットすれば、ミュオグラフィ透視像を定量的に予想できるのである。

これを観測データと比較することによって、ミュオンがどのような内部構造（密度の空間分布）を持った物体を通り抜けてきたかがわかるのである。たとえば、シミュレーションで予想されたミュオンフラックスに比べて、実際観測されたミュオンフラックスのほうが高ければ、予想より通り抜けやすかったということだから、対象の密度は予想より低かった、ということになるのである。

ただし、これはシミュレーションの精度が保障されての話である。そこで、登場するのが、地下坑道を利用したシミュレーションの精度検証実験である。トンネルの上の分厚い岩盤を利用して、ミュオンの透過量を正確に測定するのだ。ジョージの実験と基本的には同じであるが、地表からの深さが大きく異なる。たとえば、インドのコーラー金鉱では最深2・3キロメートルの深さに観測装置が置かれた。このような地下実験は、鉱山を利用する場合が多い。鉱山ではさまざまな深さで岩石標本が採取され、幾何学的構造、地質構造（密度構造）がよくわかっているからである。たとえば、コーラー金鉱で採取されるコーラー岩石は密度が3・04グラム毎立方センチメートルと正確に測定されている。地下実験との比較から、今日のシミュレーション精度はミュオグラフィ観測に十分足るものとされている。

2・3 透視画像作成の流れ

ミュオンが物質と反応する頻度はミュオンが物質の中を進んでいくうちに出会う原子の総数、すなわち（ミュオンがたどった経路の長さ）×（経路に沿った原子密度）に比例する。つまりミュオンがたどった経路長が同じであれば、岩盤中を通るのと空気中を通るのとでは、ミュオンが出会う原子の数が大きく異なる。つまり、経路長が一定であれば、観測対象の密度が高いほど、エネルギー損失総量は増える。火山やピラミッドはミュオンがどこを通り抜けてきたかで経路長が異なるが、観測対象の平均密度と外形を仮定すれば、ミュオグラフィ画像を定量的に見積もることができる。平均密度は対象物体の重さを全体積で割れば出てくるので、上の二つの条件は重さと外形と言い換えることもできる。つまりミュオグラフィとは、

「対象の重さ」、「ミュオン計数」のいずれか一つを与えることで、残りの一つを与える技術といえる。

モンテカルロシミュレーションの結果とミュオンのエネルギースペクトルを組み合わせると、この関係を定量的に表現できる。厚みにしておよそ数百メートル[46]までの岩盤測定を行う場合で、

46　ミュオンエネルギー損失過程において、連続的過程が優位であるエネルギー領域のミュオンが透過できる岩盤の厚みである。

ミュオン計数の比はミュオン経路近傍領域[47]の重さの比の逆2・2乗に等しい、となる（Tanaka and Ohshiro, 2016）。

これだけでは少しわかりにくいと思うので、具体的な例を挙げながら説明を進めたい。ここでは外形がわかっている物体が二つ存在していると仮定する。一方は鉄、もう一方は金でできているとするが、観測者はこのうち一方が鉄であることのみ知っていると仮定する。この「金＝未知の物質」がなんであるかを当てることが観測者に課せられた課題である。

観測者はミュオグラフィを実行することでこの問題に答えることにした。そこで観測者は「鉄」、「未知の物質」を透過してきたミュオンの数を測定した。得られた数は、それぞれ２００個と１００個だった（ただし、ここでは、測定時間は同じであったとする）。したがって、「鉄」、「未知の物質」に対する、ミュオン計数の比は２００÷１００＝２である。次に観測者は物体の形状をもとに、「鉄」、「未知の物質」をミュオンが通ってきた距離を求めた。そしてそれらは、90メートルと50メートルであった。前者に対しては、鉄の密度（およそ8グラム毎立方センチメートル）を使って、ミュオン経路近傍の重さを計算できる。ここでは、ミュオン経路から半径６ミリメートル以内の領域を取り出すことにすると、この領域の体積は約９０００立方センチメートルとなる。したがって、「鉄」に対しては、この領域の重さは約９０００立方センチメートル×８グラム毎立方センチメートル＝７２０００グラムである。

47　ミュオン経路に沿って切り出した細長い角柱や円柱のようなものをイメージしていただければと思う。

次に、「未知の物質」に対して、ミュオン経路に沿った領域の重さを計算しよう。ミュオン計数の比が2であったことから「未知の物質」の重さを未知数「X」を使って表すと、(Xグラム／72000グラム)の2・2乗イコール2という方程式が立つ。これを解くとX＝100000グラムである。鉄の場合と同じくミュオン経路から半径6ミリメートルの範囲内を取り出すと「未知の物質」の体積は5000立方センチメートルである。そこで、100000÷5000を実行すると、この領域の密度は20グラム毎立方センチメートルと求められる。この密度は金の密度に等しい。

ここでは、鉄、金という2種類の物質を仮定したが、種類はもっと増えても構わない。ミュオン経路の数だけ経路近傍の平均密度を求めることができる。ミュオグラフィの観測装置は単位時間あたりのミュオンの数とその到来方向を記録できるので、各々の到来方向に対して、ミュオン経路に沿った平均密度を二次元的にマッピングできる。

密度は物質の基本的な観測量の一つであるから、その物体が何でできているのかについて重要な情報を与える。また、たとえばマグマが空の流路へ流入すると、流路の密度が変化するので、このような物体内部の動的変化の定量解析にも用いることができるのである。

ただし、気をつけなければいけないことがある。それは、ミュオグラフィで測定できる観測量はあくまで密度であり、物質そのものではない点である。たとえば、プラスチックと水とでは物質が大きく異なるが、密度はほぼ同じなので、これらをミュオグラフィで見分けるのは難しい。

2・4　ミュオグラフィ観測技術の発展

この節以降では、ミュオグラフィの撮像技術の進化、そして最新の撮像技術を論ずる。ミュオグラフィはアナログからデジタルへ、二次元から三次元へ、そして静止画から動画へと、撮像技術そのものの進化の道筋をたどってきたが、ここにきて、付加価値をつける方向へと舵が切られようとしている。持ち運びが便利な軽い装置、どこでも迅速に実施できる空中撮影、車載撮影などがその例である。これらの最新技術の紹介もこの節の目的である。

▼2・4・1　アナログからデジタルへ

ミュオグラフィ観測の成功は、ミュオン飛跡の正確な記録にかかっているといっても過言ではない。一度、ミュオン飛跡が決定されれば、ミュオン飛跡を山の方向へとまっすぐ延長すれば、そのミュオンが山のどこを通ってきたかがわかるからである。[48] この方向決定精度がミュオグラフィの解像度を決める。そのため、ミュオグラフィ観測では、野外観測において取扱いの便利なできるだけ〝シンプルな構造〟を徹底しつつも、ミュオン飛跡だけはしっかりと記録できる最先端の粒子検出技術を実装していくことで、装置としての信頼性を上げる努力がなされてきた。

たとえば、原子核乾板は商用電源が使えない限られた環境下でも優れた方向決定精度でミュオグラ

48　ミュオンが装置に入ってきた方向だけで山体におけるミュオンの通過位置がわかるのは、ミュオンが物質中でほとんど曲がらないという性質を持っているからである。

フィ観測を行えるため、野外観測において取扱いが便利な装置の一つである。また、原子核乾板は素粒子物理学の聡明期から粒子検出器として使われてきた実績を持つため信頼性が高い。その一方で、回収、現像の作業が必須となるため、噴火中の火山を観測する場合には、必ずしも理想的な検出器であるとはいえない。回収のために火山に近づく必要があるからだ。また、噴火中の火山をリアルタイムにモニタリングすることもできない。そこで、考案されたのがシンチレーション検出器を用いたミュオグラフィ観測である。原子核乾板方式（第1世代）をアナログカメラと呼べば、シンチレーション方式（第2世代）はいわば初期のデジタルカメラである。２００６年に観測された浅間山と昭和新山ではアナログ方式が、２００８年の薩摩硫黄島の観測以降はデジタル方式が使われている。

まず、原子核乾板技術を応用した測定装置について説明しよう。原子核乾板を用いた方式では放射線が写真作用を持つことを利用してミュオンを記録する。だが、これは普通の写真フィルムでは無理である。感度が十分ではないからだ。より感度の高い写真乳剤（感光材料）が必要になるが、このような乳剤は調整が難しく、熟練した技師が長年の経験とノウハウを駆使してつくる。ここではまず、原子核乾板の乳剤が普通の写真フィルムと比べて何が違うのかについて説明する。乳剤とはハロゲン化銀の微結晶をゼラチンの中に分散させたものである。一般的に、乳剤に光を当てると、「感光」が起きる。原子核乾板の乳剤の中に含まれているハロゲン化銀の結晶粒は光だけでなく、荷電粒子が通過することによっても、現像によって銀を解離させ、粒全体が黒くなる。つまり、現像すると、粒子の飛跡に沿って黒い銀の結晶粒が並ぶのだ。原子核乾板の感光過程は光の場合と同じだが、光と違って荷電粒子は1回だけ通るわけだから、感度が一層高くなければならない。このため、原子核乾板では乳剤中のハロゲン化銀の量を増やしている。原子核乾板に含まれるハロゲン化銀の量は、普通の写真フィルムと比べて倍もある。

実際には、原子核乾板の荷電粒子に対する感度はハロゲン化銀の結晶粒のかたち、大きさ、粒度のそろい方、密度、ゼラチンの性質などでデリケートに変わる。この一つひとつを経験と製造者独自のノウハウを持って最適化するのである。日本の富士フイルムの原子核乾板は最小電離の粒子も識別できる乾板で、素粒子物理学実験に実績があり、ミュオグラフィにも使用できる。

原子核乾板は、以下に述べる理由から限られた環境下でのミュオグラフィでは重宝される。まず記録に付帯設備（電源、記録メディア、データ取得用コンピューターなど）を必要としない利点がある。原子核乾板は6か月程度連続してミュオンを記録できる。ただし、これより観測期間が延びると、フェーディングと呼ばれる現象により、記録が少しずつ消えていく。撮影した像が時間とともに少しずつ薄くなってしまうのだ。次に重量に関する利点である。装置全体の重量がデジタル方式に比べて一般的に軽い。また、取扱いも比較的簡単である。第3の利点は、空間分解能がよい。そのため、ミュオンの飛来角度を精度よく求めることができる。

これに対して、光電子増倍管とプラスチックシンチレーターを用いるシンチレーション方式では、イベントの数え落としがほとんどなく、高い時間分解能が得られる。プラスチックシンチレーターは、シンチレーターの溶媒をプラスチックに置き換えたもので、比較的軽い、不燃性、衝撃に強い、非毒性などの特長があり、さらに形状、大きさが自由に変えられるため、ミュオグラフィ各種の測定をよい条件で行えるという利点もある。プラスチックシンチレーターには、普通のプラスチックにはないある特徴がある。それは荷電粒子が通り抜けると光る性質だ。出てくる光の色は青白く神秘的である。だが、ミュオンが1個通ったくらいでは目に見えるほどの光を発さない。そこで、微弱な光を電気信号に変えるセンサーを用いる。これによく使われるのが光電子増倍管である。光電子増倍管の入り口には特殊なガラス面（光電面）があり、そこに光子が当たると、光電面から電子がはじき出される。放出された電子は高速に加速されて別の金属板にあたる。金属板に当たった電子は何個もの電子を弾き飛ばす。弾き飛ばされた電子は同じように加速されて次の金属板に当たってさらに数を増やす。このようなプロセスを何度もくり返すことで1個の電子が数千万倍に増幅される。光電子増倍管は微弱な光を電流パルスに変換する装置といえるのだ。

プラスチックシンチレーターは透明なので、端に光を反射するもの（鏡、アルミ箔など）を貼っておけば、光は反射をくり返して、シンチレーター中にいきわたる。光は1秒間に30万キロメートル走る（ただし、物質の中なので、少し速度が落ちる[49]）ので、ミュオンが通ってから、センサーが光を捉えるまでにかかる時間は最大でもおおよそ［シンチレーターの減衰長（数メートル）程度[50]］÷（約2億メートル毎秒）＝（数ナノ秒）と見積もれる。したがって、シンチレーターと光電子増倍管を（ライトパイプあるいはラ

49　物質中の光速を真空中の光速で割った値を屈折率と呼んでいる。プラスチックシンチレーターの屈折率はおよそ1・6である。

50　プラスチックシンチレーターの透明度は無限に良いということはないので、どれほど質の高いプラスチックシンチレーターを用いても、実際には数メートル程度で光が減衰する。これを減衰長と呼ぶ。つまり、光はシンチレーター内部で反射を無限にくり返すことができるわけではなく、一定時間後に減衰して、消えてしまう。

イトガイドを用いて）光学的に繋げば、ミュオンがシンチレーターを通ったとほぼ同時に光が電子に変換される。つまり、ミュオンがシンチレーターを通るたびに電流パルスが取り出されるのだ。このように、シンチレーターと光電子増倍管を繋いだものをシンチレーションカウンターと呼んでいる。だが、ちょっとした工夫が必要である。プラスチックシンチレーターを完全に遮光しておかないと外界の光にミュオンがつくる光が埋もれてしまうのである。そのため、シンチレーターと外界とは「光学的に」独立させておく必要がある。

さて、シンチレーションカウンターを用いたミュオン飛跡の記録法のポイントは、少なくとも2点ミュオンの通過点を決定することにある。この2点を結んだ線がミュオンの飛跡なのだが、まずはこのうち1点をどう決めるのかについて述べる。

これには、細長いプラスチックシンチレーターを複数本用いる。この細長いシンチレーターはシンチレーターストリップと呼ばれている。光学的に独立したシンチレーターストリップを短冊のように縦方向に何本も並べると、横方向（X方向）のミュオンの通過位置を決めることができる。このときの通過位置の決定精度はストリップの幅である。今度はシンチレーターストリップを横方向に何本も並べると、縦方向（Y方向）のミュオンの通過位置が決まる。縦方向と横方向に並べたストリップを組み合わせることで、ミュオンの通過位置のX、Y座標を決定できる。シンチレーターの部分がミュオンに対する有感領域であるから、この場合、縦方向と横方向に並べたストリップが重なっている部分がミュオンに対する有感面積となる。たとえば幅5センチメートル、長さ100センチメートルのシンチレーターを縦横に20本並べれば、位置分解能5センチメートル、有感面積1平方メートルとなる。このようにしてストリップを何本も並べてつくったミュオン検出器をセグメント検出器と呼んでいる（Tanaka et al. 2001）。

ただ、これだけでは、ミュオンがどの方向から飛んできたのかまではわからない。そのために、セグメント検出器を最低2枚用意する必要がある。こうすれば、二つのセグメント検出器においてそれぞれどの位置をミュオンが通ったかを知ることができる。この2点を結んだ線が、ミュオンの飛跡となるのだ[51]（図26）。

アナログ方式では原子核乾板そのものが、データを記録する機能も持ち合わせていたが、デジタル方式ではセグメント検出器に加えてデータ収集部が必要となる。データ収集部は光電子増倍管が出力するアナログの電流パルスをコンピューターが理解できるデジタル信号に変換するデータ処理回路とデータを記録するストレージから構成される。ここで、デジタル化とは、アナログパルスの高さにある閾値を設けてそれより高いか低いかで1か0に2値化するプロセスのことをいう。パルスをいったんデジタル化してしまえば、時刻情報と組み合わせることで信号の論理計算が実行可能となる。ところが、デジタル方式を実用化するためには解決すべき問題が残されていた。

ミュオグラフィ観測データの処理回路部分は、従来、極端に電力消費が大きな部分であった。この状態を放置し続ければ、電力事情が限られている火山での観測実施が困難である。２００８年、この

51　セグメント検出器には有限の位置分解能（ストリップの幅）があるので、ミュオンの飛来方向を無限に精度よく決めることはできない。ミュオン飛跡決定における角度分解能は、検出器間の距離と検出器の位置分解能で決定される。

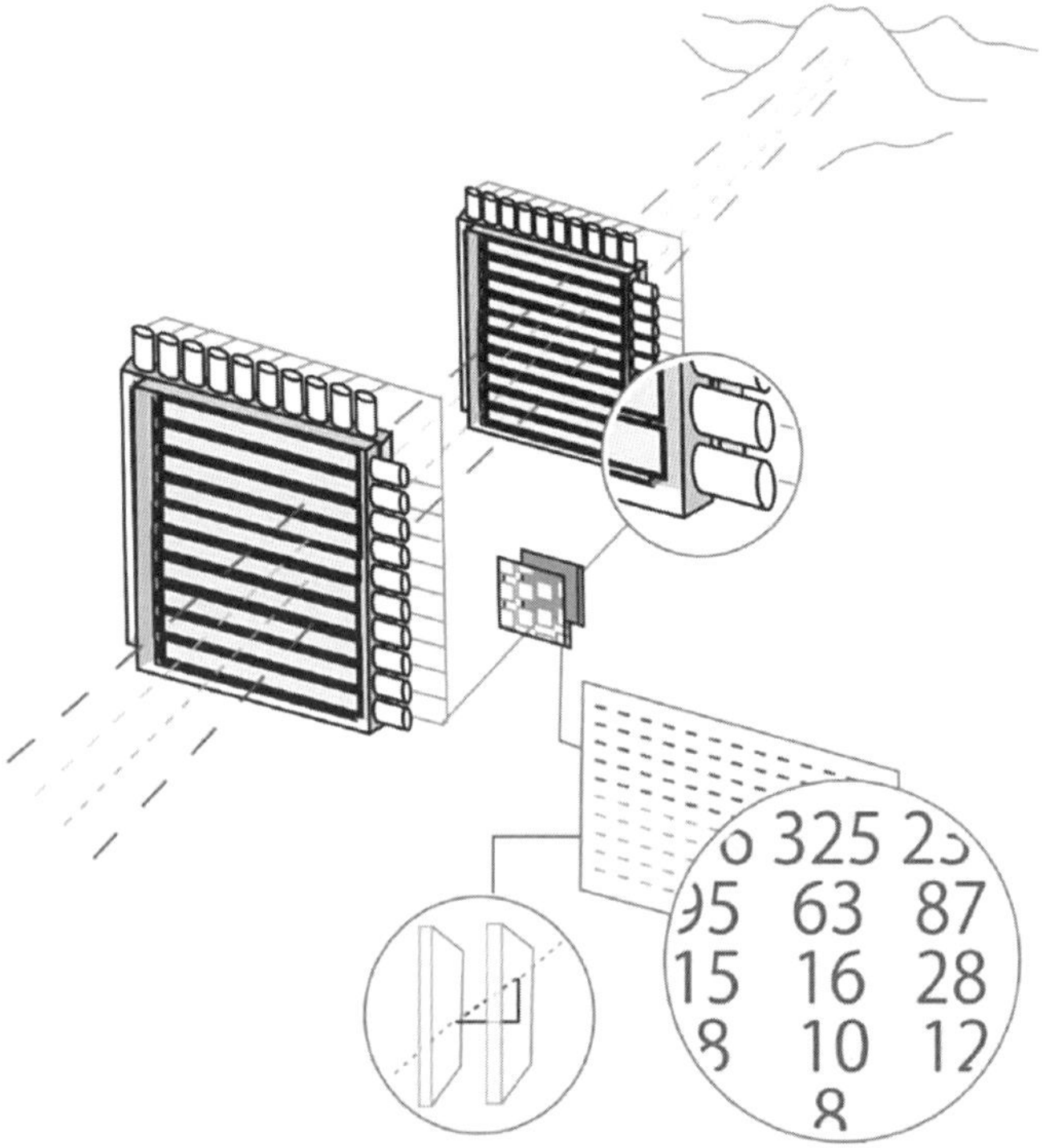

▲ **図26**　セグメント検出器を応用したミュオグラフィ観測装置の例。縦と横に複数配列されたストリップの組み合わせで、検出器のどの位置をミュオンが通ったかがわかる。円筒形の物体が光電子増倍管である。ストリップの番号とミュオンが通った時刻は記録され、電子回路により処理されることで、どの方向からミュオンが到来したかがわかる。

問題が大きく改善されたことで、デジタル方式のミュオグラフィがようやく実用的なものになった。データ取得部分の低消費電力化、小型化のための有効な手段は、データ収集部を一つの集積回路（チップ）上に実装することである。そうすれば、同一チップ内の信号伝達距離が短くなるため、信号伝達に使用する電力を抑えられる。だが、集積回路の開発には多額の費用と開発期間が必要である。この問題を解決したのがＦＰＧＡの技術である(Uchida, Tanaka and Tanaka, 2010)。ＦＰＧＡは何度でも書き込み内容を変更することができるため、開発効率が飛躍的に向上する。ＦＰＧＡチップはField Programmable Gate Array の略で、プログラミングすることができるＬＳＩ[52]のうち再書き換え可能であるものを指す。

▼2・4・2　二次元から三次元へ

アナログ方式でもデジタル方式でも得られる画像は、通常の単純Ｘ線撮影と同じく、二次元の投影図である。人の背後にビルがあり、さらにその背後に光源があると、人とビルの影が重なってしまう。ところがビルの横に光源があると、ビルの影と人の影を分離できる。このように、違った方向から投影図を解析することで、三次元的な情報が得られる。このような三次元的な解析方法をトモグラフィと呼んでいる。トモはギリシャ語で切ることを意味しており、対象物体を好みの位置でスライスできることからそう呼ばれている。

52　Large Scale Integration の略で、日本語では大規模集積回路と呼ばれている。

医療分野におけるトモグラフィはComputed axial tomographyと呼ばれ、かなり進化している。人を挟み込むようにX線源とX線フィルムを配置して、それを回転させ、何百枚という画像を撮影する。そして、数学的にそれらを処理することで、非常に分解能の高い身体の断面図を生成するのである。実際に、身体を切らずに好きな部分を自由自在にスライスして、内部構造を観察することができるので、医療現場ではなくてはならない存在となっている。ミュオグラフィの場合、空全体が線源といえるので、火山を取り囲むように複数の観測装置を配置することでこれを実施できる。

そこで、2009年に試みられたのが、浅間山のトモグラフィプロジェクトである。このプロジェクトで配備された装置は山体の東側（山頂から1・1キロメートル）と北側（山頂から1・6キロメートル）の2か所、各々の観測点で独立にミュオグラフィデータが記録された。東側斜面には商用電源がすでに引かれていたために、それを利用することができたが、北側斜面にはそれがなかった。そのため、ソーラーパネルの利用が必要となり[53]、装置の消費電力を極力落とす必要があった。そこで開発されたのがコッククロフト・ウォルトン光電子増倍管である。コッククロフト・ウォルトン光電子増倍管には電圧増幅回路をはしご状に積層したコッククロフト・ウォルトン回路[54]が実装されており、低消費電

53　ソーラーパネルの最大出力とシステムの総電力消費量の比を安全因子と呼ぶが、安全因子は十分大きく取っておく必要がある。とくに北側斜面では十分な太陽光を確保できないために、ソーラーパネルによる連続した運転を行うためには、通常、20程度の安全因子が必要である。それでも冬季には、給電がまったく行われない期間が何日も続くことがある。

54　イギリス人物理学者ジョン・コッククロフトおよびアイルランド人物理学者アーネスト・ウォルトンが発明し

力ながら優れた性能を持つことが実証されている。

医療用で実用化されているトモグラフィと違い、2方向の観測では、何らかの仮定を置かずに三次元構造を再構築することは難しい。そこで、外形、および低密度になっていると期待される領域の位置とサイズを先見情報として与え、逆問題[55]を解く必要があった。

再構築された浅間山の三次元スライス図27に示す（Tanaka et al., 2010）。図では浅間山を北から南に向かって少しずつスライスする位置を変えている。この図からわかることはマグマ流路が火口の中心から地下に向かって伸びているわけではなく、やや北のほうにシフトしていることである。4・3・2項で述べた2009年の浅間山噴火では、火口底にたまったマグマのうち、北側に位置していたものが吹き飛ばされたのだった（173ページ図9中の点線の位置を思い出してほしい）。この下にマグマ流路がありそうだということは、このような間接的証拠から推察できるが、浅間山の三次元スライスを再構築することで、これが改めて視覚的に確認されたのである。

このような複数方向からのミュオグラフィ観測は、海外でも行われるようになり、2012年に実施された、仏ラ・スフリエールのミュオグラフィ観測では、異なる方向から測定された投影像があれば、画像の重なりを分離できるので従来の地球物理学的観測結果と対比しやすいことが示されている

たためにこのような名前がついている。コッククロフトとウォルトンはこの回路を使った加速器を用いることで「人工的に加速した原子核粒子による原子核変換」を成功させた。この業績に対して彼らは1951年のノーベル物理学賞を受賞している。

55 逆問題とは観測結果からその結果が得られるための原因を数学的に推定する問題である。

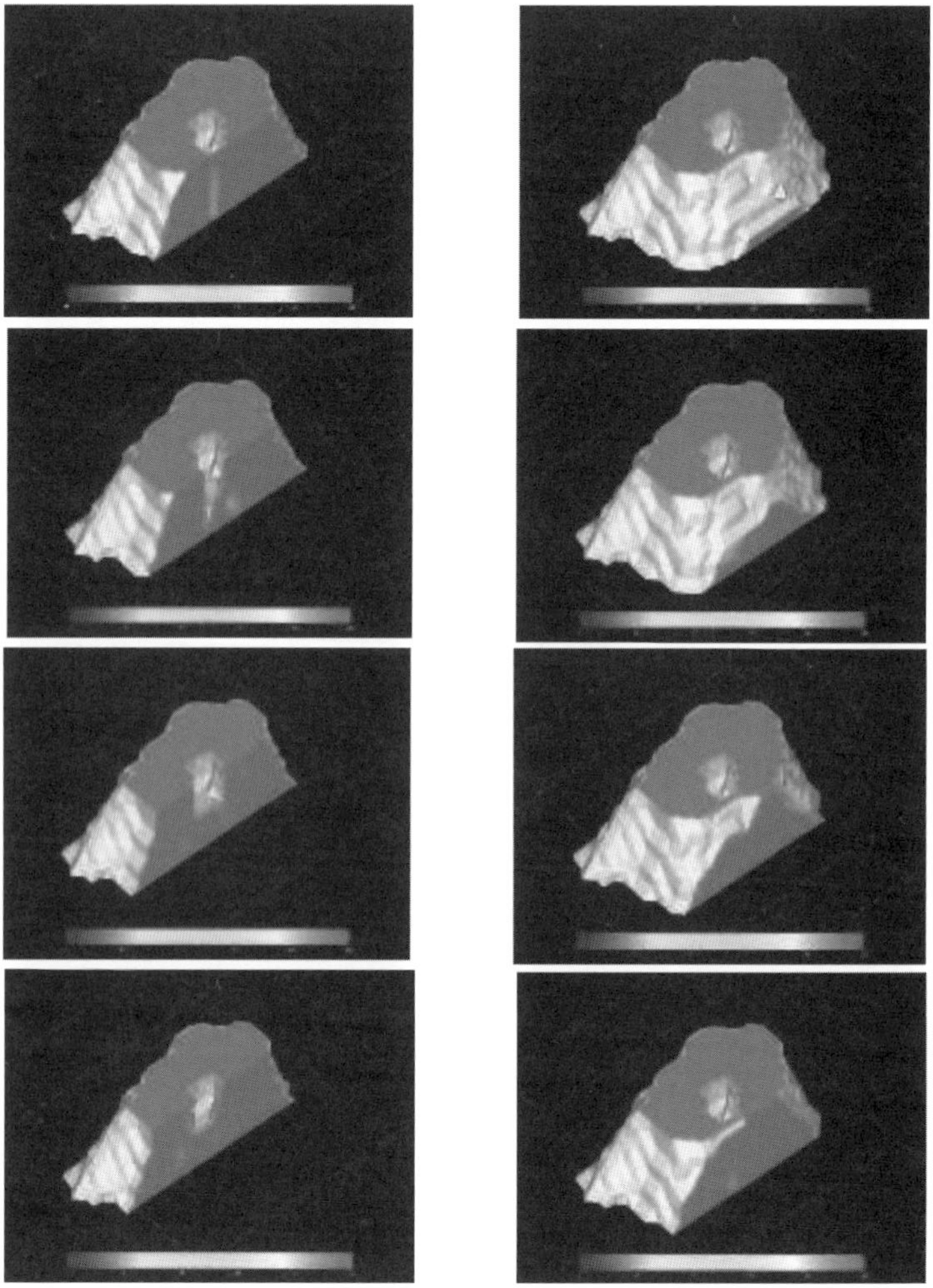

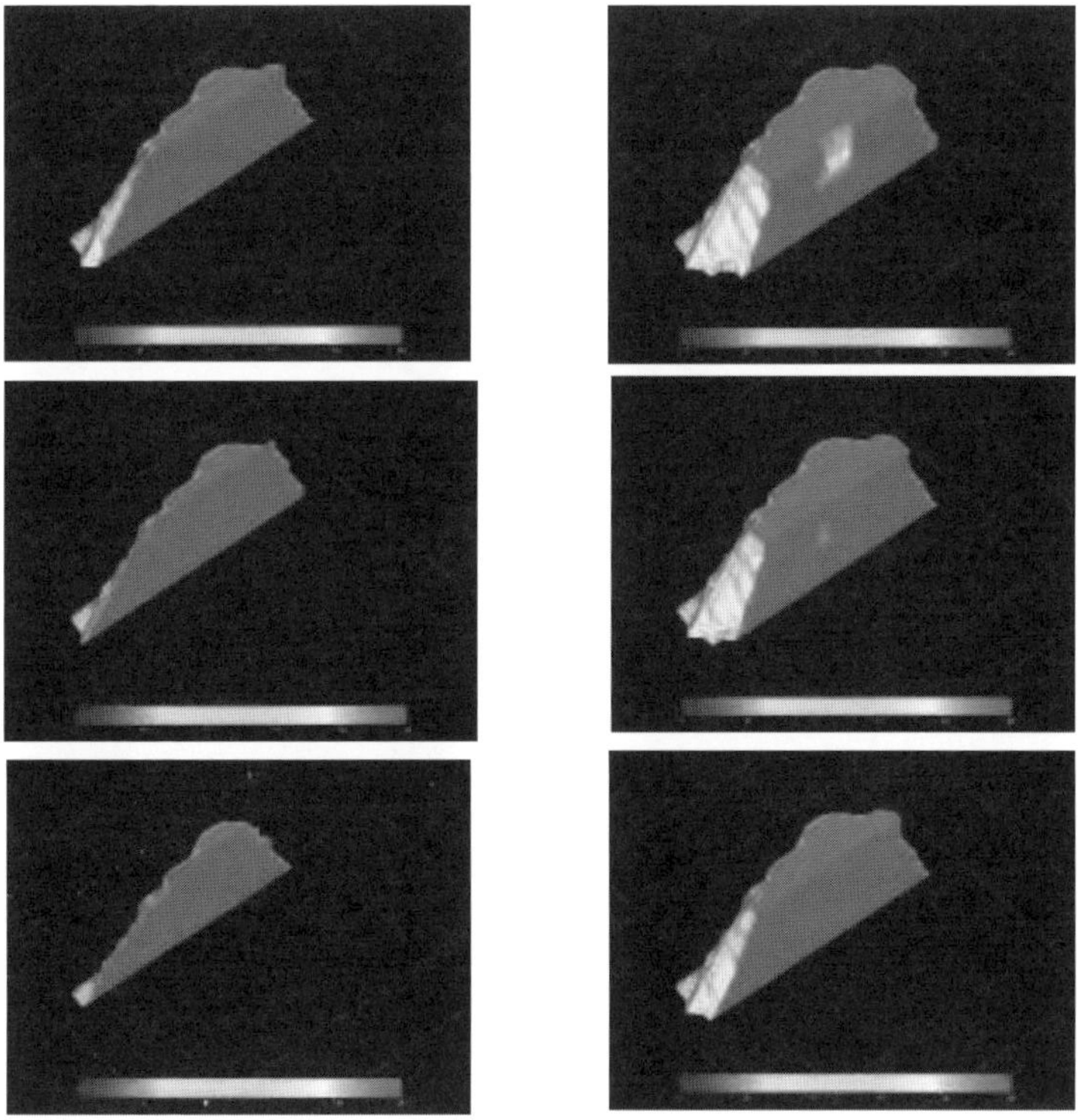

▲▶ **図27**　２方向からのミュオグラフィ観測によって得られた浅間山の三次元スライス。北から南に向かってスライスしている。

(Lesparre et al., 2012)。そのため、画像診断の精度が上がるのだ。

ラ・スフリエール火山のミュオグラフィ画像は比抵抗測定結果と比較された。比抵抗測定は、地下の電気抵抗値の分布を測定する方法であるが、含まれる水の量、風化の程度、孔隙率などで地下の抵抗が変化するので、1950年代から積極的に使われてきた手法である。だが、これをミュオグラフィと比較する際には気をつけなければいけない。画像の濃淡を直接比較することができないのである。ミュオグラフィ観測で得られる密度は比抵抗測定で得られる抵抗値とは異なる物理量だからだ。ラ・スフリエールのような熱水地帯において、電気抵抗が低いということは、一般的に電気を通しやすい水が存在しているということであり、逆に抵抗値が高いということは電気が流れにくい空気が多く含まれているということである。すなわち、たとえば、低い密度と低い電気抵抗の組み合わせは、熱水流体が強い噴気作用を引き起こしている層や、熱水変質した物質の層を示しているかもしれない。あるいは、低い密度と高い電気抵抗は、流体が抜き去られた、空隙率の高い物体かもしれない。このように、ミュオグラフィは既存の手法によって得られる情報に新たな付加情報を与えることができる。言い換えると、ミュオグラフィは、これまで知られていたモデルの自由度を制約するのに有用なのである。

一方、ミュオグラフィと同じ観測量（物理量）を引き出す手法もある。重力測定である。文字どおり、地球がつくる重力を測る手法である。ニュートンの万有引力の法則が示すように、重力は観測者周囲の質量に比例して大きくなる。したがって、重力測定はミュオグラフィと同じく、観測対象の積分密度を測定する手法と言い換えることができる。さらにミュオグラフィが、水平方向の積分密度を与えるのに対して、重力は、鉛直方向の積分密度を与える所が相補的である。このような理由から、重力データとミュオグラフィとのジョイントインバージョン[56]による昭和新山の三次元構造の再構築が試みられた。その結果、２００７年に得られたミュオグラフィ画像に新たな解釈を加えることができるようになった。昭和新山を二次元的に投影しただけでは高密度部分（マグマ）が細く地下に続いているように見えたが、三次元再構築を行うことで、これは地下に潜むマグマの形状による影響で、実際にはより太いマグマが昭和新山の地下に続いていることがあきらかになった（Nishiyama et al., 2014）のだ。

重力測定とミュオグラフィを組み合わせる利点は他にもある。重力測定では、ミュオグラフィで測定不可能な検出器位置よりも低い場所に存在する物体の質量の影響を受ける。ただし、得られる重力測定値は、ミュオグラフィで観測可能な浅い所にある物体の質量とそれより深い所の質量の和として出力されるため、ミュオグラフィで前者を決めることで、後者を分離することが可能だ。このように両手法を組み合わせることでミュオグラフィの検出限界を超えた深さの構造推定ができるようになる。

▼2・4・3　静止画から動画へ

デジタル方式のミュオグラフィを使えば、動きのある透視画像も撮影できる。それはミュオンが休

56　二つの独立な観測によって得られた観測量をまとめて逆問題として解く手法のことで、二つの相補的な情報が織り込まれた解析結果が得られる。

みなく、つねに一定の割合で地球上に降り注いでいるからである。

デジタル方式の観測装置では、ミュオンが装置に入ってきてから信号出力、処理、記録までを一瞬で行えるため、ナノ秒の時間スケールでデータを記録できる。だが、コントラストが十分高い、実用的な画像を得るためには、一定数以上のミュオンが各々の画素に記録される必要がある。これはまさに暗い星の写真撮影と同じ問題であり、どれだけ速い処理速度を持つデバイスを使って、夜空を撮影しても、写真が十分なコントラストを得るまで露光を続けなければ、きれいな星の写真を撮ることはできない。

それでは、ミュオグラフィ撮影において露光時間を短くするためにはどうすればよいか。一つの方法は有感面積を大きくすることである。そうすれば、短い時間でも多くのミュオンを捉えることができるため、露光時間を抑えることができる。だが、有感面積の拡大は装置の重厚長大化、高価格化に直結する問題なので、そう簡単に実施することはできない。

露光時間を短くするもう一つの方法は、画像のコントラストを上げることである。ノイズをできるだけ低減することでコントラストが上がる。ノイズは雑音とも呼ばれるが、非常にうるさい環境で会話をしていても相手が何をいっているのかがよく聞き取れないことと状況はよく似ている。

大気中にはミュオン以外にも電子、陽電子、陽子、荷電メソンなどさまざまな荷電粒子が存在する。つまり、これらの粒子をできるだけ落とすことでノイズを低減できる。ミュオン飛跡の決定には最低限2枚の検出器が必要だが、複数の検出器をこの間に挿入することで飛跡の直線性判定が可能となる。ミュオンは他の粒子と比べてきわめて直進性が強いので、観測装置内部にあらかじめ十分な量の物質

（たとえば鉛の塊など）を組み込んでおけば、そこを直進した粒子はミュオン、曲がった粒子はそれ以外の荷電粒子として区別できる。このようにして感度向上を行った観測装置を低雑音ミュオグラフィ観測装置と呼んでいる（Tanaka et al. 2014）（**図28**）。

２０１３年６月の薩摩硫黄島噴火の観測に用いられた装置はこのタイプのものであった。このときに使われた装置の有感面積は約2平方メートル、10トンを超える鉛を実装することで、ミュオン以外の粒子を曲げた。これにより、従来ひと月以上かかっていた画像撮影を３日間に短縮することができ、マグマ動態の観測ができるようになったのである（１７８ページ**図12**）。現在、この方式の装置は日本有数の活動的火山である鹿児島県桜島に設置され、常時観測が行われている。データ通信や処理システムのオンライン化を進め、近い将来一日１枚の透視画像の提供を目指している（**図29**）。

現在ミュオグラフィを用いた火山内部の動的変化の観測は世界的にも活発化している。たとえばラ・スフリエールでは、ミュオグラフィによる常時モニタリングが進められており、噴出口近傍における熱水の移動が確認されている（Jourde et al. 2016）。噴出口に向かって下から上に向かって流体が移動すれば、深い所でミュオンの透過数が減り、その後徐々に浅い所でミュオンの透過数が減るようになる。流体が上から下に向かって落ち込んでいけば、この傾向は逆になる。ラ・スフリエールではこのような現象がミュオグラフィで確認されたということである。

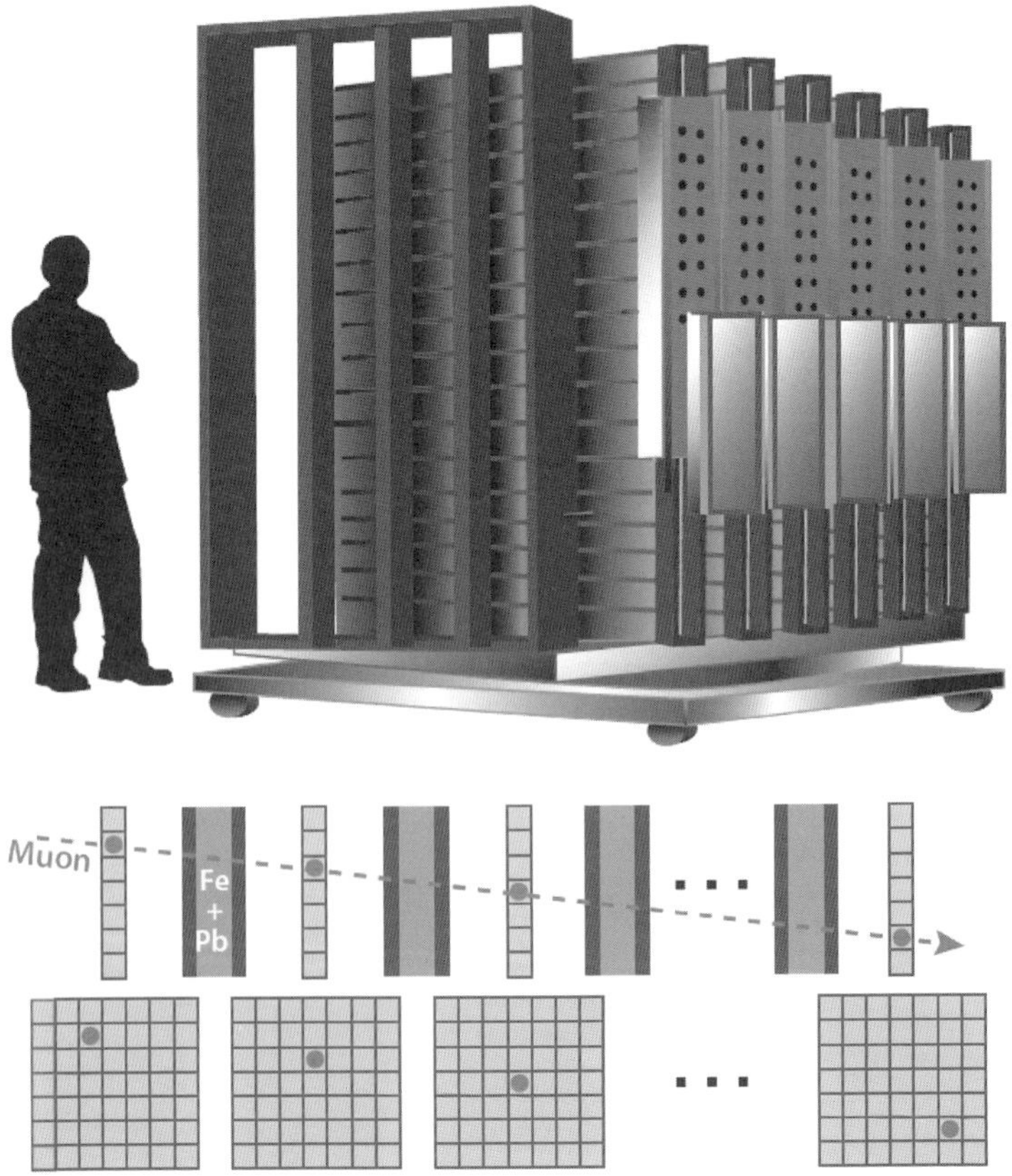

▲ **図28**　低雑音ミュオグラフィ観測装置の原理図。セグメント検出器を複数台並べ、荷電粒子の通過点を結んだ際、直線性の高い粒子のみを取り出す。

▲ **図29**　桜島の第３世代ミュオグラフィ観測。観測点からのぞむ桜島（上）、観測点内部に設置された第３世代観測装置（下）（次節参照）。

2・5 ミュオグラフィ観測技術の新たな展開

▼2・5・1 第3世代ミュオグラフィ

第2世代のミュオグラフィ観測技術がシンチレーター方式であるとすれば、第3世代の技術はガス方式である。シンチレーター方式の検出器では、位置分解能はシンチレーターストリップの幅で決まるのであった。この幅を狭くすれば、得られる画像の高解像度化を図れる。ただ、幅を狭くするにも限界があるので解析方法を工夫することで、位置分解能を上げることができる。この方向でシンチレーション検出器の高度化を進めているのが、イタリア国立原子核物理学研究所（INFN）のグループである（3・1・2項参照）。一方、ガスの電離・増幅を利用するガス方式では、シンチレーター方式では実現できなかった軽量化が図れる。位置分解能の向上も比較的容易である。

じつはアルバレがカフラー王のピラミッド調査で用いた装置もスパークチェンバーと呼ばれるガス方式であった。アルバレが用いたスパークチェンバーの原理は次のようなものだ。ガラスの箱にネオンを封入する。ミュオンのような荷電粒子が通過すると、その通り道に沿って、ネオン原子が電子とイオンに分離（イオン化）される。ここに短時間、高電圧をかけると、イオンが放電して、ミュオンの通った跡が光の筋として見えるのである。現代のガス方式も、もとをただせば、アルバレが用いた方式と原理的にはあまり違いはない。だが、アルバレの時代と比べると、技術的に大きく進化している。

1992年、ポーランド生まれのフランス人物理学者ジョルジュ・シャルパクがノーベル物理学賞を受賞した。受賞理由は「粒子検出器、とくにマルチワイヤープロポーショナルチェンバーの発明と開発、に対する貢献」である。マルチワイヤープロポーショナルチェンバーは日本語では多線式比例計数管とも呼ばれるが、略語のＭＷＰＣのほうが圧倒的によく用いられる。文字どおり検出器がチェンバー（空洞）でできており、チェンバーの中を特殊なガスで満たして使用する。その中をミュオンなどの荷電粒子が通過するとガス分子をイオン化する。ＭＷＰＣでは細いワイヤーに高電圧を流すことで、ワイヤー周辺に高い電場勾配を形成する。ガスのイオン化で、できた電子がワイヤーに寄ってくると、電場からエネルギーをもらって加速される。加速された電子は他のガス分子を電離することでさらに多くの電子を発生させる。発生した電子はすぐさま電場からエネルギーをもらって加速され別の電子をつくる。ＭＷＰＣはこのような過程をくり返して電子を増幅させ、最終的に電流パルスとして取り出す粒子検出器である。ＭＷＰＣには通常1個の電子を10万個程度に増幅させる能力がある。シンチレーター方式では、ミュオンに対する有感領域はシンチレーターの部分であったが、ＭＷＰＣではワイヤーが張られている部分である。これが軽量化に繋がる一番の要因である。

シンチレーター方式ではシンチレーターでいったんミュオンを光に変換してからその光をさらに電子に変換して増幅するという過程が必要だったが、ガス方式ではミュオンが電離した電子を直接増幅して取り出す点が大きく異なっている。ＭＷＰＣは文字どおり、検出器にワイヤーが複数本張ってあるので、増幅された電子を面的に取り出すことができる。縦横にワイヤーを張れば、シンチレーター方式と同じく、セグメント検出器をつくることができる。さらにワイヤーの間隔を変えることで、位置分解能の調節も比較的容易に行える。

ＭＷＰＣは数十年前からある粒子検出器であるが、ミュオグラフィ観測に使えるようになったのはごく最近である。これは、従来ＭＷＰＣが衝撃に弱く運搬にとくに注意を要したからである。ワイヤーが1本でも切れれば、検出器全体がショートして使えなくなることが多かった。そして可燃性のガスを用いる必要があったことも要因である。ところが、この問題はハンガリー科学アカデミーウィグナー物理学研究センターによる新型検出器のデザインによって解決した。ハンガリーのMWPCでは二酸化炭素、アルゴン混合気体を用いる。ガス検出器では通常、メタンやイソブタンなどの可燃性のガスを用いるのだが、ハンガリーのMWPCではそれを使わないので、火山のミュオグラフィが可能となったのだ。

2016年、東京大学地震研究所はハンガリー科学アカデミーウィグナー物理学研究センターと共同で第3世代ミュオグラフィ観測装置の開発を行った。これは第2世代、つまりシンチレーター方式の高度化によって低ノイズ化を実現した「低雑音ミュオグラフィ観測装置」にMWPCを実装したものである。シンチレーターの代わりにワイヤーを使うので、ワイヤーの間隔を狭くするだけで容易に検出器の位置分解能を向上できる。検出器の位置分解能が上がることにより得られるメリットは透視画像の解像度が向上するだけではない。さらなるノイズ低減に大きく貢献するのだ。前節で述べた飛跡の直線性判定は検出器の位置分解能によっている。一定の装置のサイズに対して検出器の位置分解能が悪ければ、角度分解能も悪くなる。すなわち、この角度分解能の範囲内で多少曲がったイベントも直線と判定されてしまう。逆に、位置分解能が良ければ、角度分解能も同時に良くなり、わずかに曲がったイベントも取り除くことができるようになる。さらにいうと、ノイズ粒子をそれほど曲げなくても済むので、鉛の量を減らすことができる。鉛は装置の重量の大部分を占めるだけに、この部分を削減できるということは、装置全体の軽量化にも繋がるのである。

▲ **図30**　MWPC 1 枚を持っている写真。放射線シールドとこのMWPCを何枚か組み合わせてミュオグラフィ観測装置をつくる。
写真提供：ハンガリー科学アカデミーウィグナー物理学研究センター

２０１７年１月から、東京大学地震研究所とウィグナー物理学研究センターは共同で桜島の観測を続けている（**図30**）。この観測で用いられている放射線鉛の量は第２世代と比べて４分の１以下である。それにもかかわらず、ノイズは第２世代と同等かそれ以下である。

このように、ＭＷＰＣではシンチレーターの代わりにワイヤーを使うので、同等かそれ以上のクオリティのミュオグラフィを従来と比べて、安価かつ軽量に実現できる。一方、ＭＷＰＣをはじめとしたガス方式には欠点もある。まずガス方式は湿気に弱い。そのために検出器をつねに低湿度環境下に置いておく必要がある。次に、検出器を新鮮なガスでつねに満たしておく必要がある。装置を完全に密閉することができればよいが、実際には隙間から空気が少しずつ入り込み、機能が徐徐に低下していく。そのために、ゆっくりではあるが、つねにガスを流す方法がとられている。一般的な工業用に使われている大型のガスボンベ一つで数か月は持つが、それでも定期的にボンベを交換する必要性があるのだ。

この問題を解決するために考案されたのがガスコントローラーである。ガスコントローラーはチェンバー内のガス圧を一定にする機能を持つ。従来は、チェンバーが密閉されている、されていないにかかわらず、一定量のガスを流し続ける方法がとられていた。だが、チェンバーが完全に密閉されていれば、ガス圧は下がらないはずだから、本当はそれ以上ガスを流す必要はない。ところが実際には密閉したつもりでも、少しずつどこからか漏れ出していく。そこで、漏れたぶんだけガスを補充するのがガスコントローラーなのである。

ガス方式を用いた第3世代ミュオグラフィの開発研究は、世界各地で急速に進みつつある。マイクロメッシュと呼ばれる検出器はワイヤーの代わりに金属製のメッシュを使う。マイクロメッシュはMWPCを開発したシャルパク、および同じくフランスの物理学者ジオマタリスが1996年に考案した。マイクロメッシュを利用したミュオグラフィを進めているのは、おもにフランス政府の出資によって設立された研究機関であるフランス代替エネルギー原子エネルギー委員会（CEA）だ。CEAはマイクロメッシュの提案時から開発を続けてきた研究機関であり、優れたノウハウを蓄積している。マイクロメッシュを使ったミュオグラフィ観測を始める機関としては最適である。現時点では、マイクロメッシュの運用には可燃ガスを用いる必要性があるが、位置分解能は300ミクロン以下と良い（図31）。CEAは最近、マイクロメッシュを使ったクフ王のピラミッドのミュオグラフィプロジェクト（スキャン・ピラミッド）に参加している。

▼2・5・2　トンネルミュオグラフィ

1955年にジョージが行った実験では、水力発電所用のトンネル上部の岩盤密度の測定が試みら

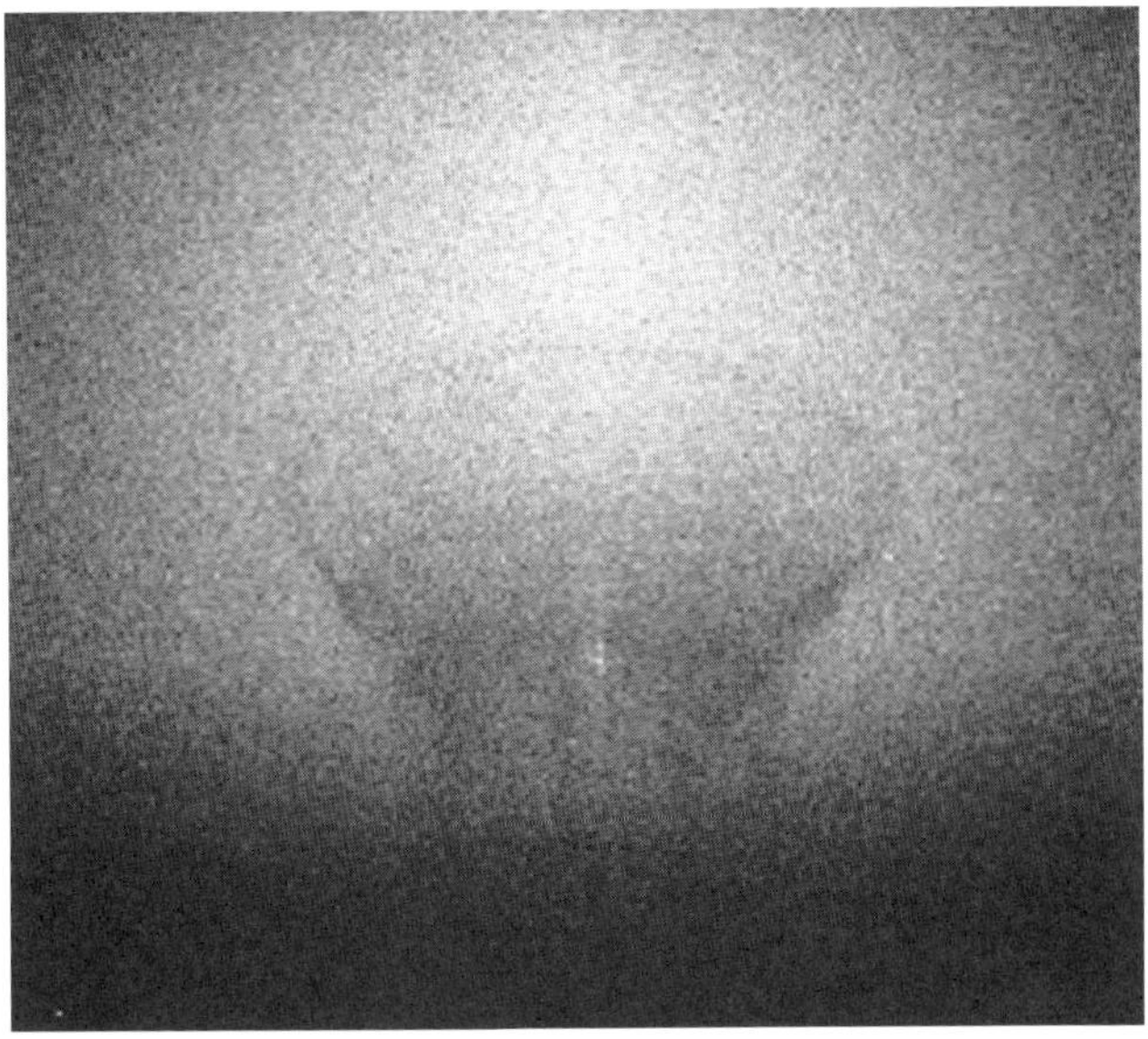

▲ **図31**　高解像度ミュオグラフィ。マイクロメッシュによる給水塔の透過像。外観写真（上）、透過像（下）。
出典：S. Bouteille, MUOGRAPHERS 2016, Tokyo, 2016

れたが、トンネルがある領域に多数分布していれば、トンネル一つひとつに対してその上部にある岩盤密度の測定を行うことで離散的ではあるが、その領域における地下浅部の密度分布を知ることができる。とくに日本は山国であり、現在高速道路、一般道路合わせて1万本近くのトンネルが存在しており、その総延長は3000キロメートルを超える。

トンネルミュオグラフィではトンネル以外の部分の密度を求めることができないので、トンネルの数が少ないと、得られるデータがかなり離散的なものになる。したがって、トンネルが密集している地域が良い。それでもトンネルとトンネルの間の構造は検出できない。だが、この方法で分解できる空間スケールはメートルオーダーとなるため、仮にトンネル上部に断層破砕帯などの局所的な構造があれば、それを捉えることができるのだ。

2015年、伊豆、南関東地域において、トンネルミュオグラフィが実施された。用いたトンネルは、三浦半島中央部において43本、房総半島南部において81本、伊豆半島南部において22本、合計146本であった（Tanaka, 2015）。測定された領域の面積は三浦半島、房総半島、伊豆半島でそれぞれ150、1100、90平方キロメートルである。したがって、トンネルの平均数密度は三浦半島では、3・5平方キロメートルに一つ、房総半島、伊豆半島では、それぞれ13・6、4・1平方キロメートルに一つの割合で存在している計算となる。

トンネルミュオグラフィの測定方法はいたって簡単である。車載型の装置を積んだ自動車でトンネルの中を走行するだけでよい。トンネルの形状とトンネル上部の地形はわかっているので、トンネル内部で測定されたミュオン数からトンネル上部の岩盤密度を推定することが可能だ。電力は自動車から供給することができるが、あまり消費電力の大きな装置では長時間の観測を行うことができないので、浅間山観測のために開発されたコッククロフト・ウォルトン光電子増倍管がここでも採用された。観測装置の有感面積はトンネル内部での滞在時間を決める。あまり有感面積が小さいと1回の通過によって十分なミュオン数を記録することができないので、何度もトンネル通過をくり返すことになる。

まず、トンネルミュオグラフィの観測で得られた密度分布は地質図と比較された。地質図は地表に露出している岩石をさまざまな場所からサンプリングして、岩石の分布を地図上に表現したものであるから地下浅部の密度分布と何らかの関係があることが期待されたからだ。その結果、トンネルミュオグラフィのデータ点と地質図に示されている岩石の分布パターンが似ていることが確認された。地質図のパターンと密度分布が似ているということは、岩石の種別ごとに密度が異なることを示している。

その中で、周囲よりあきらかに低い密度が観測された場所もあった。トンネル程度のサイズの構造は地質図には小さすぎて、表現されていない。そこで、日本の活断層マップを重ねてみると、低い密度が断層上で観測されていることがわかる（図32、33）。破砕帯が発達しているため、断層付近では密度が低く観測されるのかもしれない。

さらに、三つの地域の地下浅部の密度を比較することで、伊豆半島の密度だけが、他の半島の密度に比べて1割程度低いこともわかった。これは伊豆半島を形成している岩石と三浦半島、房総半島のそれとが系統的に違うことを反映していることが理由である。三浦半島や房総半島が太平洋の深海底でプレート上に積もった堆積物が本州にぶつかってできたのに対して、伊豆半島は火山島が本州にぶ

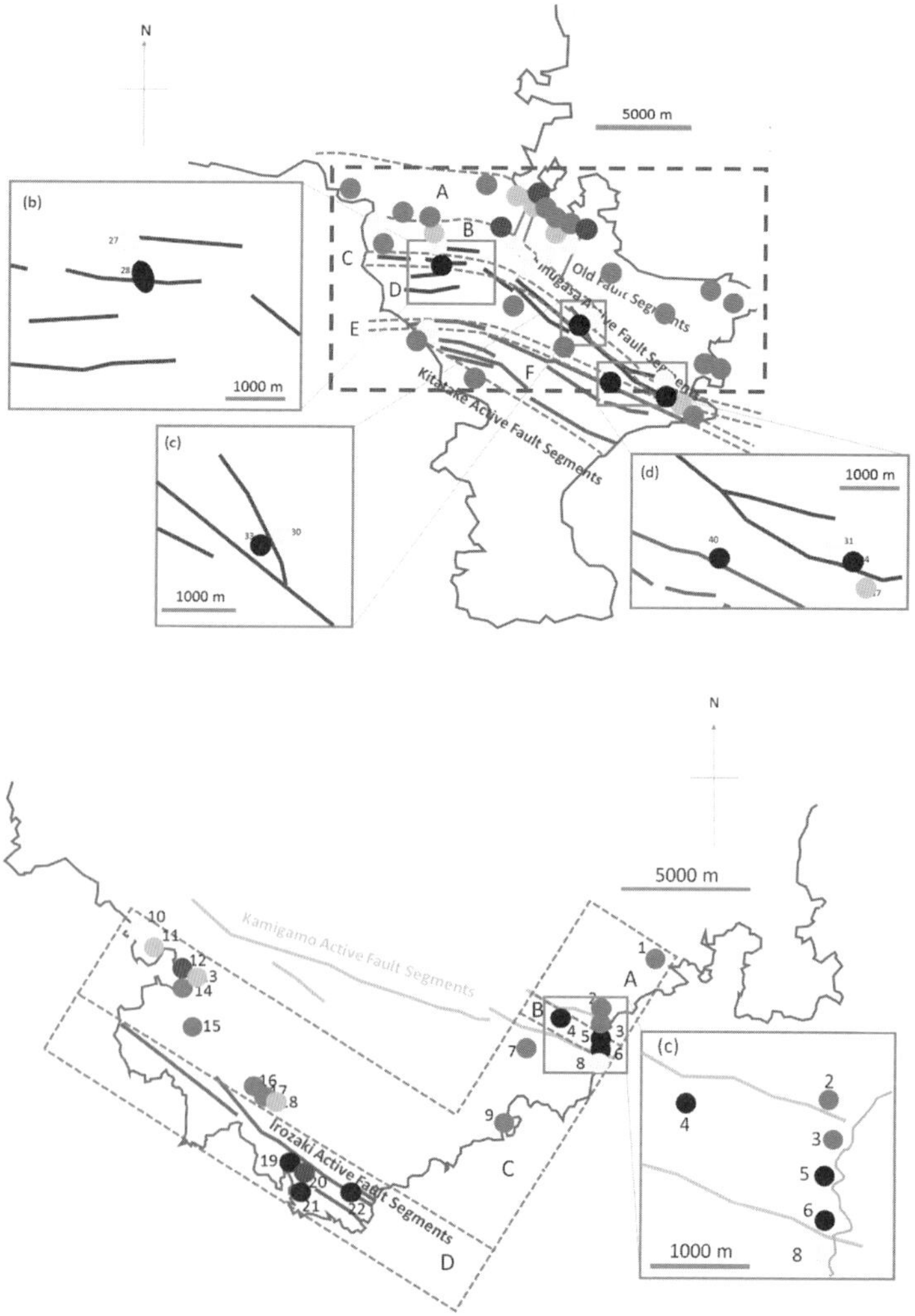

▲ **図32**　三浦半島（上）、伊豆半島（下）で実施されたトンネルミュオグラフィの観測結果。色が濃い点ほどその地点で観測された岩盤密度が低いことを示す。地図には日本の活断層マップで推測されている活断層の位置を重ね合わせた。

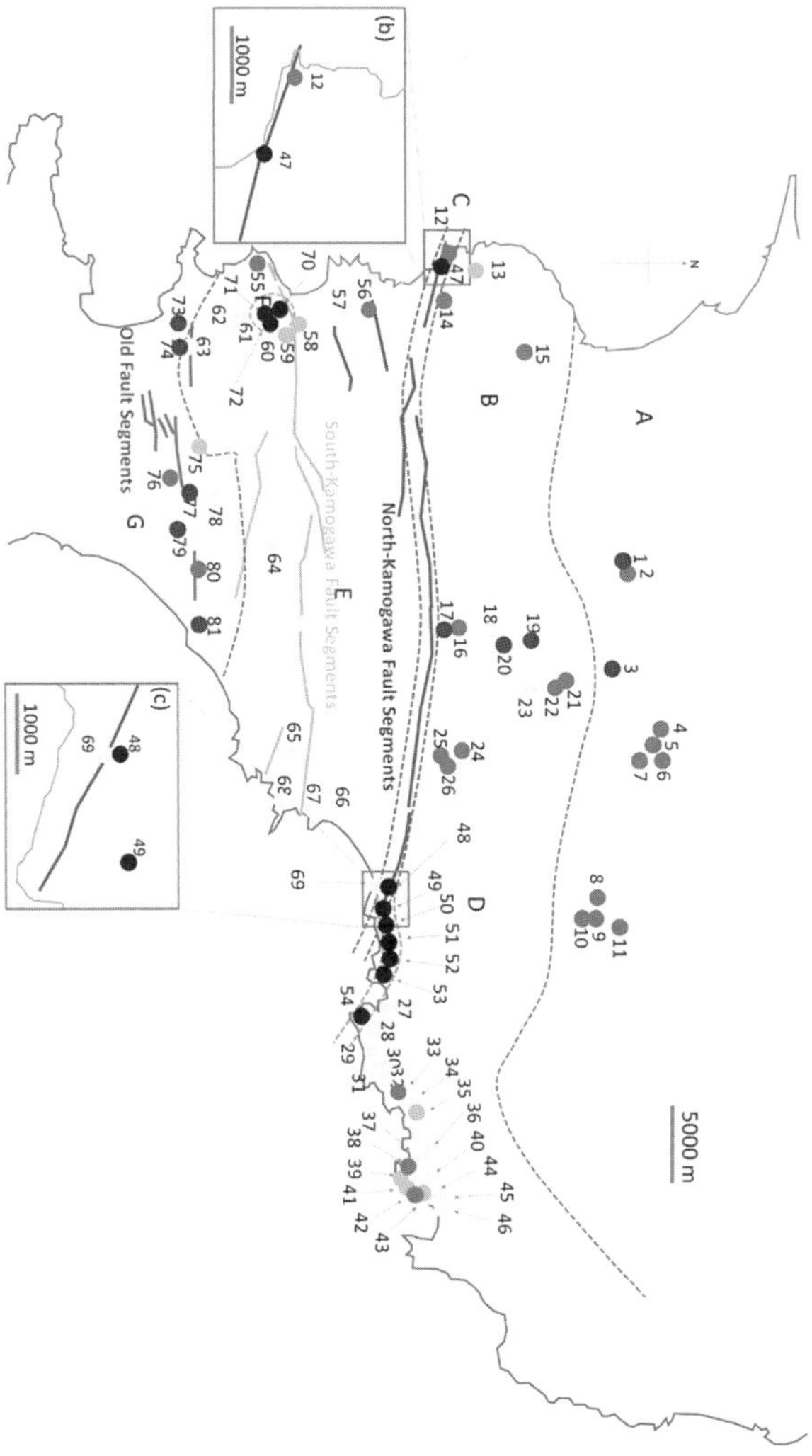

▶図33　房総半島で実施されたトンネルミュオグラフィの観測結果。色が濃い点ほどその地点で観測された岩盤密度が低いことを示す。地図には日本の活断層マップで推測されている活断層の位置を重ね合わせた。

つかってできた半島である。火山から噴出した物質が堆積してできた岩石に対して、海底などに堆積した物質が圧縮されて化学的に固まってできた岩石は一般的に圧密度、固結力が高く密度が高い。

このように、トンネルミュオグラフィを実施することで、離散的ではあるが従来のミュオグラフィでは観測できなかった広い範囲の密度分布に対する大まかな傾向を知ることができる。また、トンネル上部の局所的な密度異常についての情報もわかるのである。

次はトンネル上部に破砕帯があることがわかっていた例である(Tanaka and Sannomiya, 2013)。この地域では、トンネル工事に先立ち、トンネル周囲の岩盤の調査が行われ、かなり広範囲にわたって破砕帯が形成されていることが確認されていた。さらに、この破砕帯が地下水の通り道になっていることも知られていた。

これほどまでに綿密な調査が行われたのは、現場が湖周辺の地すべり地帯だったからである。大雨に伴って、破砕帯を流れる地下水位が上がり、すべり面に到達すると、すべり面の摩擦が低下して、斜面崩壊が誘発される。1・3・3項でも述べたが、土塊が一気に湖に落ち込むと、津波が発生して周囲に大きな被害を及ぼす可能性があるのだ。そのため、ボーリング調査によって破砕体の位置と広がりを確認した後、その下に水抜き用のトンネルを掘ったのであった。破砕帯を流れる水を人為的に抜くことで地下水面の上昇を防ごうというのだ。そのうえでさらに、地表から破砕帯に向けて何本も縦孔を掘り地下水位の常時測定を行っている。その結果によると、ほとんどの縦孔で降雨による水位の上昇は見られなかったようである。水抜きトンネルを通して破砕帯から水は効果的に抜けているようだ。だが、それでもごく少数の縦孔では、大雨の直後に地下水位が大幅に上がったということである。

これは破砕帯に短時間に流入する大量の水が行き場を失った結果ではないかと考えられている。

ミュオグラフィを使えば、破砕帯を流れる地下水位の上下動も見えるはずである。このような期待からこのトンネル上部を流れる地下水位のモニタリングができないかというアイデアが生まれた。水位が上昇したとされる縦孔付近の破砕帯で大雨に伴う地下水位の上昇は本当にあるのだろうか？　そこで、水抜きトンネルを利用したトンネルミュオグラフィが実施されたのである。

水抜きトンネルは片方しか空いていないトンネルのため、奥は酸素が不足している。そのため、ポンプで外気を送らないと人が入れない。さらに、内部の湿度はほぼ１００％だ。機器類を持ち込んだとたんにあっという間にびっしりと露滴がつくレベルである。放電の可能性から高圧電源は使えない。そこで、高圧が不要なコッククロフト・ウォルトン光電子増倍管（４・４・２項参照）がここでも採用された。このような環境では電子機器は１週間ともたないことがわかっていたので、データ収集用の電子回路はクリアボックスにシリカゲル[57]とともに密閉され、トンネル入り口付近に設置されたパソコンとＬＡＮケーブルを介して接続された。唯一計測機器にとって良い条件は、昼夜夏冬問わず気温が変わらないという点であった。

観測装置の有感面は豪雨直後に水位の上昇が見られた縦孔の方向に向けられた。結果はどうだったか。多少の雨であれば、破砕帯を透過してくるミュオンの数に変化はなかった。これは、破砕帯を普

57　シリカゲルは表面に無数の細かい穴が開いた構造を持っているため、体積あたりの表面積が大きく水分吸着力が高い。

段流れている地下水量が多少の雨でも変化しないことを示している。ところが一日の降雨量が50ミリ程度を超える豪雨の直後にはミュオンの数が減った。この様子を透過像として可視化したのが**図34**である。降雨後しばらく経ってから水位が上昇している様子が確認できる。色の暗い部分が水である。この結果は破砕帯のある特定の位置を可視化したものであるが、複数の装置をトンネル内に配置することで、より広い領域の地下水の動きがモニタリングできるはずである。

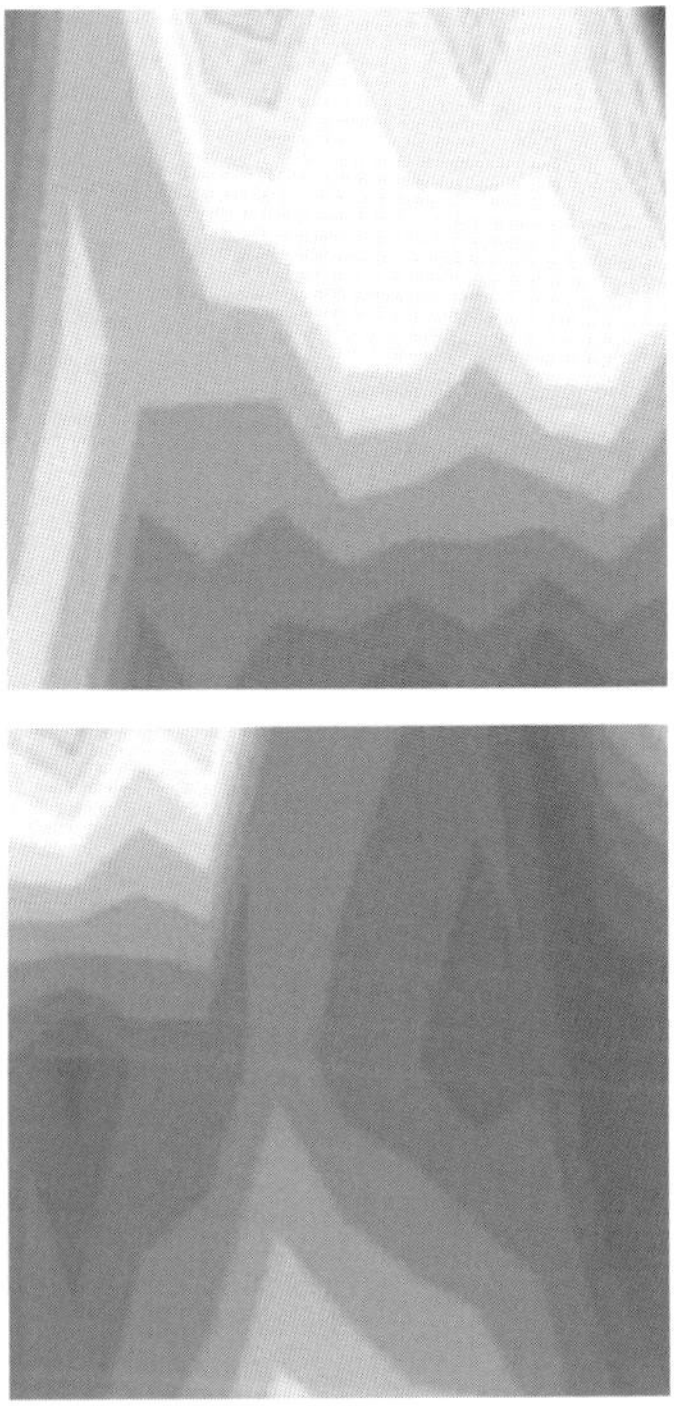

▲ **図34** 破砕帯の下で実施されたトンネルミュオグラフィの観測結果。水位が上がる前（上）水位が上がった後（下）。

▼2・5・3 地上から空中へ：ヘリボーンミュオグラフィ

ミュオグラフィ観測において、できるだけ短い時間で透視画像を撮影するためには、対象物体に近づくことが重要である。これは対象を見込む角度が大きく異なってくるからである。見込む角度が大きければ、その分だけその方向からやってくるミュオンも増える。具体的には、距離を半分にすれば、同じ大きさの観測対象でも見込み角は縦横2倍、つまりミュオン数は4倍、距離を3分の1にすれば、ミュオン数は9倍……といった具合である。[58] 真暗な部屋で1本のろうそくに灯された火を写真撮影する際、近づけば一瞬の露光時間で撮影できるが、遠くからだと相当時間露光しないといけない理由と同じである。それでは、できるだけ近くに装置を設置すればよいのではないか、という話になるが、これがそう簡単ではないのである。

火山は荒涼としていて、あまり大きな植生もなく、好きな所に装置を置けそうである。だが、実際に置ける所が1か所でも見つかれば運が良いほうである。さらに、地図に描かれた火山周囲の地形を見ると、コンターが非常に入り組んでいる様子がわかる。山頂に近づくほど斜度が厳しくなり、ゴツゴツとした断崖絶壁とも呼べる岩場や火山灰が降り積もった急斜面が多く、そう簡単に人が立ち入れないのだ。もちろんそのような所で電源を確保することもできない。

---

58 山頂直下、ある深さに想定される構造を見ようとする際、麓から見上げる場合とその真横から水平方向に見る場合とでは透視するべき岩盤の厚さが倍程度違うことが多い。岩盤の厚さが倍違うと約一桁、透過できるミュオン数が変化する。たとえば麓から山頂までの距離が2キロメートル、見たい構造の真横から山頂までの距離が200メートルの場合、麓からと真横からとでは、構造を見込む角度の違いだけから100倍、透視すべき岩盤厚から10倍、トータルで1000倍ミュオン数が異なる。さらに、次章でも述べるが、水平方向に到来するミュオンのほうが、角度がついたものよりエネルギーが高い。すなわち、透過力が強い。このような事情をすべて加味して測定位置を決定することがミュオグラフィ観測における最適化である。

このように、地上からのミュオグラフィ観測には、観測対象の地形やインフラ整備の状況からくる、ある種の限界があることがわかる。もし空中から直接観測できれば、装置の設置場所に関する問題は一気に解決する。そこで登場するのがヘリボーンミュオグラフィである。ヘリボーンとはヘリコプターへの実装を意味する。部隊をヘリコプターに実装して、敵地へ派遣する際にもヘリボーンという用語が用いられる。ヘリボーンミュオグラフィでは、観測装置をヘリコプターに実装する。ヘリコプターは発電機が内蔵されているので比較的大容量の電源も確保できる。インフラと一緒に高速に現場に飛べる感覚だ。だが、ヘリコプターの中は思いのほか狭く、大きな装置を丸々機体内部に実装するのはそう簡単ではない。とはいえ、ミュオグラフィを短時間で行うためには、1平方メートルオーダーの有感面積が必要だ。そこで登場するのが並列ミュオグラフィである（図35）。小型の観測装置を複数同期させ一つの装置のように使おうというのである。一つひとつの有感面積は小さくても、トータルで1平方メートルに近づけることができれば、それでよい。一つひとつが非力なコンピューターでもクラスタを組めば、膨大な計算も一瞬で行える、並列コンピューターにイメージは似ている。こうすることで狭い空間を有効活用できるのである。

2015年、並列ミュオグラフィを実装したヘリボーンミュオグラフィが雲仙岳平成新山を対象に初めて実施された（Tanaka et al. 2016）。

平成新山は1989年に始まった雲仙岳の噴火によって生成された日本一新しい山である。昭和新山と同じく溶岩ドームであるが、昭和新山のドームが当時の形状をほぼ保っているのに対して、雲仙岳の溶岩ドームでは崩壊が起き、大規模な火砕流が発生したことで知られている。火砕流は時速10

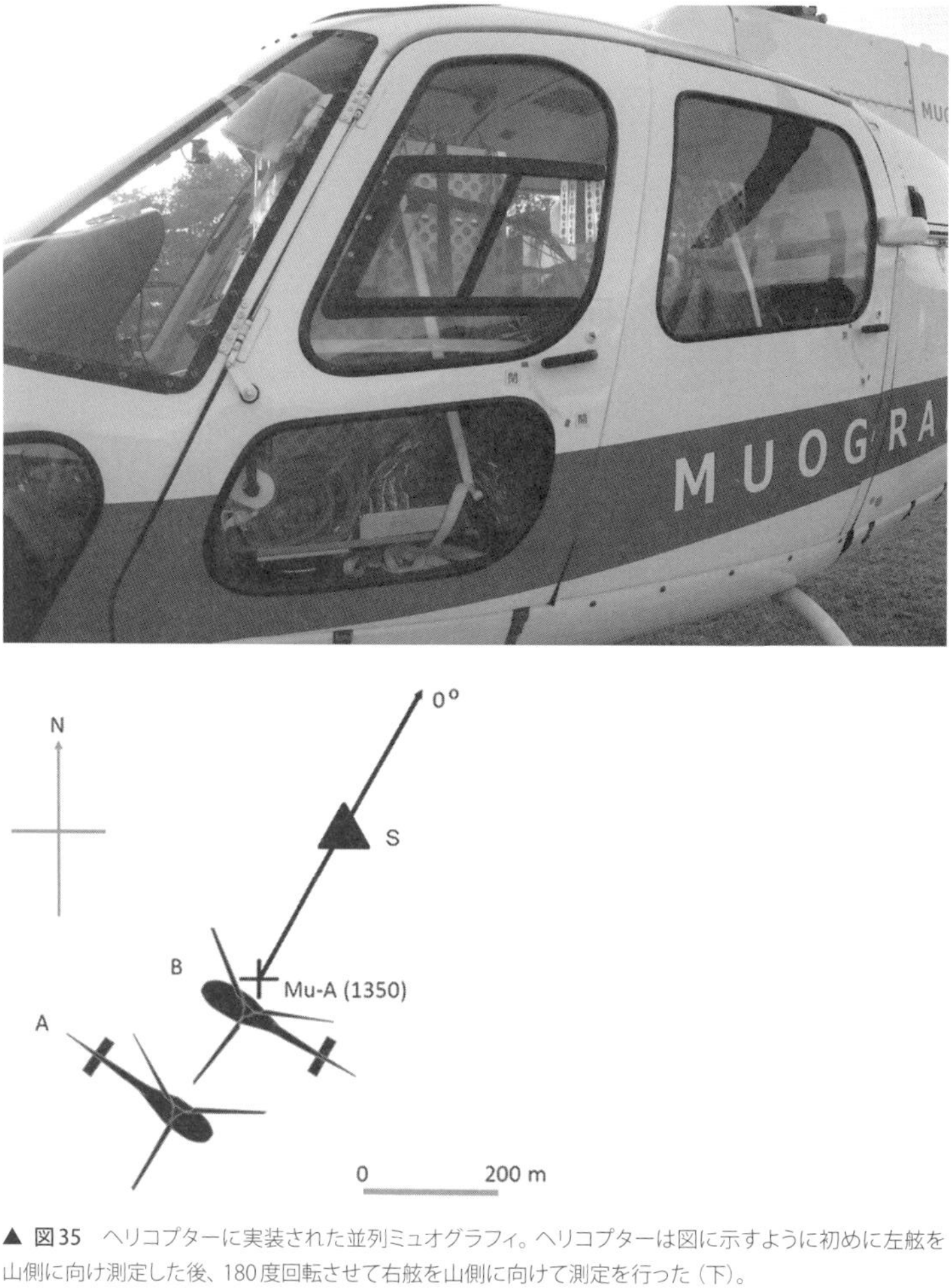

▲ 図35　ヘリコプターに実装された並列ミュオグラフィ。ヘリコプターは図に示すように初めに左舷を山側に向け測定した後、180度回転させて右舷を山側に向けて測定を行った（下）。

0キロメートルを超える速度で斜面を下り、熱風が麓の集落に襲いかかった。樹木は倒され、家や自動車が焼けこげた。これほどまでに大きな被害を出した雲仙岳であるが、1995年以降は目立った活動はしていない。当時の噴火の名残として、約1億立法メートルの溶岩が今でも山頂部に残っており、平成新山と呼ばれている。

ヘリコプターは平成新山の頂上から南西方向に約200メートルの位置でトータル約2・5時間のホバリングを行った。ヘリコプターの中には有感面積0・5平方メートルの並列ミュオグラフィ装置が実装された。頂上からこれだけ近い位置で観測ができたのはヘリボーンミュオグラフィだからである。ホバリングした場所は断崖絶壁で観測装置を設置することは到底不可能である（図36）。観測は2回に分けて行われ、1回目は左舷を平成新山方向へ、2回目は右舷を平成新山方向へ向けて観測された。これは、平成新山を通ってきたミュオン数と何も通ってきていないミュオン数の比をとることを目的とするものであった。

ホバリングをつねに同じ位置で行うには、熟練したパイロットの腕が必要である。崖の目印を頼りにつねに同じ位置と高さを保つ。同時にヘリコプターの位置はGPS[59]でもモニタリングされた。本当に機体が同じ位置を飛び続けているのかを確認するためだ。実際、ホバリングの位置が1メートルずれることはなかった。

59　日本語では全地球測位システムと呼ばれ、人工衛星からの信号を処理することで、受信機の位置を正確に導出する技術。基地局を用いる相対測位ではセンチメートルレベルの位置決めを行うことができる。

▲ **図36**　ヘリボーンミュオグラフィの観測風景。遠景（上）近景（下）。断崖絶壁のすぐ隣をホバリングしている。

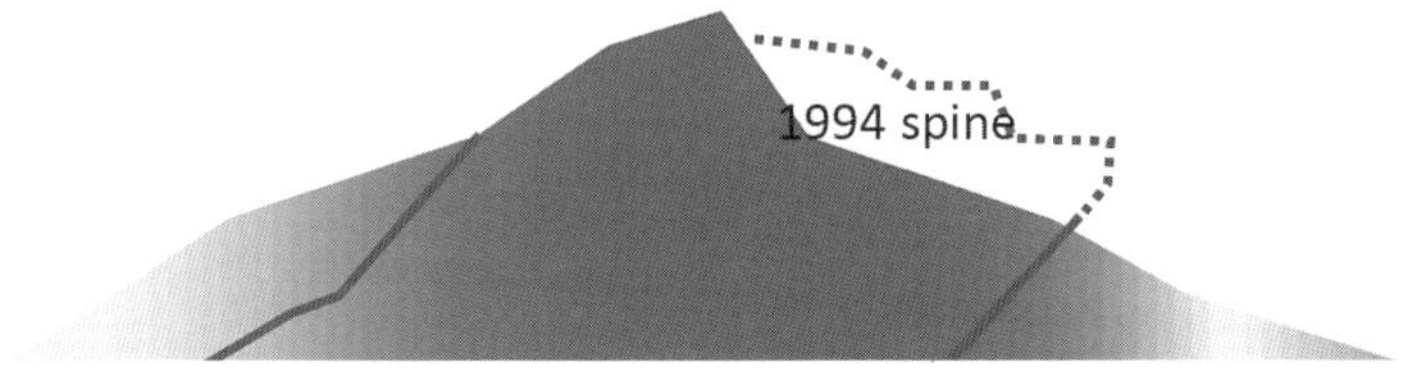

▲ **図37**　図：雲仙・平成新山におけるヘリボーンミュオグラフィ観測によって得られた山頂部の透視画像。図中央部の色の薄い部分は、周囲に比べて高密度のスパインを示している。1994年の噴火で貫入したスパインの想像図を入れた。

約2・5時間の観測で得られた画像には中央部に高密度の物質が写っていた（図37）。これはマグマだろうか？　昭和新山でもマグマは高密度物質として写っていた。だが、昭和新山ではドーム全体が高密度だった。平成新山、昭和新山、同じドームでも構造が違うのだろうか？　じつは平成新山は一枚岩の溶岩でできているわけではなく、数メートル程度までの岩の塊が積み重なってできている。この部分は空隙が多く、大きなスケールで見ると平均的には密度が低い部分である。平成新山中央部にはスパインと呼ばれる固結した尖った溶岩が鋭く飛び出している。これは、雲仙岳の一連の噴火が終わる間近に、既に形成されたドームを突き破って出てきたもので、高さ30メートル程度もある。スパインは一枚岩の溶岩と考えられており、周囲より密度が高い。平成新山のヘリボーンミュオグラフィで映し出された高密度物質はドーム内部を貫くスパインであった。

さて、溶岩ドームの崩壊は降水にトリガーされている場合が多いといわれている（Carn et al., 2004）。ドーム周囲を覆っている冷えた破砕物の中に厚いマグマが存在していて、破砕物が崩落した所に雨が直接マグマに当たると爆発する。熱した油に水を注ぐと起きる大爆発と原理的には同じである。そして、この爆発が引き金となってドームが崩壊するというのである。溶岩ドームの研究者は、ドーム崩壊の予測にはドーム内部の密度分布を調べることが重要である、と主張している（Hale, 2008）。ドームを覆っている破砕物が薄いと簡単にはがれて熱い中身が露出しやすい。つまり、ドームの内部構造を可視化することで、ドーム崩壊のリスクを評価できるかもしれないのである。

だが、火山が噴火している間は有人の航空機は火山周辺を飛行することができない。火山灰などがエンジンに入り込んで故障する可能性が高いからだ。だが、現在では無人航空機、いわゆるドローンの技術開発が進んでいる。姿勢制御を自動で行い、プログラムされた通りの飛行経路をたどって目的地に到着することができる。ドローンを使った宅配ビジネスも検討されているくらいだ。そこで、このドローンを使って、噴火中のヘリボーンミュオグラフィが検討され始めている。成長する溶岩ドームの内部を逐次的に観測することで、崩壊に至る過程について新たな知見が得られるかもしれない。

ヘリボーンミュオグラフィは火山の高精度な三次元診断を提供する有力なツールともなり得る。先の節でも述べたが、火山の三次元スライスを行おうとすると、複数方向からの観測が必須である。ヘリボーンミュオグラフィは火山の地形的な制限を一切受けないため、あらゆる方向から透視撮影を行うことが可能だ。これまでよりはるかに高精度な三次元イメージングが可能となるかもしれないのだ。

▼2・5・4　進化する観測技術

天体観測に用いる望遠鏡が、ミュオグラフィ観測を進化させるかもしれない（O. Catalano, MUOGRAPHERS 2016, Tokyo, 2016）。ＡＳＴＲＩ（アストリ）はイタリア宇宙物理学研究所が主導する、イタリア大学研究省のプロジェクトだ。銀河系のはるか彼方にあるかに星雲、マルカリアン４２１や

501などの超新星残骸[60]の観測用にデザインされたチェレンコフ望遠鏡である。今や、天体観測と火山観測との間で技術的な垣根がなくなりつつあるのだ。

チェレンコフ望遠鏡では、シンチレーション光ではなく、チェレンコフ光[61]という光を測定する（図38）。空気中をミュオンが「空気中の光速」よりも速く走るときにこの方法を用いることができる。ミュオンが物質中の光よりも速く走っているために、ミュオン前方にどんどん光子がたまっていく。チェレンコフ光はミュオンを軸として円錐状に発生するので、イメージング検出器に飛び込んでくるミュオンを捉えると円形にこれが写る。これをチェレンコフリングと呼んでいる。チェレンコフリングの中心の位置からはミュオンが飛んできた方向（望遠鏡の光軸に対するミュオンの角度）がわかる。だが、この方法では大気中で発生するきわめて微弱な光を捉える必要があるため、観測は夜間に限られる。

ASTRIチェレンコフ望遠鏡の主鏡サイズは4・3メートル、視野角は約9・6度で、高解像度の撮像器を用いて、20GeV以上のミュオンを0・16度というきわめて高い角度精度で捉えることができる。この望遠鏡を使えば、ミュオンがつくる5000個のチェレンコフリングが一晩に記録され

60　超新星爆発の名残である。宇宙線の加速源と考えられている。超新星爆発により、どこまで宇宙線を加速できるのか、に答えを与えるために、チェレンコフ望遠鏡観測に期待が寄せられている。

61　原子炉容器内部を覗くと青白い光が出ていることがわかる。この光もチェレンコフ光である。原子炉の場合はおもに高エネルギーの電子（ベータ線）が水中で発するものである。ミュオンが空気中でつくるチェレンコフ光は弱すぎて、われわれが直接目で見ることはできない。原子炉から、いかに大量の放射線が出ているかがわかる。

▶図38　ＡＳＴＲＩチェレンコフ望遠鏡で観測されるミュオグラフィ。エトナ山を通り抜けてきたミュオンがつくるチェレンコフ光を捉える。
出典：O. Catalano, MUOGRAPHERS2016, Tokyo, 2016

ると見積もられている。

ＡＳＴＲＩ望遠鏡はエトナ山南西部に位置するセラ・ラ・ナーヴェ宇宙物理学観測所に設置されており、現在、このタイプの望遠鏡を使ったエトナ山のミュオグラフィ観測の可能性が探られている。0.16度の角度分解能を使えば、1キロメートル離れた火山を約3メートルの解像度で透視できる。セラ・ラ・ナーヴェ観測所はエトナ山から5キロメートルも離れているためにすぐに実用的な観測を始めることはできないが、火山観測用にもう一つのＡＳＴＲＩ望遠鏡をつくり、エトナ山の本格的な観測を開始することが検討されている。同グループは、南東火口（1・1・3項参照）を仮定したコンピューターシミュレーションでＡＳＴＲＩ望遠鏡の性能を検証した。その結果によると、直径２００メートルの空洞を時速5メートルでマグマが上昇してくると、これを捉えることができる、となっている。

現在、イタリア国立宇宙物理学研究所パレルモ宇宙物理学研究所では、ＡＳＴＲＩ望遠鏡の原理検証実験を進めていると同時に、総重量２００キログラムの可搬型のチェレンコフ望遠鏡のデザインを進めている。望遠鏡はソーラーパネルを備えた可搬型のコンテナに備えつけられ、エトナ山周辺、複数個所からの観測が計画されている。

第3章　ミュオグラフィ研究の加速

3・1　世界におけるミュオグラフィ

第1章でもいくつか紹介したように、火山のミュオグラフィは海外でも多数実施されており、創造の域を出なかった仮説の検証、火山内動態の検出など、各地で成果が上がりつつある。だが、世界的に見て火山がある地域は限られている。火山は大陸（プレート）同士が衝突する所に発生する。日本も火山国だが、これは太平洋プレートとフィリピン海プレートが北米プレートとユーラシアプレートに衝突している地点に日本があるからである。つまり、大陸内部にはほとんど火山はなく、海の近くに火山は集中しているのだ。図39に世界の火山の分布を示す。世界の陸地の火山のほとんどは「リング・オブ・ファイア」と呼ばれるプレート境界を結んだ環太平洋地域、アフリカとヨーロッパの境界（つまり地中海地域）、そしてアフリカの東部に集中していることがわかる。

だが、世界の国々はさまざまな事情を抱えている。それらの事情を解決するためにミュオグラフィが応用され始めているのだ（図40）。たとえば、カナダは世界有数の鉱山資源国である。したがって、ミュオグラフィの鉱床探査への応用はきわめて自然の流れといえる。地球温暖化時代における低炭素技術で世界的リーダーシップを取りたいと考えているイギリスでは、二酸化炭素を地中に封じ込める研究にミュオグラフィを応用している。イタリアには多くの歴史的遺産がある。これらの内部構造にはわかっていないものが多く、ミュオグラフィを用いた構造探査が進められている。エジプトのピラミッ

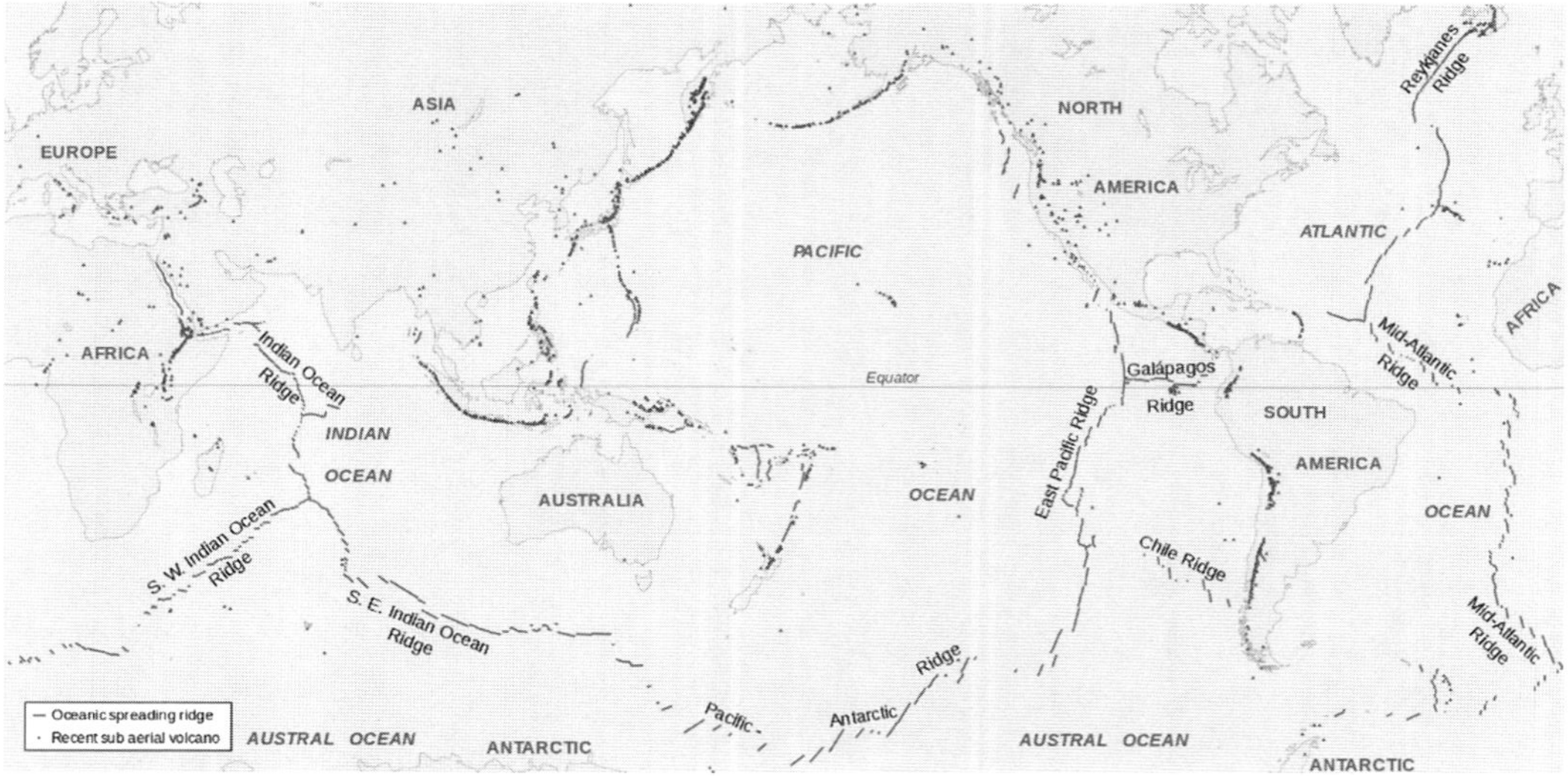

▲ 図39 世界の火山分布図。点が火山の位置を示す。
出典 ： Eric Gaba　Background map: NGDC World Coast Line Data　Data: UCLA map

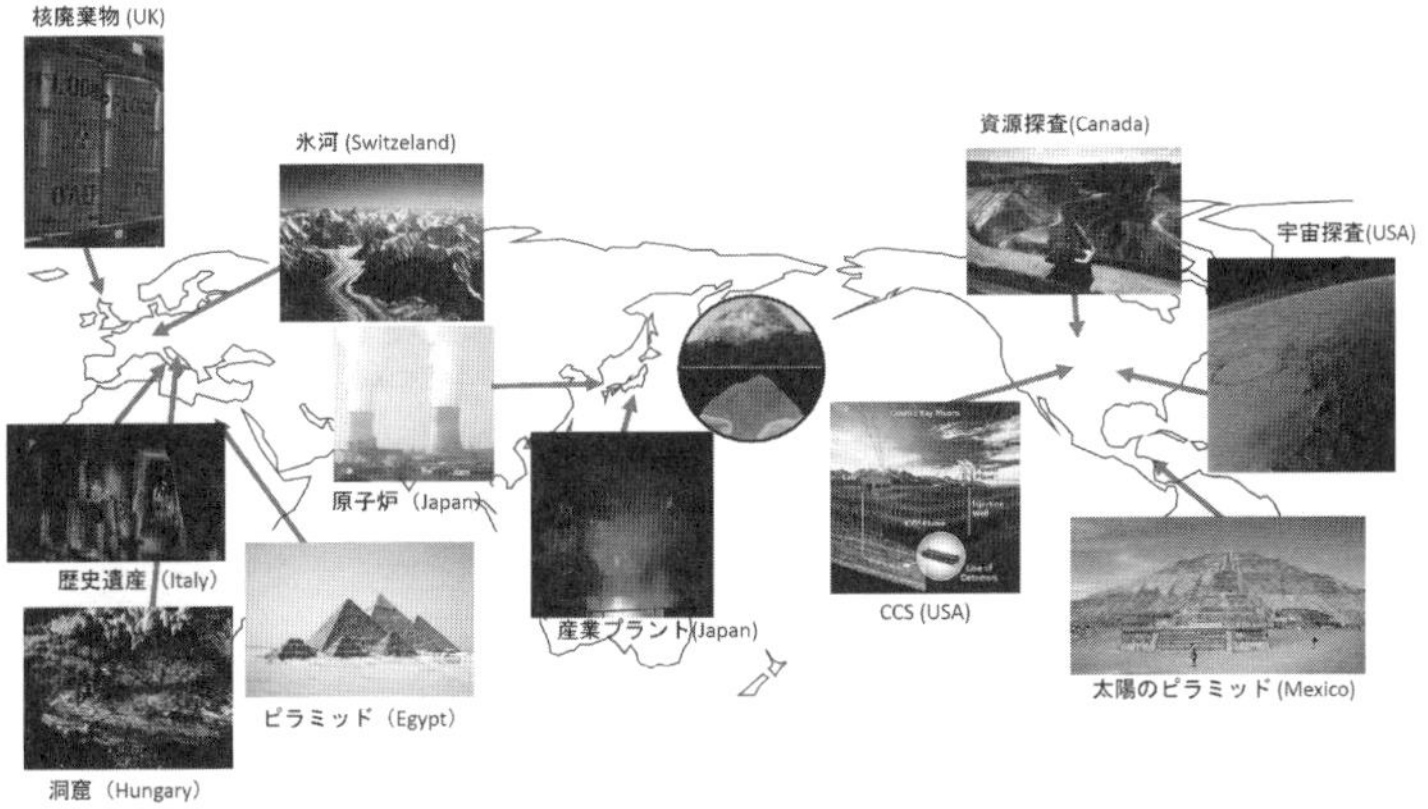

▲ **図40**　世界で実施されているミュオグラフィプロジェクト。
出典：ShinRyu Forgers, Giulio Saracino, Lazlo Olah, Guilhem Vellut, Gralo and Stefan Kühn, Ricardo Liberato, Deutsche Fotothek, Stephen Codrington, Mario Roberto Durán Ortiz, PNNL, and NASAをもとに田中が編集。

ドもそうである。わが国ではあまり知られていないが、ハンガリーは洞窟大国である。首都ブダペストの地下には今も未発見の鍾乳洞が無数にあるともいわれ、鍾乳洞探査が盛んである。

２００７年、浅間山のミュオグラフィ観測結果が世界的に報道された直後に、スイスにあるベルン大学は氷河のミュオグラフィを提案した。そして、２００９年、氷河の透視に向けたワークショップを同大学内で開催した。スイスは世界に名だたる山岳国である。山々には巨大な氷河がゆっくりと流れ、国の重要な観光資源となっている。だが、地球温暖化の影響で氷河の後退が加速している。今後氷河がどれだけ消失するのかを科学的に予測するためには、氷河が融け出す量を正確に見積もる必要がある。だが、氷河は人々がそこに住み着くはるか前から存在していたことから、今ある氷河下の地形を知るものはいない。氷河下の地形がわからなければ、氷河の厚み、つまり体積を見積もることができないのだ。

会では、ベルン大学の物理学者と地質学者が集まり、ミュオグラフィの可能性について集中的な議論を行った。その後も氷河観測プロジェクト実現のために、議論がさらに進められ、２０１５年ついにアイガーμＧＴという名前のプロジェクトが始動した。ギリシャ文字のμはミュオンを意味する。アイガーは氷河の名前。アルプスの山群の一つ、ベルナー・オーバーラントの一つアイガー（標高３９７０メートル）の西斜面の標高３７００メートルと標高２３００メートルの間のじつに１４００メートルの高度差を流れる氷河である。アイガー氷河はここ30年の間に地球温暖化の影響で１５０メートルも短くなっている。これにより、付近を走る山岳鉄道の線路への落石の危険性が懸念されているのだ。この氷河の下の地形を可視化するために、２０１５年12月にユンググラウ鉄道のトンネル内部に測定装置は設置された。氷と岩石は密度差が大きく、氷河とその下の岩盤の界面の形状を捉えることができるだろうと期待されている。装置は、比較のためアイガーの東斜面と西斜面を貫くトンネル内部にそれぞれ設置された。用いられたミュオン検出器は原子核乾板であった。原子核乾板は商用電源の確保が難しい、山岳地方の非常に限られた環境下での使用に適している。ベルン大学は名古屋大学、ナポリ大学などとともに原子核乾板を用いた素粒子物理学実験に参加していたため、原子核乾板の自動読み取りに知見があった。そのため観測の実施が可能だったのである。

スイスの例に限らず欧米諸国は、歴史的に素粒子物理学の発展に大きく貢献してきた。その結果、数多くの素粒子検出技術を発展させている。そのため、ミュオグラフィをそれぞれの国の事情に合わせて適用させていくための技術的地盤が確立されているといえる。一方、わが国でも、溶鉱炉、電気炉、原子炉など産業用プラントの内部構造探査への活用が進んでいる。本章では、世界で加速するさまざまなミュオグラフィ研究の現状と将来について紹介したい。

▼3・1・1　地下資源探査（カナダ）

われわれは人類の発展過程を石器時代以降、青銅器時代と鉄器時代という名称で区分してきた。このことは、金属が世界に与えた影響の大きさを如実に示している。人類はつねに稀少な存在である金属を求めてきたのだ。世界史の中に登場する鉱山の代表は、ラウレイオン銀山とポトシ銀山であろう。ラウレイオン銀山は、アッティカ半島の先に位置し、世界初の民主政を実現した都市国家アテナイの経済を根底から支えたことで知られている。一方のポトシ銀山は、ボリビアにあるアメリカ大陸最大の銀山であった。19世紀には大部分が枯渇してしまったが、ヨーロッパへと輸出された大量の銀は物価を高騰させ、16世紀後半には価格革命を引き起こすほどであった。

コラム（大城）「鉱山の歴史」

このように金属とそれを産み出す鉱山は、人類の歴史の流れを左右するほどの影響力を持っているのである。しかし鉱山採掘の歴史はさらに古く、世界最古の採鉱活動が確認されている鉱山は、紀元前4万年頃のスワジランドのヌグウェニャ鉱山と考えられている。ここでは1970年代までヘマタイト（赤鉄鉱）が採掘されており、古代からおもに赤色顔料として利用されてきた。金をはじめとした鋳造製品も紀元前6000年紀頃のメソポタミアやブルガリアのヴァルナで発見されているが、採掘した砂金や鉱石を本格的に製錬して金属製品を鋳造した記録を残したのは古代エジプト人たちであった。新王国時代第18王朝のトトメス3世とアメンホテプ2世治世の宰相レクミラの墓には、金銀細工職人たちが金銀製品を製作している場面が描かれた。ファラオの時代から「金は高価で尊いもの」として貴重視されてきたのである。そのこともあり、戦争で功績をあげた個人に褒賞（「名誉の金」）として王から金が与えられることもあった。いうまでもなくトゥトアンクアムン（ツタンカーメン）の黄金のマスクをはじめとした数々の黄金製の財宝は、古代エジプトの富を象徴し、ファラオの文化における金の重要性を示している。

エジプトの金の噂は周辺各国にまでとどろいていた。おもにアクエンアテンとその息子トゥトアンクアムンの治世にエジプト王と周辺世界の王家との間で交わされた、いわゆる「アマルナ文書」の一つの中で、西アジアのミタンニ王はライバルであるエジプト王に対し、「わが兄弟の国（つまりエジプト）では、黄金はゴミと同じくらい溢れている」と述べ、エジプトにおける金の莫大な保有量を示唆している。これらの金は東方砂漠地域だけではなく、ナイル河をエジプトと共有する南方のヌビアからももたらされた。ヌビアでは埋蔵量豊富な金鉱山が存在していた。中王国時代と新王国時代のエジプトによるヌビア支配の主たる動機は、それらの金鉱山の確保であったはずだ（大城 2003）。新王国時代第18王朝のいくつかの墓には、貢物として金を捧げるヌビア人たちが描かれている。採鉱の過酷で危険な作業は、しばしば囚人たちによって行われた。エジプトは、その豊富な金の保有量で周辺地域に大きな経済的・政治的影響力を与えたに違いない。

このように黄金の国として、古代世界において広く知られた存在であったエジプトは、先王朝時代から金を含有した岩石の存在が東方砂漠地域で知られていたし、それらは王家主導でもちろん採掘されてもいた。国による金の供給管理も行われており、その拠点はエジプト最古の都市の一つナカダであった。ナカダの著しい繁栄は、東方砂漠をナイル河から紅海にかけて横断する涸れ谷のワディ・ハンママートにある金鉱山への交通を管理することに由来する。実際、ナカダの古代名であったヌブトとは古代エジプト語で「黄金」を意味する言葉であった。古代エジプト史において非常に早い時期から採掘されていたこの金鉱山は、新王国時代第20王朝のラメセス４世治世下に作製された現存する最古の地図である「トリノ採鉱パピルス」に描かれている。そこには東方砂漠のワディ・ハンママートのシルト岩採石場とともに、ビル・ウンム・ファワキールの金鉱山近辺が記されているのである（T. Wilkinson, 2005）。

金の持つ最大の特徴は、そのまばゆいばかりの黄金色の輝きにある。それは古代エジプトの宗教観に多大な影響を与えた。太陽神ラーを神々のパンテオンの頂に置き、信仰した古代エジプト人たちにとって、この輝きは太陽の光そのものであったに違いない。そのことから、太陽の象徴であったオベリスクの頂上に輝きを与える意味で金を使用したのである。金は太陽をイメージさせる理想的な原材料であった。また、金は空気に侵食されないため、錆びることなく永遠にその輝きを保ち続ける。そのため古代エジプトでは崇拝する神像や王の副葬品など金は広く宝飾品に使用された。この永続性こそが、古代エジプトの人々の心を魅了した最大の理由であろう。以下に挙げた古代エジプトの神話の一部にあるように、太陽神の肉体は黄金でできていると考えられていた点も重要だ。

「人類は太陽神ラーに対して陰謀を企てた。そのとき、太陽神ラーは、年老いてしまっており、彼の骨は銀となり、彼の肉体は金となり、彼の髪の毛は本物のラピスラズリとなっていた」（大城 2003, 92）

自らを太陽神ラーの息子であると称し、永遠の命の象徴である金を崇めた古代エジプト王たちは、自身を太陽神ラーに重ね合わせるかのように、黄金のマスクを被り、黄金の棺に入り、黄金の装身具を身につけ、大量の副葬品に囲まれて永遠の旅に出たのだといわれている。

王権という側面でも金は重要な役割を果たした。安定的に国を治めるために、古代エジプト王は自らの存在を誇示するようになり、つねに国家の求心力を補強することに腐心したと考えられる。この際に利用されたのが金であった（「名誉の金」もその一例）。古代エジプトでは紀元前3000年頃から祭祀の際に金が用いられていたことが知られており、神像には金が被せられ、神殿の一部は金で覆われた。やがて金は宗教や信仰を超えて、世俗の「権力と富の象徴」としての意味も併せ持つようになっていったのだ。各王たちが、大規模な遠征隊を派遣して金鉱山を採掘し、採れた鉱石を精製、加工することに心血を注いだことは容易に想像できる。

最初の統一国家が出現した紀元前３０００年頃から、金鉱山での採掘は行われていたと考えられている。大量の金が入手できたことが国家の出現を助長したともいえよう。どのように採掘されていたのかを伝える同時代史料は存在しないが、危険な採掘作業には囚人や奴隷が用いられていたという証言や採掘方法などが、紀元前１世紀のギリシアの歴史家ディオドロス・シクルスによって伝えられている。

「足枷をはめたれた奴隷は昼も夜も休むことなく労働に従事する。坑道内で採掘された金を含む鉱石のうち、著しく硬いものは焼いた後に体力ある者たちが金槌で砕く。子供たちは坑道の外へ運び上げると、大人たちが石臼に入れて鉄棒でエンドウ豆程度まで砕く。それを受けた女性と年配者が臼で小麦粉くらいになるまで挽く。最後に専門の職人たちが仕上げに取りかかる。小麦粉状のものをわずかに傾斜した平らな板の上に置き水を注ぐ。すると土は水と共に流れ落ち、重い金だけが板に残る。それを繰り返して集めた金を別の専門の職人が受け取り、重さを計った後に陶器の壺に入れる。次に金の重量に合わせて鉛や精製しない塩、少量の錫を混ぜ込み、大麦のもみを加える。そして蓋を閉め、蓋を土で封印すると、窯のなかで五昼夜かけて焼くのである。冷めた後にはほぼ純粋な金が残るのだ。」（ディオドロス『神代地誌』第３巻第１節 12-14）

上記のようなディオドロス・シクルスの記述は、ヘロドトス同様、100％真実を伝えているとは限らない。しかし王家が派遣した遠征隊のメンバーは、ピラミッド建造と同じく、その道の訓練を受けたプロフェッショナル集団であり、単純労働用の奴隷の使用と彼ら専門職の役割分担がはっきりと述べられていることから、かなり現実に近いと考えてよいであろう。古代エジプトでは、単純な強制労働ではなく画一化・組織化された形態の作業が実施されていたのである。ディオドロス・シクルスの暮らしたギリシア世界では、下記で述べるように鉱山開発や採掘は行われたが、彼にとってエジプトのシステムは驚きであったのであろう。テオフラストスやプリニウスなども鉱山開発について記述していることから、ギリシア・ローマ世界では、鉱山開発、とくに金鉱山における採掘は興味深いことであったに違いない。

そのヨーロッパにおける鉱業の歴史も古く、たとえば先述のラウレリオン銀山の銀鉱はアテナイ経済を支えていた。しかし、鉱業をギリシア人以上に大規模化させたのは古代ローマ人であった。とくに高度な建築技術を利用して多数の用水路を採掘現場に引き込み、大量の水を使えるようにしたことは重要である。水の用途は多様で、採掘現場から土や余分な岩を取り除くことや、採掘した鉱石を洗うのに使用された。そのために用水路を建設して水を供給し、採掘現場に大きな貯水池や水を蓄えるタンクをつくって水を確保したのである。ダムの放水のように、満杯になった水を解放すると、その水流の力で土が洗い流され、金脈を含む岩盤があらわになる。次にその岩盤を火力で熱し、再び水流を使って今度は急速に冷やすのである。この温度差によって岩盤が割れ、さらに水を流すことで岩の破片を岩盤から除去できるのだ。同様の技法はフェニキア人も採掘に訪れたとされるコーンウォールの錫石鉱床やイングランド北部のペナイン山脈の鉛鉱山でも使用された。この技法は紀元後25年に、現在は世界遺産に指定されているスペインのラス・メドゥラスにあった大規模な金鉱床において、古代ローマ人によって開発されたものであった。

古代ローマの採掘技法は何も地表に限ったものではなかった。露天掘りが適さない場合には、まず露天掘りで鉱脈をあきらかにし、次にそれに沿って坑道を掘っていった。地下水面にぶつかってしまった際には、逆上射式水車などの排水用の機械を使用した。用水路の使用と逆上射式水車の使用は古代ローマに特徴的ではあるが、ヨーロッパで実施されたこれらの採掘方法のほとんどは、古代エジプトで行われた方法と大差がないこともわかるのである。

やがて18世紀後半になると、鉱物を掘り出す技術だけでなくそれを探し出す技術にも新たな発展が見られるようになる。この背景にあるのが産業革命である。これまでの人間主体の労働スタイルから機械主体の労働スタイルへと変わっていったこの時期において、中心的役割を果たしたのが蒸気機関であったのだ。水を温めて蒸気をつくるために石炭が必要になったことから、それに伴い蒸気機関の素材としての鉄も大量に必要になったのである。このことにより、人々は岩石や化石に関心を持つようになったのである。そのような社会状況の中、17世紀にイタリアの地質学者ニコラウス・ステノによって地層累重の法則が提唱されて以降、貴族階級の鉱物化石採取を主とした博物学的な地質学に変革が求められた。産業革命によって、調査事実や実験観測に基づくより実証論的で役に立つ地質学が社会から要求されたのだ。より効率よくかつ系統的に石炭（化石燃料）や鉄鉱石（金属資源）を含む地層を見つけ出す手段が必要だったからである。

地質学の近代化に中心的役割を果たしたのがイギリスの地質学者ウィリアム・スミスである。１８００年代に入ると産業革命はますます活発化して、物資輸送のために鉄道やトンネルが盛んに建設されるようになった。ウィリアム・スミスは土木工学者でもあったため、トンネルや運河の切土部分に表れている地層を観察する機会に恵まれていた。彼はイギリス国内の地層に興味を持ち、あらゆる炭坑や鉄道トンネルを調査することで、地質図、つまりどんな種類の岩石が国内にどのように分布しているかがわかる図を作成している。これによって、イギリス中のいろいろな地層の重なり具合があきらかになったのであった。

地質調査は現在でも鉱床を発見するために最初に行う調査であり、鉱山探査には必要不可欠なプロセスである。ただし、現在では岩石試料の採取や地層の重なり合い具合だけを調べるわけではなく、人工衛星からの情報や航空写真、またさまざまな手法を組み合わせて総合的にかつ定量的に採掘の可能性を評価することになっている。鉱物の化学的な組成や鉱床の品質をあきらかにするために化学を応用した手法は大事であるが、これに加えて、鉱床の大きさや位置について見積もることも重要である。仮に掘り出すことに成功してももともとの鉱床サイズが小さければ採算がとれないからだ。これには物理学の知見を応用した手法（物理探査）が用いられている。

物理探査はさまざまな物理学的な現象を探針として地球内部を探査する手法である。探針は地球内部に起因することもあれば、人為的につくり出すこともある。これまでよく使われてきた短針が「波」

である。波はいろいろな所で可視化に活躍している。医療の分野で使われているエコー検査では超音波を使う。原理的には地震波を使った物理探査と同じだ。1章でも紹介したように地震以外にも、地下の電気伝導度を測定する比抵抗測定法、電磁波を地下に向けて発射してその応答を観測する地中レーダー、局所的な重力や磁場を測定する探査法などが、これまで物理探査手法として利用されている。これらの手法と、ボーリング調査によるコアサンプリング[62]や他の物理探査手法とを組み合わせることにより、より正確な地質構造を推定できる。また、すでに開けられているボーリング孔内に観測装置を入れ込み孔壁周囲の構造を分析する方法（検層と呼ばれる）も物理学探査の一種である。[63]

今、カナダの鉱山採掘において、従来の地下構造探査手法に加わる新たな手法として注目されているのがミュオグラフィである。地層中に含まれる天然資源の密度は周囲の密度と比べて違うことが多いので（たとえば金の密度は約20グラム毎立方センチメートルで普通の岩石の8～10倍高い）、その部分をミュオグラフィでイメージングできるというわけだ。ただし、ミュオンは地下からは湧き出さないので、視たい鉱床の下に観測装置を設置する必要がある。これだとあまり、役に立たないように思われるかも

62　地下に向けて細い孔を掘り、柱状の試料（岩石コア）を取り出すことで深さ方向の岩盤の一次元的な情報を得る手法。

63　ボーリング調査には、コアサンプリング以外にも密度検層や中性子検層と呼ばれるコア周辺の岩盤の密度や水の分布を測定する手法がある。ガンマ線や中性子の線源をボーリング孔に下ろしていき、ボーリング孔周辺の岩盤中で散乱、反射してくるイベントを検出器で捉える。この方法で測定できるのはボーリング孔周辺、数十センチメートル程度までである。

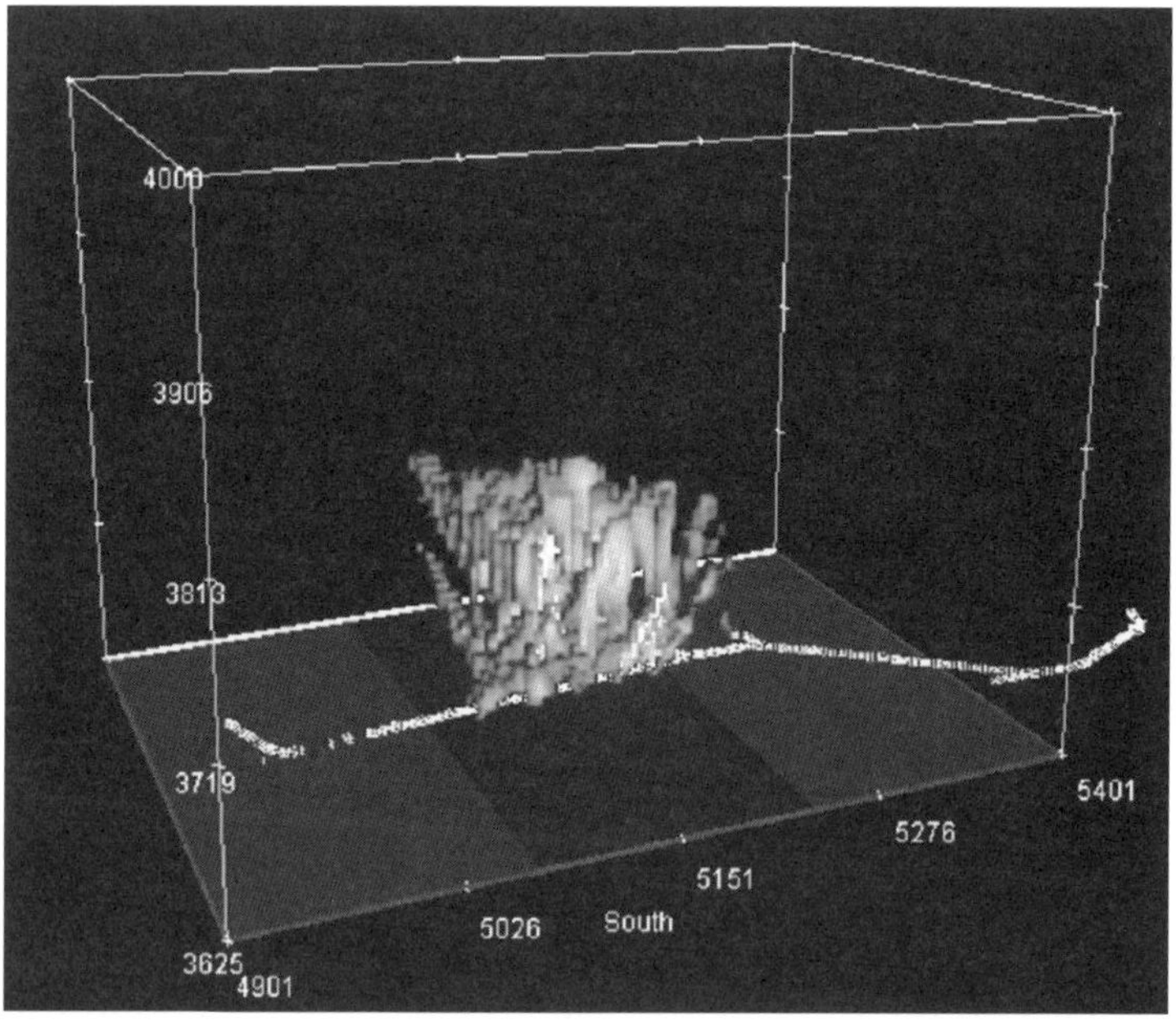

▲ **図41**　カナダ、マイラ・フォールズ鉱山の鉱脈のミュオグラフィ透視像。スズ鉱床が高密度領域として検出された領域の下の、白色で示されている線状の構造は坑道を示す。鉱床下部の坑道内部数か所から観測が行われた。
出典：Liu et al. Muon and Neutrino Radiography, Clermont-Ferrand, France, 2012

しれないが、じつは鉱山にはたくさんの坑道がすでに掘ってある場合が多く、坑道の周囲にまだ見つかっていない鉱床を見つけるだけでも十分価値があるのだ。この場合、ミュオグラフィの観測装置は坑道の中に設置される。そして、観測装置より上の岩盤をミュオグラフィでイメージングすることになる（**図41**）。このような方法で、ミュオグラフィの鉱床探査能力の検証が試みられた鉱山が、カナダのマイラ・フォールズ鉱山だ。この鉱山はミュオグラフィの検証観測を行ううえでも適した鉱山だった。鉱床の下に、坑道が掘られ、さらに、その坑道には物資運搬用のレールや商用電源が整備されていたためである。

スズ鉱床の平均密度は約3・2グラム毎立方センチメートルで周囲の岩盤密度約2・7グラム毎立方センチメートルと比べて2割も大きい。これだけ密度差があれば、ミュオグラフィで十分イメージングが可能だ。チームはこの坑道を利用したミュオグラフィ観測を開始した。その結果が図41に示されている。ボーリング調査から推定された鉱床の規模は14・5キロトン（1万4500トン）である。これに対して、ミュオグラフィ観測から計算された鉱床の規模は12・3キロトンであった。ボーリング調査の結果と比べて若干少なめに見積もられたものの、両者はよく一致したといえよう。鉱床の位置については、ボーリング調査と、ミュオグラフィ調査との食い違いは20～30メートルであった。

▼3・1・2　歴史的構造物（イタリア）

エジプトにはピラミッドという誰もが知る観光資源がある。アルバレもピラミッドの神秘性に魅せられてカフラー王のピラミッドのミュオグラフィを試みたのだった。エジプトに負けず劣らず数多くの歴史遺産で多くの観光客を惹きつけているのがイタリアである。とくにナポリは古くから都市開発が進み、ナポリ歴史地区は1995年に世界文化遺産に登録されている。

ナポリ市の人口は約100万。ローマ、ミラノに次ぐイタリア第3の都市である。ナポリ中心部は歴史的な街並みが美しく、ちょっとしたアパルトマン風の建物でも築500年というから驚きだ。これでもナポリでは新しい建物なのだそうである。この地のアカデミズムを担うのがフェデリコ2世ナポリ大学だ。この大学との共同研究がミュオグラフィ分野におけるわが国初の海外連携となった。

ナポリはヴェスヴィオ火山とともに発展してきた町である。ナポリの美しい海岸通りに面した高級ホテル「グランドホテルヴェスヴィオ－ナポリ」は1882年の創業当時から多くの旅行者を惹きつけてきた、その名の通り、ナポリを代表するホテルがヴェスヴィオという名前を冠しているのである。「フニクリフニクラ（登山電車）」はあまりにも有名な歌で、日本でも和訳され、方々で歌われた。この歌はよくイタリアに古く伝わる民謡のように勘違いされるが、じつはヴェスヴィオ火山の山頂までのケーブルカー（フニコラーレ）の利用促進を目的としたコマーシャルソングである。ケーブルカーは1880年に開業し、1944年の噴火で大破されるまで、運行を続けた。ナポリ大学とのヴェスヴィオ火山の共同観測計画ではこのケーブルカーの駅をミュオグラフィ観測基地にした。

ナポリ市中心部からチルクムヴェスヴィアーナ鉄道に乗ると、ヴェスヴィオの裾野を迂回するようにして、電車が走る。裾野は富士山のように広がり、植生も少なく見晴らしがよい。火山地帯独特の地形だ。ほどなくしてポンペイ・スカヴィという駅に着く。スカヴィとはイタリア語で遺跡という意味だ。ここでは火山の噴火によって埋没した遺跡を見ることができる。西暦79年8月24日、ヴェスヴィオ火山は大噴火を起こし、ポンペイ、スタビアエ、オプロンティス、ヘラクラネウムの都市は壊滅的ダメージを受けた。町は高温の火砕物（火山弾、火山灰などの火山性噴出物）に一瞬にして飲み込まれ、後に町が掘り起こされるまで、じつに1000年以上都市が完全な姿で地下に埋まっている状態が続いた。

わが国とナポリ大学との共同研究の発端は、2008年6月に都内で開催した国際シンポジウム「高エネルギー地球科学」にある。火山透視の成功を受けて開催した世界で初めてのミュオグラフィに関する国際会議であった。イタリア、フランス、アメリカの物理学者や地球科学者が、当時成功したばかりのミュオグラフィの将来について議論した。そのたった3か月後に国際ワークショップ「ミューレイ（MuRAY）」がイタリアのナポリで開催されたのである。会議では、ヴェスヴィオのミュオグラフィに用いる検出器の要件、設置する場所が綿密に議論され、その直後にヴェスヴィオの観測を開始した（図42）。

ヴェスヴィオはミュオグラフィを行うには大きな火山で、透視が難しい火山である。それにもかかわらず、この山が選ばれたのはやはりナポリ社会の注目度だろう。ミュオグラフィ観測による挑戦は今も続けられているが、まだ内部構造は映し出されていない。

ナポリにはもう一つ有名な山がある。高級ホテル「グランドホテルヴェスヴィオ－ナポリ」には、エキアクラブと呼ばれるフィットネス&リラクゼーションセンターがある。由来はこのホテルの後ろに立つエキア山からきている。エキア山は紀元前5世紀に新たな都市を意味するネオポリス（ナポリ）がつくられるはるか昔の紀元前8世紀、もともとの移住者であったギリシャ人がつくった町である。町は山の中につくられ、まるでシェルターのようである。ヴェスヴィオの噴火を逃れるためにこのような洞窟群を利用したのかもしれない。

エキア山は山といっても丘程度の大きさしかなく、ヴェスヴィオとはまったく異なる。ネオポリスに対して、古い町を意味するパレポリスとも呼ばれる。オズワルド・アッヘンバッハが1875年に描いた絵画を見てみると、エキア山はナポリで最も目立つ存在であったことがわかる。だが、現在では周囲にビルが立ち並びあまり目立たない存在になっている。

▲ **図42**　2009年からヴェスヴィオで開始した日伊合同ミュオグラフィ観測。
出典：G. Macedonio. MUOGRAPGERS2016, Tokyo, 2016

現在、ナポリ市では、都市システムにおける耐久性と安全性を確保するための新たなテクノロジーの統合開発プロジェクトが進められている。「メトロポリスプロジェクト」だ。都市経済の脆弱性の評価など六つのテーマから構成されているこのプロジェクトの一環として、「都市システムの知見」テーマの中でエキア山ミュオグラフィプロジェクトは実施されている（G Saracino. MUOGRAPGERS 2016, Tokyo, 2016）。このテーマではナポリ市に特有の問題である、とくに都心部における地下空間の調査およびその有効活用法の検討が進められている。エキア山プロジェクトはこのテーマに対するミュオグラフィの有効性を検証するためにイタリア国立原子核物理学研究所が責任を持って強力に推進している。

エキア山は黄色のナポリタンタフと呼ばれる岩盤でできており、その平均密度は1・0～1・2グラム毎立方センチメートルといわれている。また、最も高い所で海抜60メートルである。内部には多くの自然、あるいは人工的につくられた洞窟が張り巡らされている。現在でもその全貌はあきらかになっておらず、最近でも新たな構造が次々と発見されている。その中のブルボントンネルに観測装置は設置された（図43、44）。

ブルボントンネルは1853年に二つのシチリア王国、ブルボン家のフェルディナンド2世によって発見され、最近内部の改装が行われた空間でもある。この場所は海抜12メートルの位置にあり、地表までは35メートルある。装置と地表の間には部屋があることがわかっており、まずはこの部屋を透視できるかが計画の最初のチャレンジとなった。装置の視野角は120度以上あり、確実にイメージングができると考えられた。

▲ **図43**　ブルボントンネル（上）。トンネル内部に設置されたミュオグラフィ観測装置（下）。
出典：G. Saracino. MUOGRAPGERS2016, Tokyo, 2016

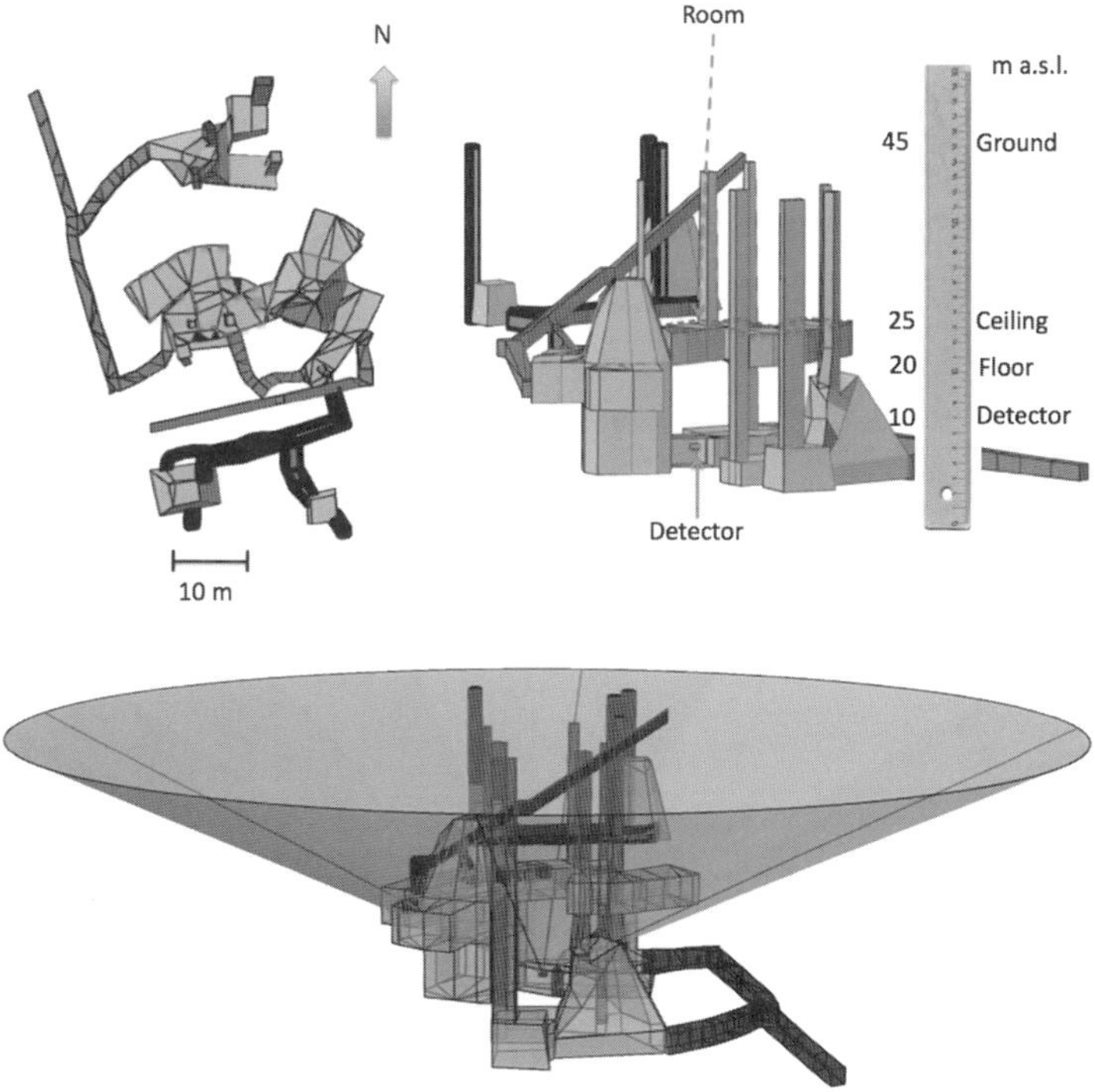

▲ **図44**　ミュオグラフィ観測装置周辺の構造図上面図および立体図（上）。ミュオグラフィ観測装置の視野（下）。
出典：G. Saracino. MUOGRAPGERS 2016, Tokyo, 2016

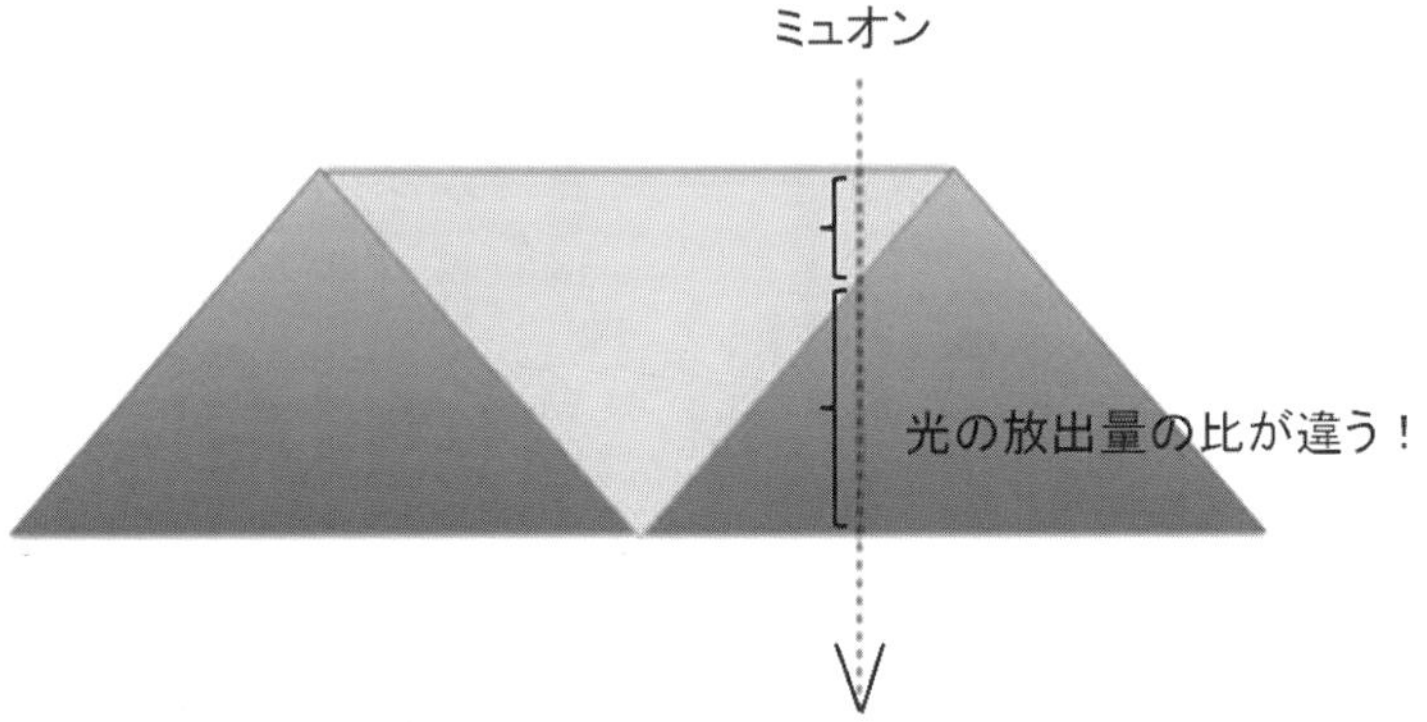

▲ 図45　セグメント検出器の位置分解能をチャージシェアリングにより向上させる方法の原理

観測に用いたミュオン検出器にはチャージシェアリングと呼ばれる技術が用いられている。この技術は、プラスチックシンチレーターを用いて高い位置決め精度を出せる方法である。この方式ではシンチレーターの断面が三角形となっており、ミュオンがシンチレーターを通過すると、シンチレーション光は両方の三角形で同時に発生するように設計されている（図45）。ミュオンがシンチレーターを通る距離の違いで、生成されるフォトン数が異なることから、隣り合うシンチレーターで発生したフォトン数の比を測定することで、どこをミュオンが通ったかがわかる。この装置はもともとヴェスヴィオの観測のためにデザインされた装置だ。

26日間の観測で140万個のミュオンが記録され、エキア山内部が映し出された。そして、装置と地表の間に存在している部屋は予想どおりのかたちでイメージングされた。一方、これとは別に新たな空間を示唆する画像も得られた。これが本当に空間かどうかはもう少し検討が必要だが、このようにヒントを与えてくれるだけでも十分価値がある。場所がわかれば、調査すべき領域を狭めることができるからだ。

▼3・1・3　二酸化炭素を地下に封じ込める（イギリス・アメリカ）

２０１４年、イギリスエネルギー・気候変動省は二酸化炭素回収貯留（ＣＣＳ）政策の現状と今後の方針をまとめた文書を公表した。先進諸国で進む二酸化炭素排出規制をクリアするためにさまざまな低炭素技術の開発が進む中、イギリス政府は巨額の投資を行い、温暖化ガスを２０５０年までに80％削減することを目標としている。その中でもＣＣＳはイギリスが国際競争力のある商業化を進めている低炭素技術である。

ＣＣＳの技術としてこれまでさまざまな方法が提案されてきたが、その一つを簡単に説明するとこうだ。通常、工場から排出される二酸化炭素は煙突を通じて大気中に排出される。ＣＣＳでは二酸化炭素は地下に掘ったボーリング孔の中に押し込まれる。二酸化炭素を地下に捨てるというわけである。地下の岩石は捨てられた二酸化炭素を吸収することで、違った種類の岩石となる。このように二酸化炭素の注入と岩石への固定をうまく行えば、二酸化炭素が地上から隔離されることになる。

イギリスはＣＣＳの技術開発には適した国である。それは、ＣＣＳの実証試験を実施するためのボーリング孔がすでにたくさん用意されているからだ。通常ボーリング孔を掘削するには多額の費用を要するが、イギリスには４００を超える油田、ガス田があり、また、塩水の帯水層が50か所もある。

だが、本当に二酸化炭素が十分に封じ込められるのか、つまり二酸化炭素の回収効率の問題を解決しなければいけない。たとえば、ＣＣＳサイトの岩盤に亀裂が入っていれば、注入した二酸化炭素が隙間から少しずつ漏れ出していくことになる。この漏出レベルに対して欧州連合そしてイギリス政府は１０００年間で１％以下を要請している。つまり、ＣＣＳがしっかりと機能しているかについてサ

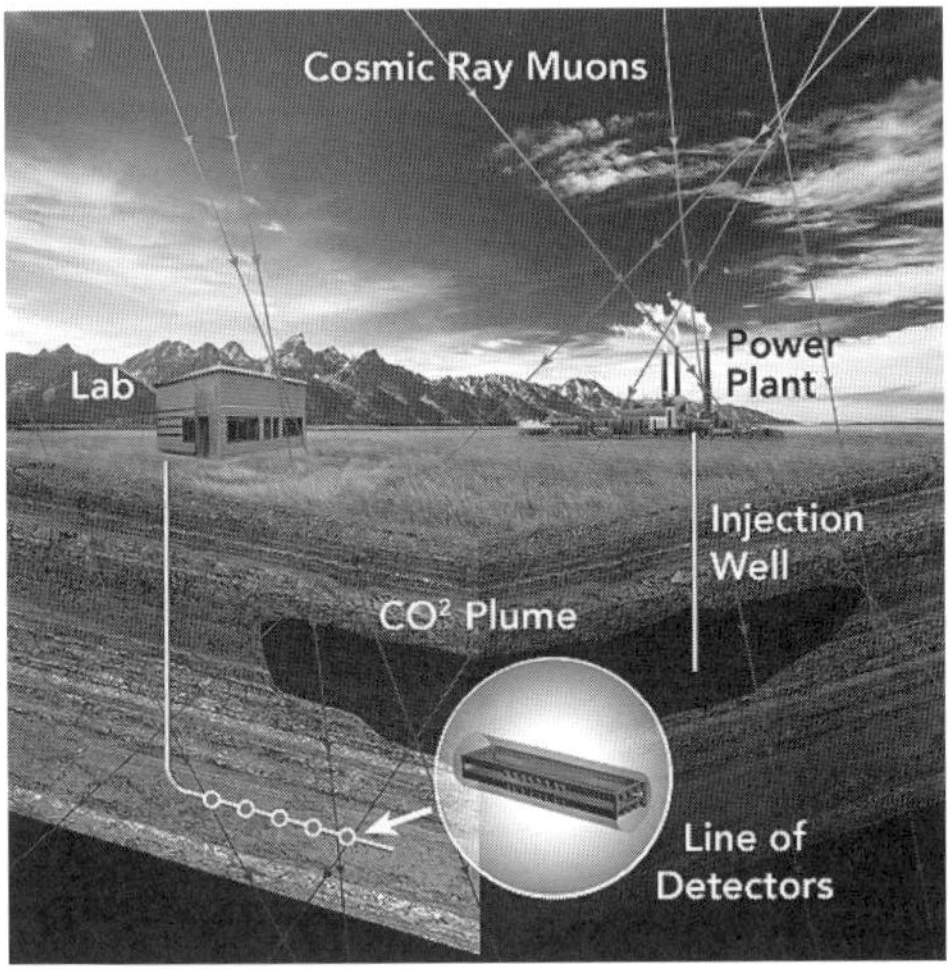

▲ **図46**　CCSのミュオグラフィ。地下に埋設された観測装置で地下の岩盤をモニタリングする。
出典：Pacific Northwest National Laboratory

イトのモニタリングが必要なのだ。

CCSのモニタリングには現在、海と陸で異なる方法が用いられている。海域では地震波探査手法と電磁的な探査、そして陸域では地震波探査手法以外に合成開口レーダー[64]と二酸化炭素漏出検出器が用いられている。海域、陸域ともに用いられている地震波探査はCCSのモニタリングに必ずしも最適な手法とはいえない。

理由は①連続観測が行えないこと（つまり観測と観測の間に何かが起こってもそれはわからない）、そして②地震波速度構造[65]がわかるだけで密度を直接測定できないことにある。そこで、ミュオグラフィに期待がもたれているのだ（**図46**）。その理由は①連続観測が行えること、②密度を直接測定できること、③ミュオンを人工的に発生させる

64　レーダーを移動させながら仮想的に大きな開口面積を達成するための技術。地殻変動などの小さな変動を精度よく広範囲で捉えることができる。

65　岩盤の中を地震波が伝わる速度の分布。大まかな密度分布は推定できるが、同じ密度でも物性によって地震波速度は大きく変わる。

必要がないため、長期にわたって安定かつ安価に運用ができること（地震波探査では人工的に地震波を発生させる必要がある）にある。その一方で、従来のミュオグラフィにはない問題にも直面する。地下構造のミュオグラフィを行うためには、ボーリング孔に装置を挿入する必要がある。ボーリング孔内部で実用的な有感面積を達成するのはきわめて困難である。さらに、ボーリング孔では深さとともに温度が上昇するので、装置に温度耐性も必要だ。

これらの技術的課題を克服するためにCCSミュオグラフィコンソーシアムが結成された。英エネルギー・気候変動省、英プレミア・オイル、英シェフィールド大学、英科学技術施設研究会議、英ダラム大学、米NASA（航空宇宙局）から構成されるこのコンソーシアムは六つのワーキンググループから構成され、ミュオグラフィ観測装置のダウンサイジング、炭素貯留モデリング、孔井内ミュオグラフィ技術の商業化などを進めている。2016年、二酸化炭素が地下でどのように広がり、その動きがミュオグラフィでどのようにイメージングされるかについて、コンピューターシミュレーションによって示された（図47）。

有感面積を十分確保できないボーリング孔内部での観測では短時間でイメージングを行うことは大変難しい。だが、コンソーシアムは年オーダーのゆっくりとした変化を捉えることができれば、CCSモニタリングに対してミュオグラフィが有効であることを示した。また、ボーリング孔用観測装置のプロトタイプも製作され鉱山跡地の地下実験施設でテストが行われた（図48）。だが、イギリスの欧州連合離脱に伴い、イギリス政府のCCSに対する興味は急速に薄れ、CCS開発のために用意された巨額の予算は多方面に使用されることとなった。コンソーシアムの一員であったプレミア・オイル

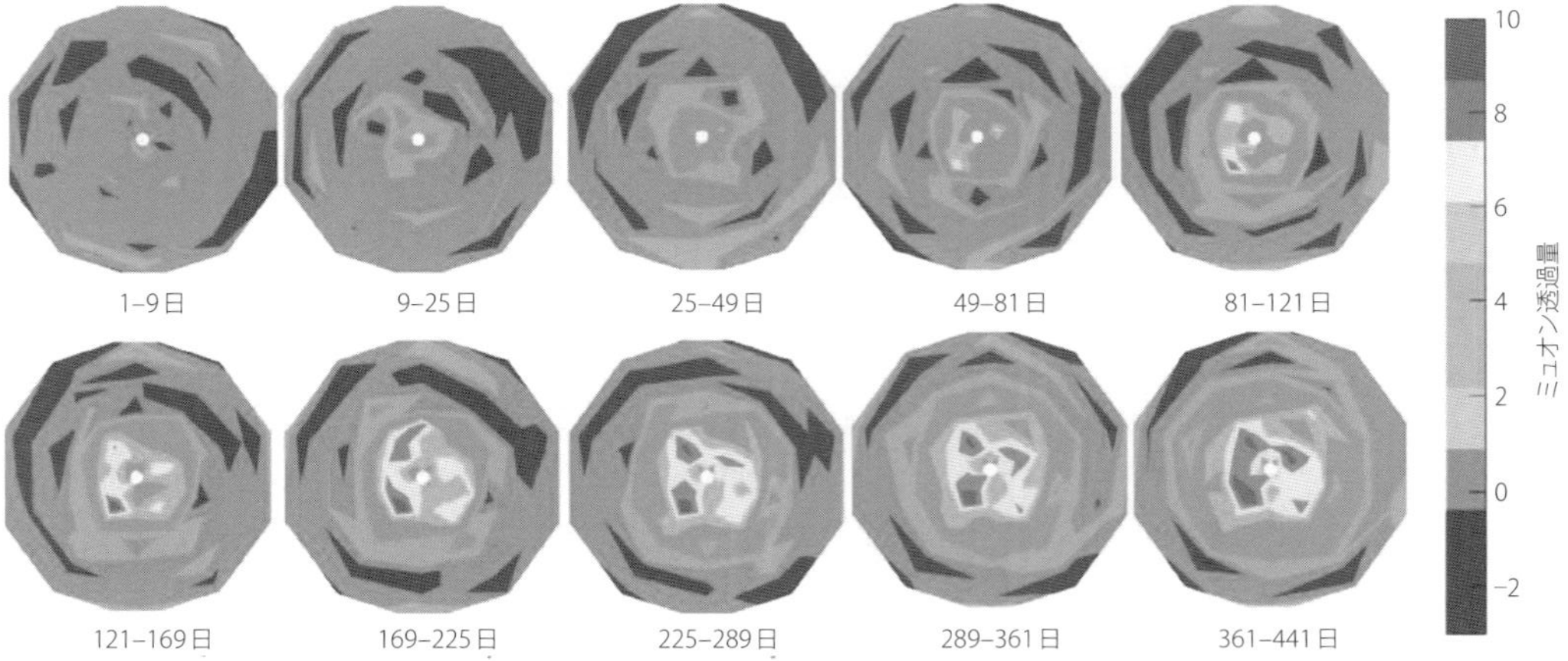

▲ **図47** コンピューターシミュレーションした結果）地下の岩盤に二酸化炭素を注入した際、その時系列変化がミュオグラフィでどのようにイメージングされるかを示している。

出典 ： H.K.M. Tanaka and L. Thompson, Special Invited Paper, MUOGRAPOHERS 2015, Tokyo, 2015

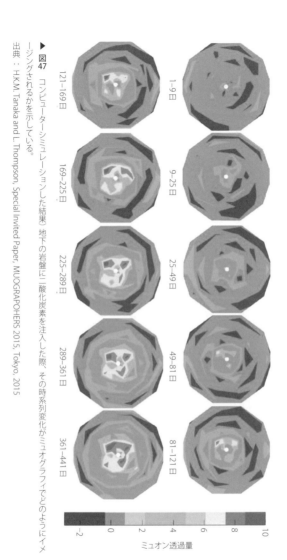

▲ **図48**　CCS観測用に試作した円筒形のミュオグラフィ観測装置
出典：L. Thompson, MUOGRAPHERS 2016, Tokyo, 2016

も石油価格の下落により、コンソーシアムから撤退することになってしまった。

アメリカでもCCSサイトのモニタリング技術として、ミュオグラフィに対する期待が高まっている。米エネルギー省（DOE）が主導するSubTER（Subsurafe Technology and Engineering）プロジェクトの中では、イギリスの例と同じく、ボーリング孔に円筒形の観測装置を挿入することで、深度1500メートルの海底下の岩盤の状態をモニタリングしようとしている。海底がCCSサイトとして想定されているためだ。DOEの研究所であるパシフィック・ノースウェスト国立研究所（PNNL）は1年間の計測で岩盤密度の変化を1％の精度で捉えることを目標にしている。これは、海底の砂岩に20％含まれた海水が二酸化炭素の注入でその半分、つまり10％が二酸化炭素に置き換わった場合の密度変化量である。だが、アメリカでも環境予算が削減されようとしている。

CCSミュオグラフィの今後の動向を注視したい。

▼3・1・4　洞窟探査（ハンガリー）

カルスト地形は雨水や地下水によって溶け出しやすい岩盤の上、あるいはその内部に形成される独特な地形である。日本では、山口県の秋吉台が有名である。そこでは、広大に広がる草原にすり鉢状の窪地が無数に並ぶ不思議な地形を見ることができる。この特異な地形をカルスト地形と呼んでいる。カルスト地形はときとして、白色の石が草原を埋め尽くして、まるでヒツジの群れを見ているような幻想的な光景をつくり出すこともある（これをピナクルと呼んでいる）。この白色の石の正体は石灰岩だ。ピラミッドの建材としても用いられた岩石である。石灰岩は化石の塊である。サンゴなどの海の生物の殻が海底に積もってそれが化石となってできたものとされる。中には殻のかたちがきれいに残ったものもあり、太古の生物のかたちをはっきりと確認できることがある。

分厚い石灰岩の塊が台地をつくっている所がある。カルスト台地である。石灰岩は酸性の水に溶けやすいため、雨が降るたびに少しずつ溶けていく。雨には空気中の二酸化炭素が微量に溶け込み、弱酸性を示すからだ。ただ、溶けやすいといってもそれほど急激には溶けないから、それが目に見えるかたちになるまでには途方もない時間が掛かる。このようにして少しずつ地盤が浸食されていった結果がドリーネと呼ばれるすり鉢状の窪地だ。窪地は小さいもので直径10メートル程度、大きなものでは1キロメートルにも及ぶ。窪地にはそのうち土がたまり、草が生えて、一面草原となる。一方、溶け残った石灰岩は草原から顔を出す。これがピナクルである。

カルスト台地の地下にも独特な地形が形成される。窪地にたまった土には土壌中の生物の影響で空気中よりもはるかに多くの二酸化炭素が含まれている。ここに雨が降ると、石灰岩地盤の割れ目周囲の石灰岩を少しずつ溶かしていく。割れ目は少しずつ大きくなり、その部分が選択的に浸食されることでそのうちに水の通り道になる。いったん水の通り道になると、浸食のスピードは一段と速くなり、地下に大きな空間が形成される。このようにして、ドリーネの底には大小さまざまな縦穴や斜めに落ち込んだ洞窟が形成される。縦穴の浸食が進み、いったん地下水の深さまで達すると今度は、洞窟は横方向へと発達していく。そして最後には台地の麓に孔を開ける。

このようにして、地下の帯水層によって岩が浸食されていく結果できる洞窟を鍾乳洞と呼んでいる。鍾乳洞内部には鍾乳石と呼ばれる、独特な形状の石が散見される。つららのようなかたちで洞内天井からぶら下がる鍾乳石、そして筍のように地面から突き出るように形成される石筍などである。これらの石が独特な空間をつくり出しているのである。これらの石は、何年もかけて1ミリ成長するかしないかという速度で少しずつ大きくなるので、秋吉台で見られるような巨大な鍾乳石や石筍は、途方もない時間が掛かってできたものである。このような浸食過程が長い年月くり返されることで、主となる最も大きな洞窟（これを主洞と呼ぶ）の周囲に小さな洞窟（これを支洞と呼ぶ）が網の目のように無数に形成され、非常に複雑ないわゆる鍾乳洞群がつくり上げられるのである。

支洞の多くは入り口に堆積物がたまったり、崩れるなどして外界と繫がっていない、いわゆる閉じた洞窟であることが多く、ユニークな生態系が形成されている可能性がある（たとえば、Rohwerder et al., 2003）。また、洞窟内部にアルタミラやラスコーのような洞窟壁画が残されている場合、その洞窟が外界に対して閉じているほうが保存状態がよい。実際、アルタミラ洞窟遺跡と同時期（今から18000〜1万9000年前）に描かれたとされる洞窟壁画が残るフランスのラスコー洞窟の発見は1940年であるが、この洞窟近くで遊んでいた子供たちによって発見されたこの壁画はきわめてよい保存状態に保たれていた。洞窟はアルタミラと同じく石灰岩の台地にできており、堆積物によって入り口がふさがれていた。だが、1948年には洞窟入り口をふさいでいた堆積物が取り除かれ、観光用に洞窟への階段がつくられ、一日に1000人を超える観光客が入洞するまでに至った。その結果、予期しなかった悪影響が表れた。観光客が持ち込む湿気や二酸化炭素の影響で、洞窟内にはこれまでなかったカビや藻類が繁殖するようになり、壁画の劣化が急速に進んだのだ。そのため、やむを得ずラスコー洞窟は1963年には公開中止となり、入洞できる回数と人数をそれぞれ週5日、一日5人までに制限したのであった（現在では本来の洞窟の近くに精巧なレプリカを作製し、通常観光客はそこを訪れるのである）。**図49**に示すように、一般的に鍾乳洞群は複雑に入り組んだ構造をしており、全体把握は困難であることから、その多くが未発見なのである。ラスコーやアルタミラ周囲にも未発見の洞窟が存在している可能性は高く、だからこそそこに洞窟壁画が良い保存状態で残っているかもしれないのである。[66]

---

66 もし入り口が何らかの遮蔽物で現在でも発見されることなく閉鎖されている洞窟遺跡を発見したとするならば、それは即大発見へと繋がることを意味するのである。日本の北海道余市町にあるフゴッペ洞窟遺跡や小樽市の手宮洞窟遺跡では、文字のようにも見える線や動物だけではなく、翼のある人物や角を持つ人物が描かれている。これら両洞窟遺跡は縄文時代後期に年代づけられ、これまでに大陸からの影響などが指摘されているが、両地域を丹念に調査すれば新たな洞窟遺跡が見つかるかもしれない。フゴッペ洞窟遺跡も手宮

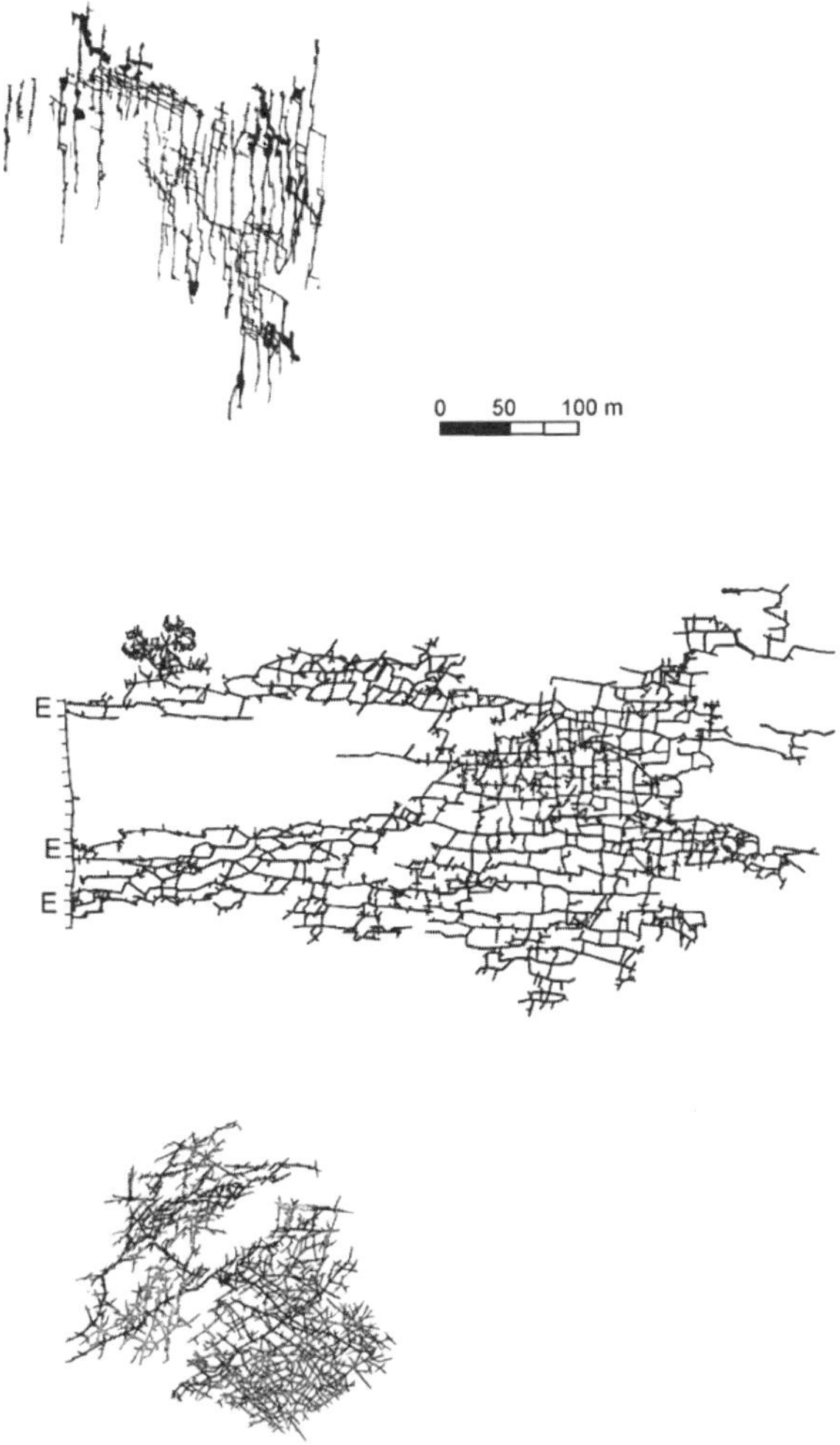

▲ **図49**　網の目構造の鍾乳洞の例。上から順に、ドイツのフチスラビリンス洞窟、ロシアのボトウスカヤ洞窟、そしてアメリカのアメージング・メイズ洞窟の構造である。すべての構造が把握されているケースは稀である。図の上方が北を示す。
出典：Klimchouk 2009, Geomorphology

2012年、ハンガリーでミュオグラフィによる洞窟探査が挑まれた(Olah et al. 2013)。ハンガリーは世界的に有名な温泉国であると同時に洞窟国[67]でもある。欧州各国からそれを目当てに毎年多くの観光客が押し寄せる。この温泉がハンガリー国内の石灰岩を浸食して至る所に長大な洞窟をつくるのである(図50)。その総延長は100キロメートルともいわれるが、毎年調査が進むので、この長さは毎年数キロメートル長くなっている。

世界遺産に指定されているアグテレク国立公園の150キロメートル西南にデゥナ・イポイ国立公園がある。この公園内には長い年月をかけて山の内部が浸食されることで網の目状に発達した鍾乳洞がある。中でもアジャンデック洞窟は最も大きい、いわゆる主洞窟と考えられている。彼らの最初のターゲットはこのアジャンデック洞窟に設定された。目的は外界に開いていない未発見の洞窟を探る

67
洞窟遺跡も丘陵部に位置し、住宅密集地から独立していることから、その周辺でミュオグラフィ観測装置を使用するには絶好のロケーションにある。上述したように未発見の洞窟遺跡や岩窟墓の調査にミュオグラフィは最適である。大陸からの移民説、シベリアのシャーマンの影響、あるいはアイヌ文化の影響など、いまだ起源や詳細がわからないこれら二つの洞窟遺跡を理解するための手掛かりが、ミュオグラフィによってあきらかにされることを願ってやまない(大城)。
ハンガリーとスロバキアの国境付近にはアグテレク・カルストとスロバキア・カルストの洞窟群と呼ばれる、両国が共有する世界遺産がある。登録理由は「地球の歴史上の主要な段階を示す顕著な見本であるもの」である。これはもともとハンガリー北部のアグテレク地方に広がるカルスト地形をアグテレク国立公園として保護していたものである。この国立公園内にはバラドラ洞窟と呼ばれるヨーロッパ最大の鍾乳洞がある。バラドラ洞窟にはコンサートの広場と呼ばれる場所があり、夏にはオペラやオーケストラの演奏会が開催される。自然の音響設備を使った天然のコンサートホールである。

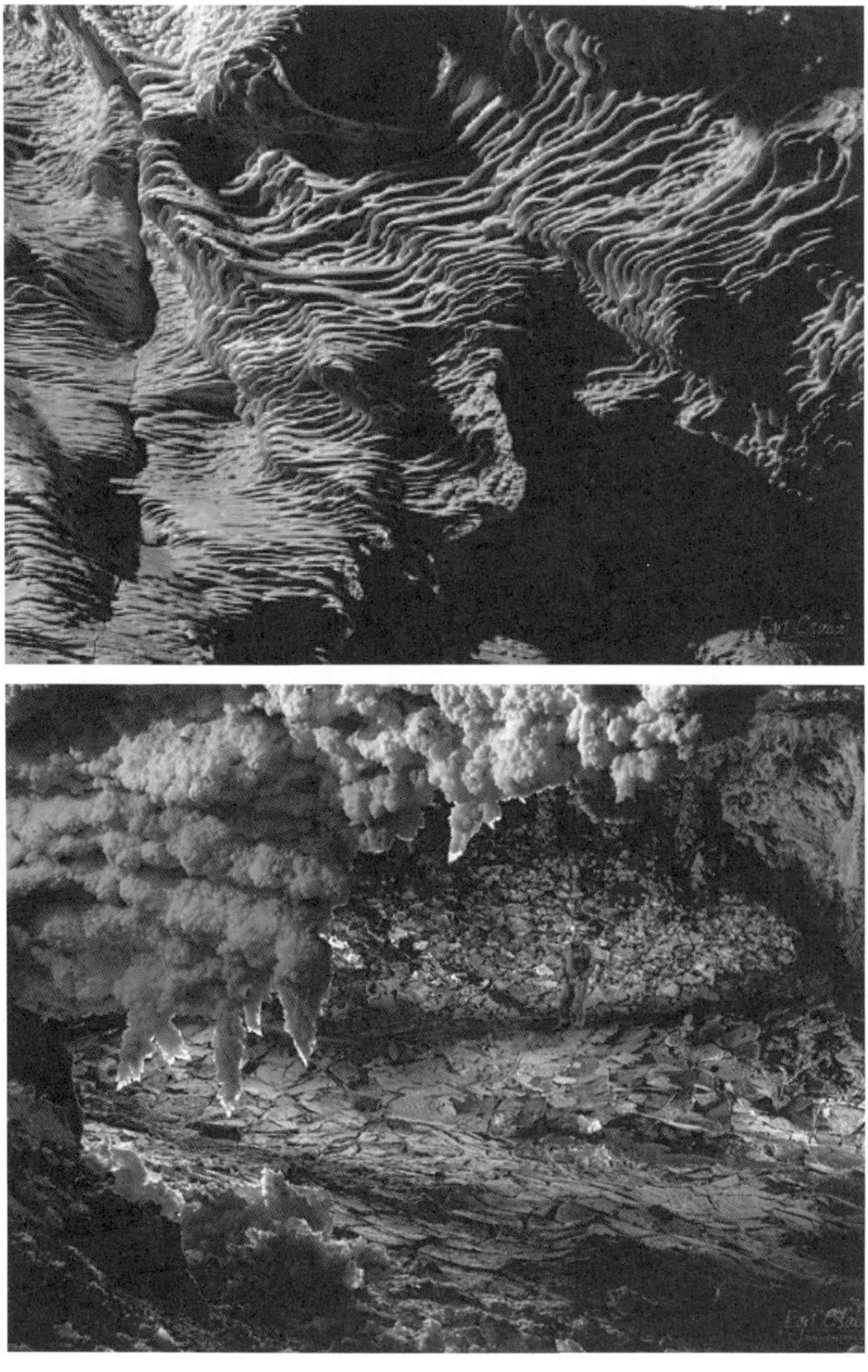

▲ **図50**　ハンガリーの洞窟群に見られる特異な構造。出典：L. Olah

ことだった。観測装置上部の岩盤をイメージングすることで空洞を探し当てようというのである。

アジャンデック洞窟のあるカルスト台地は今から2億5000万〜2億年前に形成された石灰岩でできている。アジャンデック洞窟自体の洞長は1000メートルにすぎないが、アジャンデック洞窟以外にも確認されている支洞を全部足し合わせると、1万5000メートルになると試算されている。洞窟は狭く入り口からわずか70メートルほど下った所でいきなり急傾斜になっていたため、観測装置の搬入は困難をきわめた。それでも測定は実施され、地表の地形と洞窟内部の形状両方を考慮したコンピューターシミュレーションと実際得られたデータが注意深く比較された。洞窟上部の地形は人工衛星からの情報を使って測定された。その技術とは、第2章で述べたヘリボーンミュオグラフィでヘリコプターの位置を特定するのにも用いられた、全地球測位システム（GPS）である。地球を周回する複数個の人工衛星からの信号を地上の受信機で受け取り、それぞれの人工衛星までの距離を正確に計算することで、受信機の位置を正確に決めることができる。GPSはわが国でもカーナビとしても利用されていて、多くのドライバーがその恩恵にあずかっている。その位置決定精度は非常に高く、ハンガリーチームは地形の等高線を80センチメートルの精度で決定したとしている。だが、比較の結果、両者は完全に一致した。つまり、装置上部には洞窟はなかったということである。

一方これとは別に、ハンガリーの首都、ブダペストの地下に多数存在しているといわれている洞窟群を対象としたミュオグラフィ観測も行われている。この洞窟群は冷戦時代に極秘の避難シェルターとして使われたことでも知られている。だが、現在でもその全貌があきらかになっているわけでなく、ミュオグラフィによって、今後一層の調査が期待されている場所なのである。そこで、チームはとくにキラリラキと呼ばれている不思議な洞窟構造がある領域の上部をミュオグラフィで見てみることにした。キラリラキはつい最近（数年前）アリアドネ洞窟探検協会のメンバーが偶然発見したことで、急速にハンガリー国内の注目を集めている洞窟である。図51には、キラリラキ洞窟構造上部の岩盤のミュオグラフィ観測の様子と発見された洞窟の位置関係が示されている。観測データは、岩盤の中に洞窟がないことを仮定したコンピューターシミュレーションと比較され、図に示すキラリラキ洞窟構造上部の岩盤の密度が著しく不均質であることがわかったのだった。この密度の不均質性は、複雑な形状の空洞がある可能性を示している。

ミュオグラフィは外部に対して閉じている洞窟の発見を行ううえで大きな威力を発揮すると考えられている。入り口が閉ざされている洞窟はその存在を外から知ることは難しく、偶然発見されることが多いが（アルタミラもラスコーもそうだ）、ミュオグラフィの場合、観測装置の上部に空間さえあればそれが閉じていても、開いていても平均密度の差として捉えることができるのである（空間は密度ゼロである）。したがって、ミュオグラフィによる洞窟探査もピラミッド内部の隠された玄室の探査も本質的には同じである。ただし、ミュオン経路に沿った平均密度（あるいは物体質量の投影）を測定するミュオグラフィでは、気をつけなければいけないことがある。測定方向の岩盤内部に空洞があっても、その方向の岩盤の平均密度が偶然周囲と比べて低かったとしても結果は変わらない。これがすべてほぼ密度一様の岩石でつくられていると仮定できるピラミッドに対して洞窟探査の難しい所である。

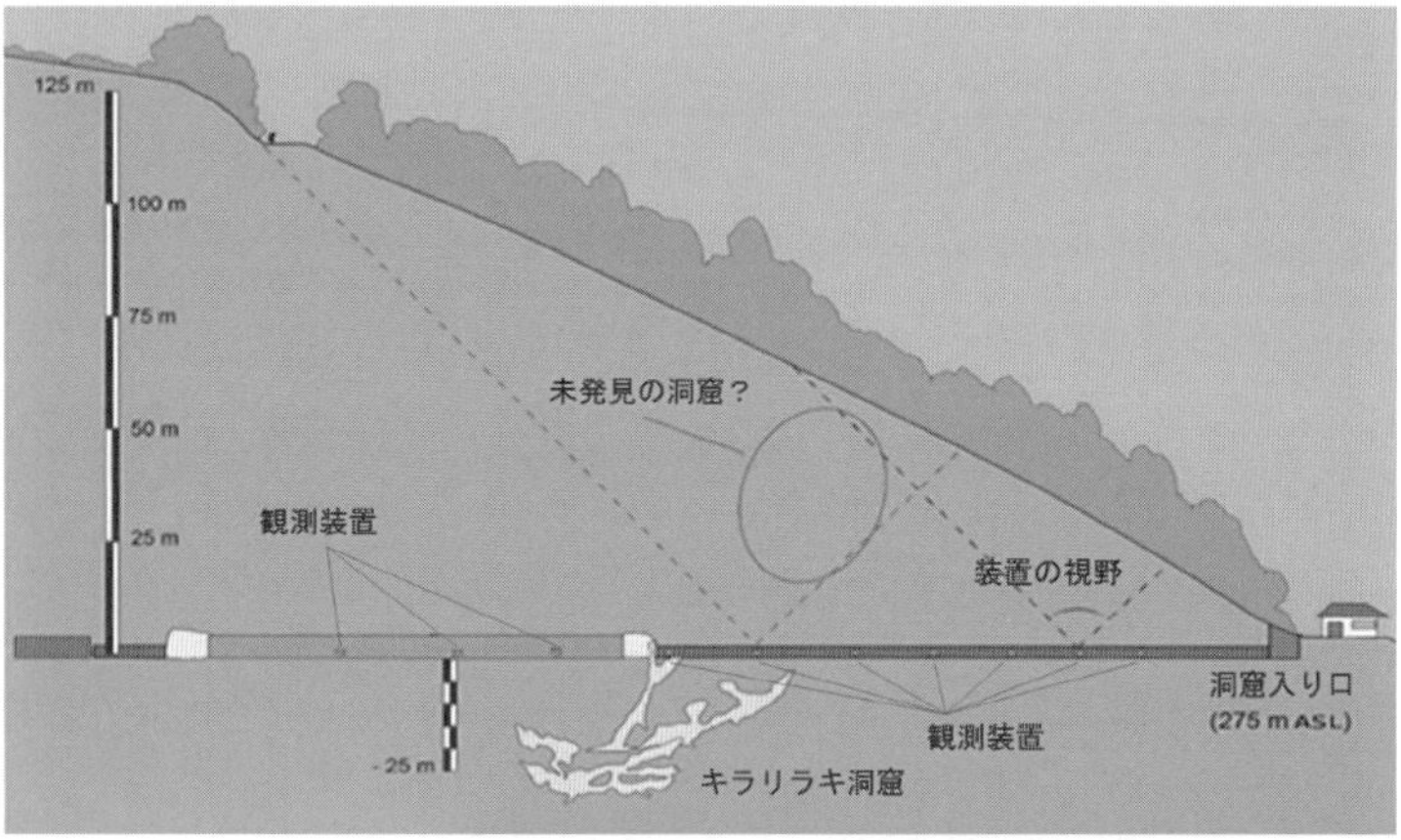

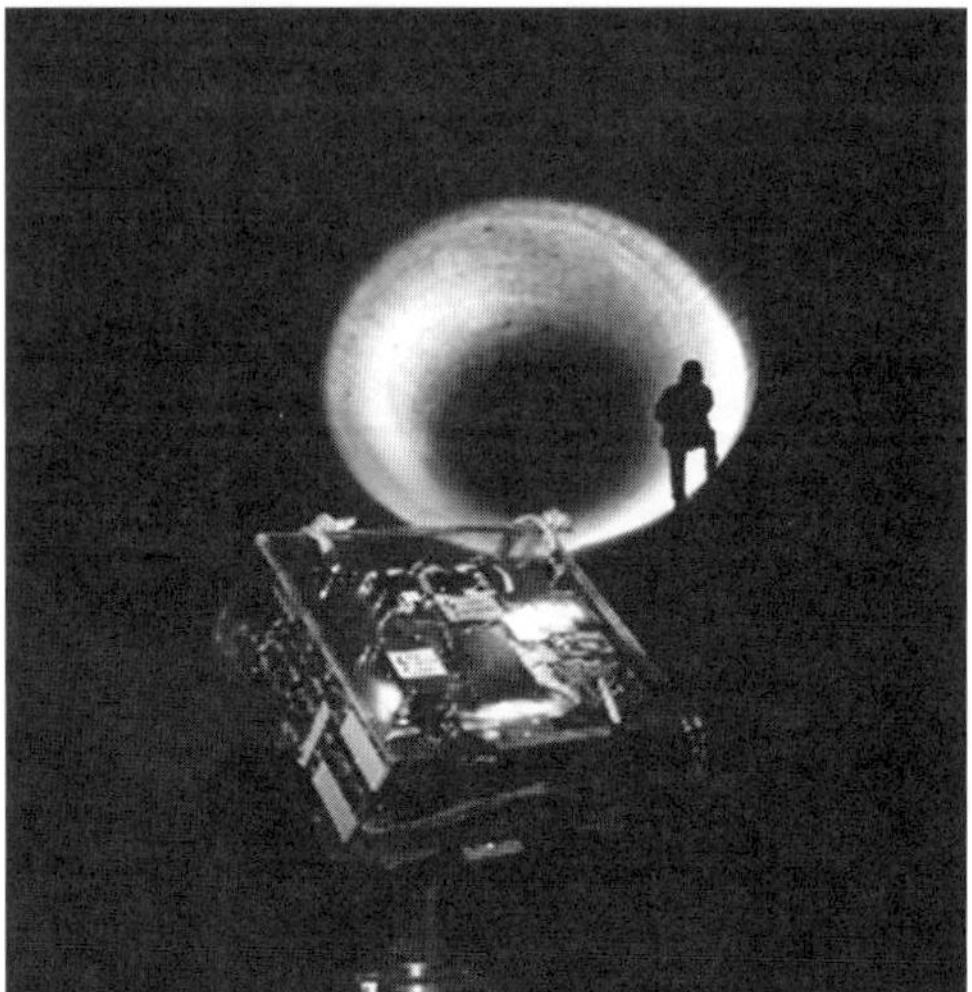

▲▶ 図51　ミュオグラフィによる洞窟探査の様子。キラリラキ洞窟と観測より示唆された洞窟の位置関係（上）。洞窟内部に設置された観測装置の写真（右）。
出典：L. Olah et al., Muography: Perspective Drawing in the 21st Century

コラム（大城）「アルタミラ洞窟」

スペインにあるアルタミラ洞窟は、サンティリャーナ・デル・マール村のある渓谷の石灰岩でできた丘陵地帯にある。唯一確認されている入り口は海抜156メートルに当たる北側にある。その洞窟壁画は今から1万4000年から1万9000年前に描かれたとされているが、19世紀の終わり頃まではその存在は知られていなかった。それはおよそ1万3000年前に落石によって洞窟の入り口が閉ざされたからである。この落石によって、アルタミラの洞窟壁画は人類や外気の侵入から長年遮断されてきたようで、偶然とはいえ幸運なことに保存状態が非常に良い。後に「旧石器時代のシスティーナ礼拝堂」とも称されることとなるこの洞窟壁画がわれわれに知られるようになったきっかけは、1879年にマリアという名前の少女によってもたらされた（洞窟そのものは1868年にすでに地元民によって確認されていた）。マリアは地元の領主でアマチュア考古学者でもあったマルセリーノ・サンス・デ・サウトゥオラの娘であった。彼女は父親の発掘調査の最中にアルタミラ洞窟で大天井画を発見したのである。しかし現在、旧石器時代の至宝ともいわれる壁画群が真作として認められるのは、1905年になってからである。常識を超えた高度な美術的技法が使用されていたため、それらの壁画は旧石器時代のものとしたサウトゥオラの主張が当時の学会の権威者たちから黙殺された話はあまりにも有名である。マリアの発見は早すぎたのである。生物進化論を例証したチャールズ・ダーウィンの『種の起源』が1859年に出版されてはいたが、このような考え方は比較的新しいものであり、人々は人類の祖先がアフリカ大陸を南北に走る大地溝帯が森林からサヴァンナへと変わる過程で、自然環境に順応し直立二足歩行を始めた霊長類であったことを認めることができなかったのである。いまだ時代は「生物とは神によって創造されたもの」という考えが支配していたのだ。簡単にいえば、聖書以前に文明があってはならなかったのである。

その後、人類の進化の歴史に人々の注目が集まり始め、ようやくアルタミラ洞窟の壁画が認められ市民権を得ると、アルタミラ洞窟に対する人々の興味は、その壁画群に集中することとなる。1902年のエルミリオ・アルカルデ・デル・リオによる本格的な考古学的発掘と、その成果をまとめ1906年に出版された報告書、そして神父であり、考古学者でもあったアンリ・ブルイユが1908年にモナコのアルベール1世の援助によって出版した書籍がそれを助長した。現在では最初の発掘者であるサウトゥオラによる報告書『サンタルデル県・先史時代の遺物に関する簡潔な報告』が最も優れており、とくにブルイユの本は学術的に評価されているわけではない。後世サウトゥオラは次のように評価されるようになる。

「彼はその本の中で、石器、骨器、装飾品、鉱物性顔料、そして食料遺物について述べた。つづいて作品を分析し、その中に絶滅したビゾンを認め、作品それ自体とその作者に大いなる芸術性があると断じた。さらに、考古学的出土遺物をヨーロッパ各地の遺跡のものと比較し、土中の鉱物性顔料と作品を関連づけ、アルタミラの作品をフランスで発見されていた骨製の先史美術作品と併せて論じた。サウトゥオラはアルタミラの遺物と作品すべてが人類最初の時代である旧石器時代に作られたことを疑わなかった。」（アントニオ・ベルトラン監修、大高保二郎、小川勝訳『アルタミラ洞窟壁画』岩波書店、２０００年、21頁より抜粋）

上記の観察力を見ても学術的訓練を受けた法学士であり、郷土史や自然科学にまで精通していたサウトゥオラの力量は十分であった。しかしながら著名なブルイユの本によって壁画群が世に知られるようになると、世界各地の研究者たちがそれらの解釈に夢中になった。進化論を標榜する研究者たちを筆頭に宗教家たち、あるいは芸術家たちをも巻き込み、アルタミラ洞窟壁画は一つの学問分野である先史美術研究を生み出したのである。

最も研究対象となりやすい美術の側面からもさまざまな指摘がなされてきた。たとえば画法という点から見ると、アルタミラ（ラスコーも）の洞穴壁画に描かれたウマや野牛（ビゾン）のように、前足と後足とをそれぞれ2本ずつ描くために斜めから見た状態、あるいは故意にずらした状態で描かれていることがわかる。また古代世界では珍しい身体を半捻りすることによって三次元的に動物を表現する技法が見られるのである。このような半捻りの描き方は、後の時代の古代エジプト美術の中にも見受けられるものであることから、人類共通の手法である可能性がある。

実際的な美術手法以外でも『金枝篇』の著者であるジェームズ・フレイザーの唱えたトーテミズム説と美術史家サイモン・レイナックなどの呪術説がよく知られている。前者は洞窟内部に描かれた動物がそれらを描いた人々の祖先を意味しているとした。クマを描いた人々は自らの集団のトーテムをクマであると考え、シカを描いた人々はシカであると考えたというのである。彼らはそれら先祖たる動物たちに畏敬の念を抱き、神聖なる存在とみなしたのであろうと理解するのだ。ネイティヴ・アメリカンをはじめとして、類似例は世界各地に見られる現象だ。トーテミズム説は、壁画の中に当時の社会構造や宗教・信仰などが反映され表現されていると考えたのである。このような考え方は、構造主義の先駆けともいえるかもしれない。

後者の呪術説は、さらに幅広い研究者たちの興味を惹きつけている。そのような人々は洞窟壁画の動物たちを狩猟の成果を祈願して描かれたものだと考えるのである。つまり、日々不安定な狩猟採集の社会に暮らしており、いまだ安定した農耕文明に到達することのなかった人々は、飢えを恐れてそれを避けるために壁画を描いたと主張されたのである。そして彼らのその絵画創作行為＝「祈りの対象を創造する」は、宗教学や心理学の分野にまで波及していくのである。この系譜は古代エジプトにおける原始絵画研究（大城 2007; 同 2009）（設楽 2006）へと続くものである。アルタミラ洞窟絵画の発見により歩みを始めた先史美術・原始絵画研究はもう一つの類まれなる洞窟壁画群の発見により、新たな局面を迎えるのである。

▼3・1・5　産業プラント（日本）

溶鉱炉は、鉄鉱石に含まれる酸素を高温で除去して鉄を取り出す装置である。20世紀初期における産業技術の粋ともいわれており、現在でも世界の産業の基盤を支える重要な産業用プラントの一つである。溶鉱炉は大きいもので、直径10メートル、高さ数十メートルを超える円柱状の炉であり、その中で一日に約1万トンの銑鉄をつくり出している。溶鉱炉は一度操業を開始すると途中で止めることができない。中で溶けている鉄が冷えて固まってしまうからである[68]。溶鉱炉の炉壁および炉底は、内側に水冷パイプを内蔵した耐火レンガで築かれている。超高温環境に24時間さらされるために、炉壁および炉底は徐々に損耗する。そのため、とくに炉下部の溶銑が溜まる部分の側壁は厚くつくられ、約2メートルもの厚さのカーボンブロックでできている。その耐久性は１９９０年代の溶鉱炉で約15年、21世紀以降の溶鉱炉で20年といわれている。だが、レンガは均一に減っていくわけではなく、炉底部

68　世界遺産にも登録されているフェルクリンゲン製鉄所は「労働のカテドラル」とも呼ばれている。第二次世界大戦中、フェルクリンゲンでは数万人にも及ぶ強制労働者や戦争捕虜が労働に従事したとされている。これは少しでも休むと、溶鉱炉内部の鉄が固まってしまい、二進も三進もいかなくなるからである。１８７３年に操業を開始したフェルクリンゲンは第二次世界大戦の戦火を奇跡的にも免れ、１９８６年まで操業を続けていた。そして、１９９４年フェルクリンゲンは世界遺産に登録された。理由は「人類の歴史上重要な時代を例証する建築様式、建築物群、技術の集積または景観の優れた例」である。同製鉄所は閉鎖する15年前にルクセンブルクの鉄鋼財閥率いるブアバッハ＝アイヒ＝デューデリンゲン製鉄グループに合併されている。さらにその10年後ノインキルヒェン製鉄所も併合して、現在はザールシュタールという会社になっている。ザールシュタールは高炉の技術的向上に努め、21世紀の問題「環境問題」に対応すべく、高炉から出るガスから発電を行う特別な発電設備を建設した。この取組みは環境負荷を下げる取組みとして高く評価された。

を溶けた鉄などが通過することによって、局所的に損耗していく。とくに、炉底あるいは側壁部分の一番薄い箇所が約50センチメートルを下回ると危険だと判断されており、溶鉱炉の改修を行う必要性が出てくる。そのため、これまでは、レンガの外側から5〜15センチメートルの位置に温度計を入れ、測温結果によってレンガの厚みを推定してきた。だが、溶鉱炉改修時に内部を検証すると、カーボンブロックの品質向上などにより、まだ壁厚に余裕が残っていることが多い。

そこで、ミュオグラフィによる溶鉱炉内部のイメージング実験が行われたのである。実験では炉内の物質密度と炉底レンガ損耗量の計測が行われた。鉄とレンガは密度が大きく異なるために、鉄とレンガの境界が両者の密度差から明確に判別できると期待されたのである。装置は溶鉱炉の炉底部脇に設置され、炉を透過するミュオンの数を検出することで、ミュオンの透過度合いからミュオン経路に沿った（平均密度×通過距離）が算出された。水平方向のミュオンは飛来頻度が低いため、一定期間（約1か月）継続的に計測することで、内部構造が推定された。

レンガの損耗量の見積もり方はこうだ。炉底レンガの損耗レベルを何パターンか設定する。損耗していれば密度の小さいレンガ部が密度の大きい溶鉄に置き換わっていることを利用して、モンテカルロシミュレーションによる計算値と実測値との対比からレンガの損耗量を算出する。その結果、測定時点でのレンガの損耗レベルは15〜20センチメートルと推定された。今後、炉底密度を測ってレンガの損耗量を推定する方法が実用化されれば、溶鉱炉内部の状況がより詳しくわかるようになる。耐火レンガの交換には数百億円かかるので、適切な時期まで交換を延期できれば年間十数億円以上の削減効果にも繋がるかもしれない（Nippon Steel Monthly ２００８年11月号　高炉内測定の新たな可能性を拓く宇宙線ミュオン）。

ミュオグラフィが溶鉱炉の内部観察に使えるのであれば、他の種類の炉にも適用できるだろう。こんな思いが電気炉を操業する現場関係者をミュオグラフィへと導いた。溶鉱炉はコークスを燃やして、炉内部の温度を上げるが、電気炉は電気の力で炉内温度を上げるプラントだ。電気炉はおもに鉄スクラップの溶解、成分調整を行うことで、鉄鋼を生産するために用いられるが、それ以外の用途として、カーバイドの合成にも用いられる。石灰石を石灰炉で焼成して生石灰をつくり、コークスと反応させてカーバイド合成を行う。ここで必要となるのが、２０００度以上の高温条件である。生石灰とコークスを反応させるには電気炉で超高温状態に持っていく必要がある。カーバイドは　アセチレンガスの発生用として利用されるだけでなく、耐候性、耐熱性、耐油性、耐薬品性に優れたクロロプレンゴムの原料ともなる。

ミュオグラフィはこのカーバイド合成用プラントに対して適用されたのだ（Tanaka et al., 2013）。電気炉には昼夜を通して、つねに同じ電力をかけることができない。それは昼間と夜間とでは地域全体の電力使用量が異なるためだ。人々が活動する昼間のほうが夜間より電力使用量が多く、電力単価が高い。そのため、夜間に比べて昼間の電力負荷を落としている。したがって、電気炉の操業では一日のうちで高負荷と低負荷の状態をくり返しているのである。ただし、昼間の電力使用量はつねに一定とは限らない。夏場はクーラーの稼働率が高く、春、秋に比べて、昼間の電力使用量が増える。そのために、電力負荷の落とし具合については二つのパターンがあり、あまり負荷を下げない中負荷と負荷を極力下げた低負荷の状態がある。だが、昼間の電力負荷の違いで、夜間の操業効率、つまりプラントの生産能力が変わってくることがわかってきた。ベテランオペレーターの感覚や抜出し量から負荷パターンによって異なる炉内の状況が報告され始めているからだ。だが、実際には想像の域を出ない。

電気炉内部はいくつかの層に分かれていて、原料が反応して溶融している層、つまりカーバイドの層の密度が一番高く炉底部にたまっている。カーバイドの層とそれ以外の層とでは40~50%も密度が異なる。したがって、ミュオグラフィを使えば容易にカーバイドの層を視覚化できると考えられた。まず、電力負荷が高い夜間のカーバイド層のほうが昼間に比べて大きいことが想定されるが、実際観測してみると確かにそのようになっていた。さらに興味深い点は負荷パターンによって、炉内の密度分布が変わることだった。とくに昼間の負荷の違いによって、夜間の溶融層の形状が変わることがわかった。今後カーバイド合成用プラントのミュオグラフィデータが蓄積され、カーバイド層の形状と電力負荷パターンとの関係があきらかになれば、生産効率の向上などに繋がるかもしれない。

産業用プラント可視化の最後の例として、原子炉を取り上げたい。発電用プラントは一度操業を開始すると中を開けることが難しい。その中でもとくに難しいのが原子炉である。稼働後の原子炉内部には放射性物質が満ち溢れているからだ。中を開けずに離れた場所から内部を観測できるミュオグラフィは事故後の原発調査に使われている。2011年3月11日の東日本大震災により被災した福島第一原子力発電所では、1号機から3号機の原子炉の炉心が溶融したと考えられている。しかし、被災した原子炉内部を直接観察することは難しい。名古屋大学のグループは、2014年に福島第一原発の2号機と5号機でミュオグラフィ観測を実施した（Morishima, 2015）。観測に用いられたのは、原子

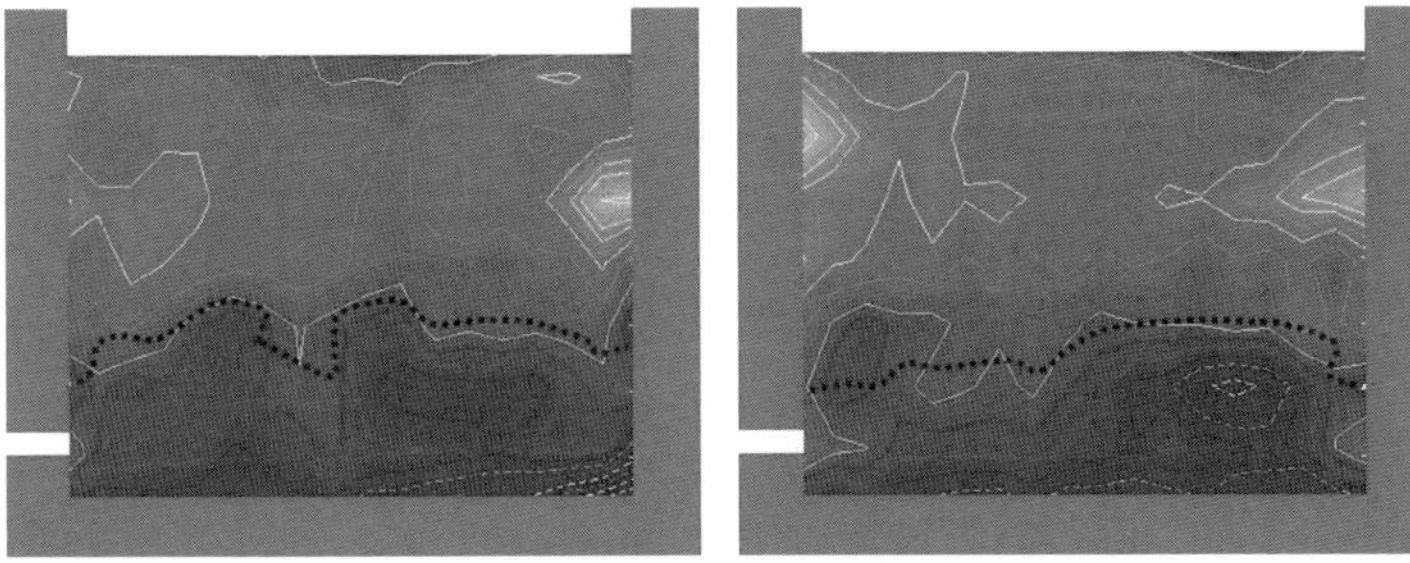

▲ **図52**　ミュオグラフィで見た電気炉内部の様子。電力負荷の違いで原料が溶けている領域（点線）の厚みに違いが見られる。

核乾板である。原子核乾板は電源を必要とせず、軽量かつコンパクトである、という他の検出器にはない特長を持っていたため、比較的早い段階で観測を実施することができたのだ。原子核乾板は原子炉建屋に隣接するタービン建屋1階に設置され、原子炉を通過してきたミュオンが記録された。得られた透視画像から、2号機と5号機に共通する構造である原子炉格納容器、および燃料プール等が確認された一方、2号機の炉心領域に存在する物質量は5号機と比べて有意に少ないという結果が得られた（図52、53）。その欠損量は180~210トンと見積もられた。本来あるべき所に核燃料があれば、それによりミュオンが遮られて、その方向からの数が減るはずなのだが、実際には予想より多くのミュオンが通り抜けてきたのだ。この結果から、2号機では炉心溶融が起きていたことが裏づけられたのである。

ミュオグラフィを活用した放射性物質の管理体制の構築は欧州でも関心が高い。これは20世紀中頃から放射線規制が厳しくなる前までの間に捨てられた放射性廃棄物を格納しているサイロが山のようにある中、その内部の実態があまり知られていないからである。そのため、サイロの中にいったいどんな種類の廃棄物が捨てられてい

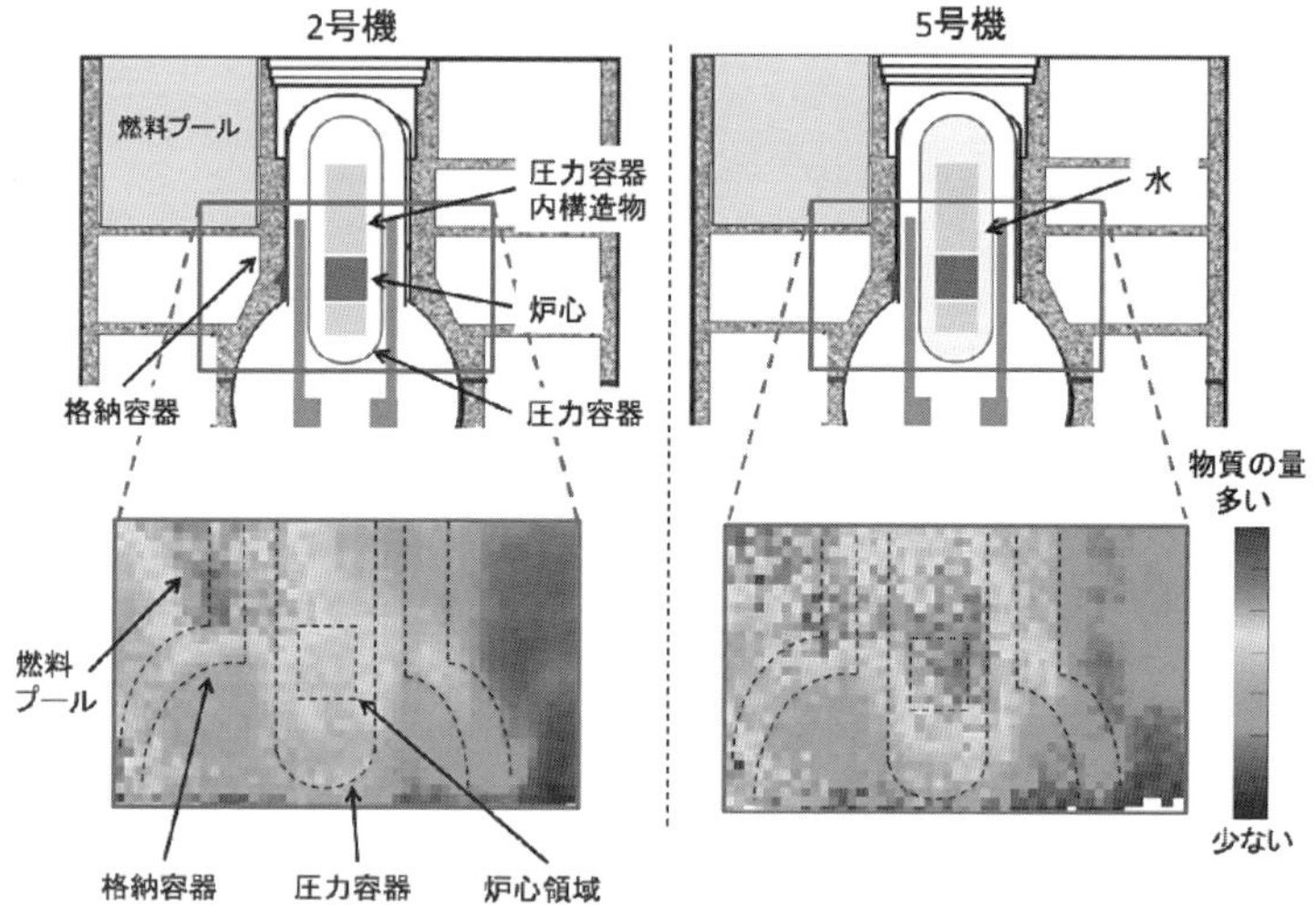

▲ 図53　東日本大震災により被災した福島第一原子力発電所の原子炉内部のミュオグラフィ観測の実施結果を２号機と５号機で比較したもの。本来あるべき所に物質がない。
出典：K. Morishima (2015), Muography: Perspective Drawing in the 21st Century

るのかを知ることは喫緊の課題となっている。だが、中を開けて直接確認することはおろか、サイロに近づくことすらできない。そこでミュオグラフィに期待が持たれているのである。その中でとくに期待されているのが、サイロの中に存在しているかもしれない、ウランなどの放射性重金属の発見である。本来混じっていてはいけない高濃度放射性物質が実態としてどれほど紛れ込んでいるのか、この問題の解決が急がれているのだ。イギリスとイタリアのグループは実際のサイロの大きさと等しい、コンクリートで満たされた直径3.5メートル、高さ4メートルの円柱内部に一辺5～10センチメートルのウランブロックを仮想的に入れ込み、これをミュオグラフィで可視化できるかをシミュレーションで確かめた。コンクリートとウランとでは密度が大きく異なる。その結果、4平方メートルの有感面積を持つ観測装置を使えば、数か月の観測によりこれらのウランブロックを検出できることが示された。だが実際のサイロには高密度の鉄片が混じっていたり、サイロが保管されている建物が画像を歪ませたりするので、彼らの計算どおりにはいかないだろう。この問題は、今後実際の測定の中で徐々に解決していくものと期待される。

▼3・1・6　地球外ミュオグラフィ（アメリカ）

地球外にある天体のレントゲン写真を撮れたら……そんなチャレンジがアメリカで始まっている。非常に壮大な話ではあるが、ここで一つ疑問が生じる。そもそもミュオンは地球の大気でつくられるのだった。地球の大気とは組成も濃さも異なる地球外天体で本当にミュオグラフィができるのだろうか？

ミュオンは宇宙線が大気を構成する窒素原子核や酸素原子核に衝突することによって生成するメソンが崩壊してできるのであった。原子核は陽子と中性子でできている複合体なので、宇宙線にとってみれば、核子の数は違っても窒素原子核も酸素原子核も本質的には同じである。つまり、地球と大気の化学組成が違っていても大気があれば、そこでメソンがつくられ、結果としてミュオンも生成されるのである。

火星には二酸化炭素を主とした大気がある。したがって、宇宙線は炭素原子核や酸素原子核と衝突して、ミュオンを生成することになる。だが、火星大気の地表での気圧は地球の１０００分の７しかない。ここまで、大気が薄いと宇宙線はしばしば大気原子核と衝突せずに直接地表に届くようになる。

言い換えるとミュオン生成量が地球に比べて確実に少ないということである。ただし、これは鉛直方向から到来する宇宙線に対する話である。地表から見て水平方向に積分した大気の厚みは鉛直方向に積分したものと比べて数十倍以上ある。この厚みは地球の大気圧の10分の1に匹敵する。そのため、水平方向においては、地球と同等レベルのミュオン生成量が期待されるのだ。

最近、水平方向のミュオンを使った火星のミュオグラフィプロジェクトが計画された（Kedar et al. 2013）。火星は過去に液体の水があったと考えられている惑星だけにその内部構造に興味が持たれているのだ。その中でもとくに興味を惹いているのが、火星の洞窟である。洞窟があれば昼夜、季節によって異なる100度以上にも及ぶ過酷な温度変化が緩和される。さらに宇宙からの有害な放射線も防ぐことができるため、生命体が存在しているかもしれないと考えられているからだ。

火星の表層を高精度に捉えた写真には洞窟の入り口を示唆するような画像がいくつか撮影されている（図54）。この計画では、これらのうち最も有力な洞窟候補の周辺に観測装置を搭載した火星探査用ローバーを着陸させ、ミュオグラフィを行う（図55）。洞窟の入り口は高台に位置していることが写真から推測できるので、その隣に位置する谷状地形の内部にミュオグラフィ観測装置をうまく移動することができれば、水平方向から到来するミュオンを活用できると考えられている。

火星には洞窟以外にも興味を引く対象がいろいろある。たとえばピンゴに似た地形が写真で捉えられている（図56（上））。ピンゴは地球上で永久凍土によく見られる地形で、ドーム状のかたちをしている。これは氷の膨張によって土壌を被った永久凍土を押し上げてつくった地形だといわれている。このピンゴ様の地形の内部構造もミュオグラフィで確認することができるだろう。もし、これが地球上のピ

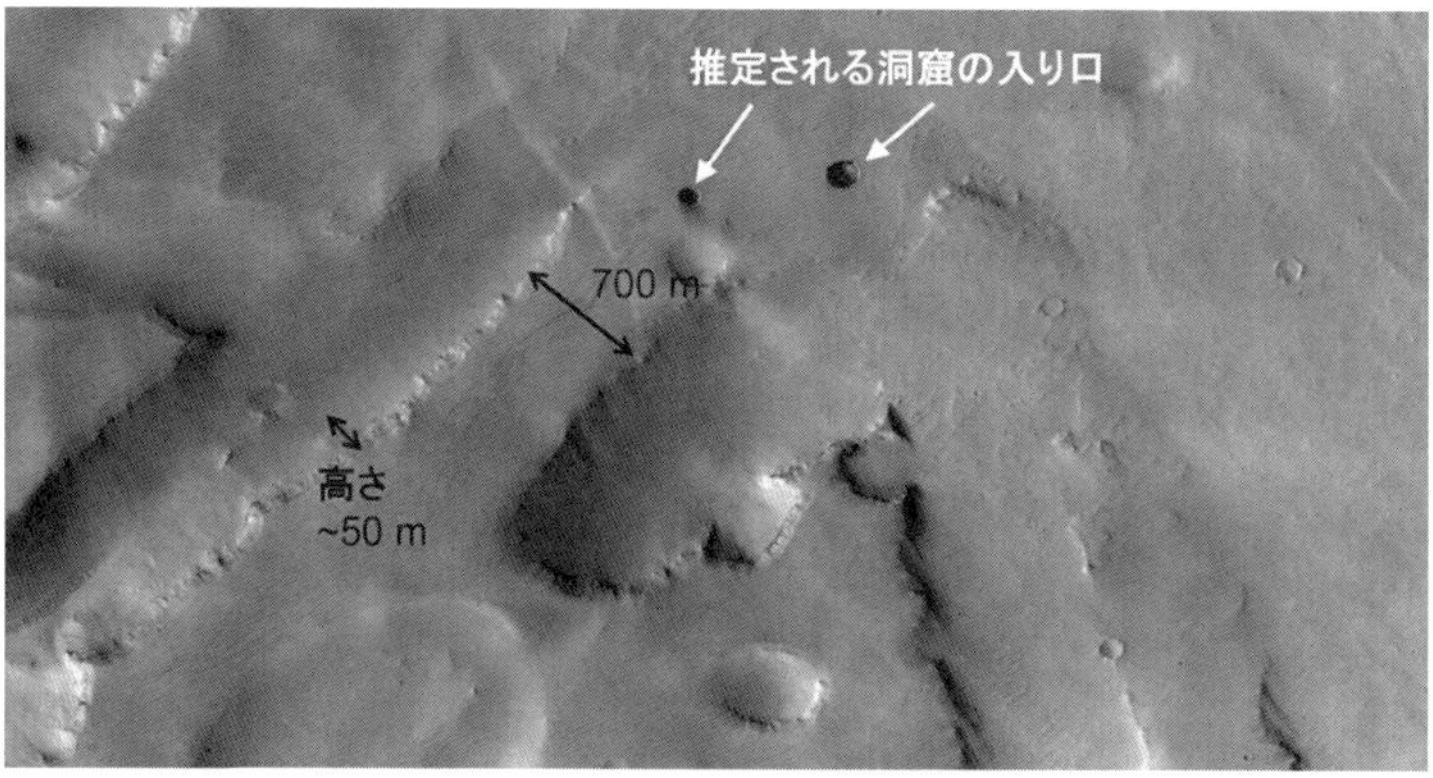

▲ **図54** 火星上空から撮影された写真。洞窟の入り口を示唆するような影が映っている（矢印）。

ンゴと同じものであれば、土壌の下には氷という周囲に比べて低密度の塊があることが予想されるからである。また、火星には過去に火山活動があったとされている。２４０万年前に噴火したと考えられているオリンポス火山は火星最大の火山といわれ、周囲の地形から27キロメートルも盛り上がっている。世界最高峰エベレストの3倍である。これほど大きいとミュオグラフィで透視することはできないが、オリンポス火山以外にも小さな火山らしき画像がいくつか捉えられている。火星の火山内部がどうなっているのかを調べれば、地球と火星の歴史に対して新たな知見が得られるかもしれない。

さて、ミュオグラフィは大気のある天体だけでした実施できないのだろうか？　小惑星探査機「はやぶさ」がサンプルを持ち帰った「イトカワ」や「宇宙資源」で一時話題になった小惑星には大気がまったくない。これらの小天体の透視は可能なのか？　結論から先に述べると、小惑星などの大気のない天体でも可能である。先ほど宇宙線にとってみれば、核子の数は違っても窒素原子核も酸素原子核も本質的には同じである、と述べた。つまり、宇宙線が直接天体とぶつかって

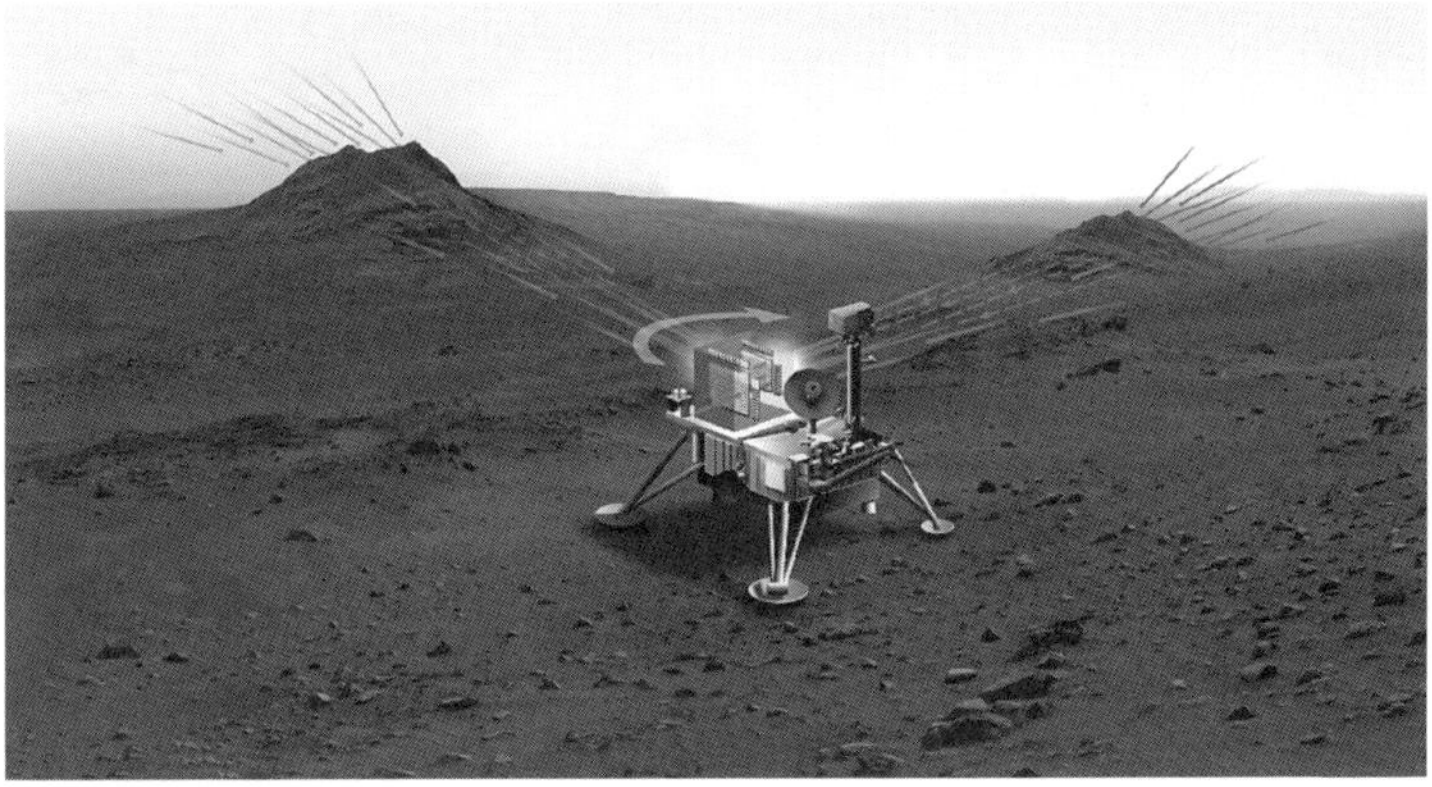

▲ 図55　ローバーに搭載した観測装置。移動させながら火星表面のミュオグラフィ観測を行う。

もその中でミュオンはつくられるのである。水星、金星、火星や小惑星などの地球型の天体である場合、天体を構成する化学物質はおもに二酸化ケイ素である。したがって、宇宙線がこれらの天体に直接入射すると、酸素やケイ素原子核と反応することになる。だが、大気と違って、固体では原子と原子の間の距離が短いので、いったんできたメソンがミュオンに崩壊する前に別の原子核と反応する確率が大気の場合と比べて格段に上がる。そのために、最終的につくられるミュオンのエネルギーも分散してしまい、一般的に透過力は低くなる。したがって、ミュオンを小惑星などの固体ターゲットで直接生成する方法では、あまり大きな物体を透視できない。

具体的には直径200メートルの小惑星に入射した宇宙線がつくるミュオンが、小惑星全体を通り抜け、入射した側と反対方向に設置した装置（図57）が捉える。ミュオン数は1平方メートル・一日あたり約60個とかなり少ない。地球上では一晩寝ている間に私たちの体を100万個のミュオンが通り抜けていることを思い出してほしい。これが直径1キロメートルになると一日1個程度にまで減る。だが地下からわき出してくるミュオン数は小惑星の核が氷か鉄かで大きく変わるのだ。たとえば、直径800メートルの小惑星の中に直径400メートルの核があると仮定しよう。小惑星の密度は2グラム毎立方センチメートルとして、核が氷かどうかは1平方メートルの有感面積を持つ装置を用いれば20日程度の観測、

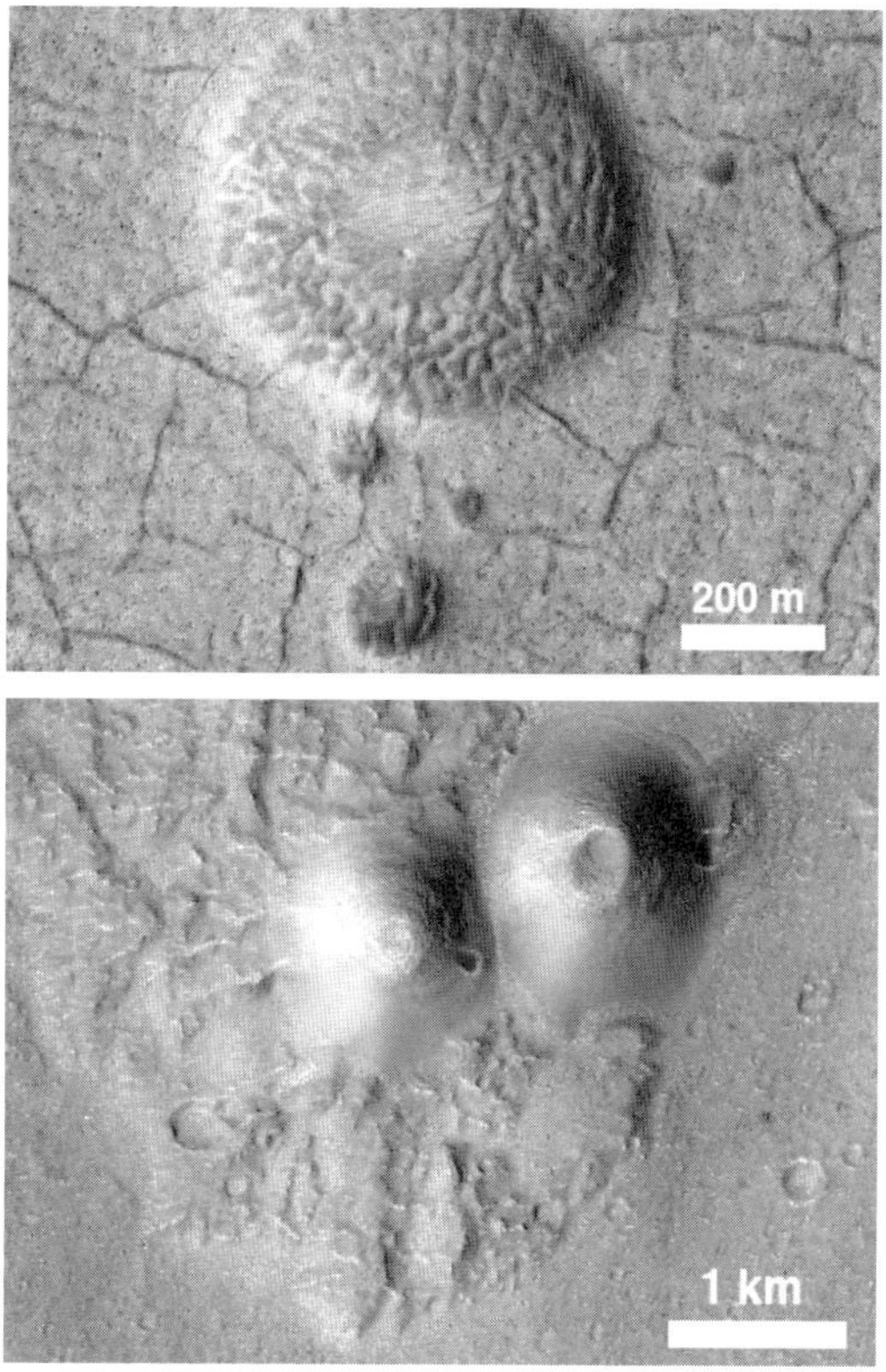

▲ **図56** 火星表面に発見されている興味深い形状。ピンゴ（上）、ガス流路を持つ火山の可能性（下）。

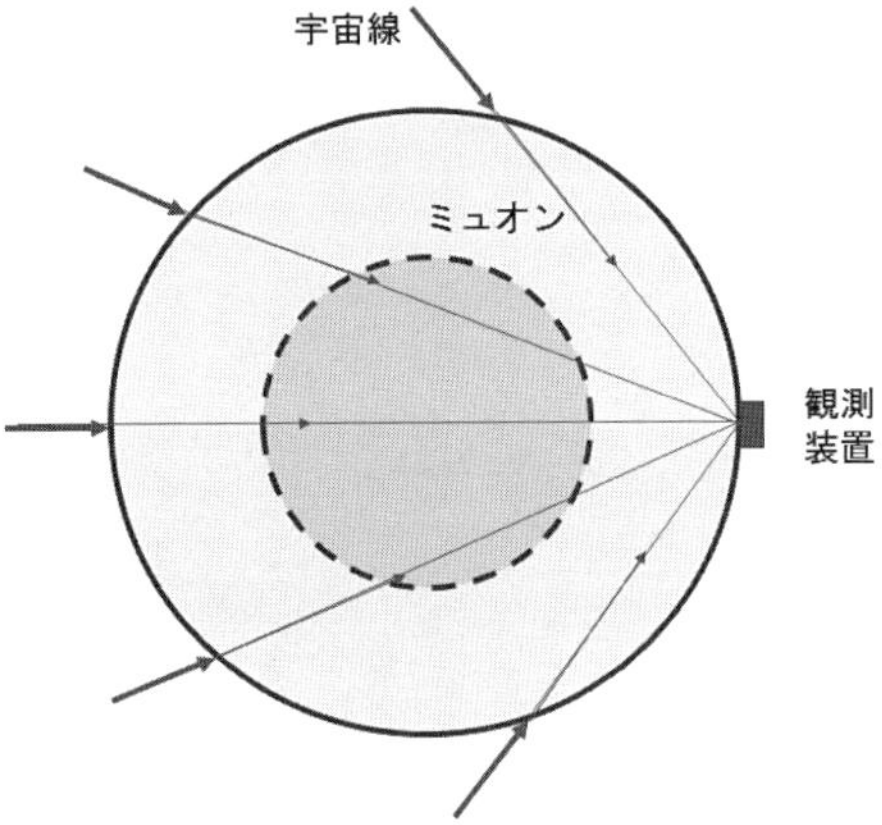

▲ **図57**　小惑星のミュオグラフィ。小惑星に入射した宇宙線は小惑星内部でミュオンに変わり、観測装置に記録される。

鉄かどうかについては4日の観測でわかる[69] (Prettyman, 2013)。小惑星のサイズが小さくなれば調査に掛かる時間はもっと短い。直径50メートルの小惑星の中に直径20メートルの核がある場合、その存在を確かめるのに1時間も掛からない。このように探査できる小惑星のサイズは限られるものの、小惑星の内部に何があるのかがミュオグラフィでわかるのだ。アメリカでは宇宙に資源を求めるまるでSF小説のような話が現実化しつつある。水や考えられない量の重要な鉱物資源（ニッケル、コバルト、鉄など）がレゴリス[70]の下に存在しているかもしれないと考えられているのだ。

　わが国でも地球外ミュオグラフィの計画が検討されつつある。火星の衛星フォボスの内部探査に対して、ミュオグラフィを適用しようというのだ (Miyamoto et al., 2016)。フォボスは火星に二つある衛星のうちの一つであるが、そのかたちはいびつで大きさは20キロメートル程度である。反射スペクトルの観測結果からフォボスは太陽系で最も原始

69　もちろんこれはミュオン以外のノイズ粒子がないことが前提だが。
70　小惑星などの表面には風化した岩盤などが厚く堆積している。この堆積層のことをレゴリスと呼んでいる。

的なタイプの小惑星が火星に捕捉された結果なのではないかと推察されている。だが、フォボスの軌道の形状からこの説に疑問が投げかけられている。フォボスの密度が異常に低いのである。そのため、フォボスの内部構造に興味が持たれている。だが、フォボスは大きすぎて全体の透視画像を撮影することは不可能である。とはいえ、地表に降り積もっているレゴリスの下がどうなっているのかがわかるだけでも意味がある。地表のすぐ下に氷が存在しているかもしれないからだ。ミュオグラフィによって、フォボスの密度がどうして低いのかについて答えを与えることができるかもしれないのだ。そのため、できるだけ貫通力の高いミュオンを使って、ミュオグラフィを行いたいのだが、フォボスには大気がないので、フォボスそのものを使っては貫通力の高い、高エネルギーミュオンはできない。そこで、考えられたのが、火星の大気で生成されたミュオンをフォボスのミュオグラフィに利用するアイデアである。水平方向に火星大気をかすった宇宙線がつくるミュオンは火星本体には衝突せず宇宙空間に飛び出してくる。このミュオンをフォボスの観測に使おうというのだ。フォボスは火星の表面からおよそ6000キロメートルの軌道を回っている。火星でできたミュオンがフォボスに到着するためには、ミュオンに強い相対性理論の効果がないといけない。フォボスに到着する前に途中で崩壊してしまうからだ。言い換えれば、強い相対性理論の効果があるような高エネルギーミュオンだからこそ、フォボス探査に使えるともいえる。計画でははやぶさに搭載されたローバーと同型のものに装置が搭載され、観測を行うことになっている。フォボスから見て遠く離れた火星大気という限られた領域から到来してくるミュオンを捉え、ミュオグラフィを行うという壮大な計画である。

3・2　ピラミッドから火山へ、そして再びピラミッドへ

今から60年以上も前、ジョージの実験によってミュオグラフィの幕が開けた。当時、透視イメージングはできなかったが、その後10年以上の歳月を経て、最先端の技術と知見を投入したカフラー王のピラミッド内部のミュオグラフィ探査が試みられた。ピラミッドがミュオグラフィの本当の初舞台だったのである。ミュオグラフィはこれを最後にして人の目には触れることはないかと思われた。アルバレの後を人々が追わなかったのである。ところが、10年前、火山の内部が写し出されたのをきっかけとして、世界中で、ミュオグラフィ研究が一気に活発化した。やはりピラミッドは多くの人々の興味を惹きつけて止まないのだろうか、このような世界的潮流の中で、ピラミッド探査の再チャレンジが始まった。

世界には二つの特別に有名なピラミッド群がある。一つ目はクフ王のピラミッドで知られるエジプトのギザにある三大ピラミッドである。もう一つはメキシコにある。太陽のピラミッドをはじめとしたテオティワカンのピラミッド群である。エジプトや南米には他にも多くのピラミッドがあるが、この二つのピラミッド群が他を圧倒して有名である。そしてこの二つのピラミッドのミュオグラフィ調査が始まったのである。

▼3・2・1　メキシコのピラミッド

エジプトにあるギザの三大ピラミッドと並んで世界的に有名なピラミッド群がメキシコの古代都市テオティワカンのピラミッドである。テオティワカンは現在のメキシコの首都メキシコシティから約

50キロメートル北東に離れた位置にあり、紀元前100年頃から発展してきたとされている。紀元500年頃の最盛期には少なくとも12万5000人（一説によると20万人）の人口があったとされている。だが、人口の急増にインフラ設備が追いつかず治安が悪化、さらに干ばつなどの影響により7世紀頃を境に人口は急速に減少して、ついに都市は崩壊したといわれている。その後12世紀頃アステカ人がこの地を訪れるまで、廃墟と化したテオティワカンは長い間人の目に触れることはなかった。

テオティワカンは太陽のピラミッド、月のピラミッド、そして南北5キロメートルにわたる道路を中心として、大小さまざまな建造物が計画的に整備された都市である。テオティワカンのピラミッドはギザのピラミッドとは違い、数層からなる階段状のかたちをしている。もう一つギザのピラミッドと違う所は、テオティワカンのピラミッドにはどういうわけか玄室がない点である。そのため、テオティワカンのピラミッドは祭壇としての役割が強く、エジプトのものと違って墳墓ではないと考えられている。見つかっていないだけなのか、それとも本当にないのか、その謎を解き明かすために、メキシコ国立大学（UNAM）の研究者たちが太陽のピラミッド内部のミュオグラフィ観測を試みたのだった。

太陽のピラミッドは高さが約75メートル、周囲の長さが約900メートル（1辺225メートルの正方形）で地面への投影面積はクフ王のものとほぼ同じだが、高さが約半分しかない。ピラミッドの地下にはピラミッド中央部に伸びるトンネルが掘られている。だが、このトンネルはピラミッド建造時に掘られたものではないことがわかっている。後に人々が石材や土を持ち去った後なのではないかと考えられているのだ。トンネルは少しずつ地下に向かって伸びていき小さなクローバー型の空洞に行き

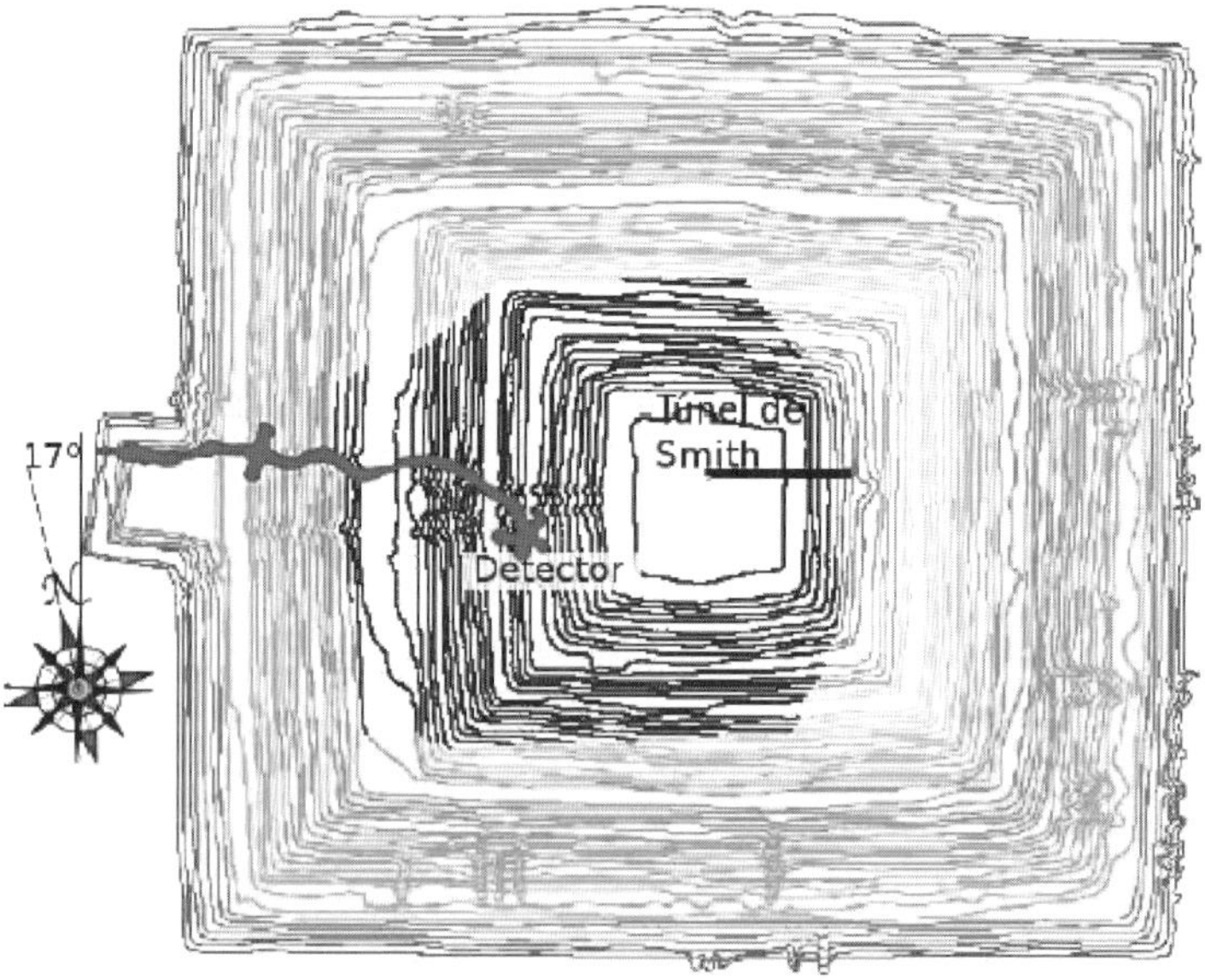

▲ **図58**　メキシコ太陽のピラミッドのミュオグラフィ観測。太陽のピラミッドとその下に伸びるトンネルとその先にあるクローバー型の空洞（Detector）の位置関係を示している。
出典：Agular et al., 2013

着く（図58）。地下6メートルに位置するこの空洞についても、必ずしもアメリカ大陸にあるピラミッドに特徴的な構造ではないために、歴史学的に特段の意味は持たないと考えられている。おそらく盗掘の跡と思われるが、図らずともミュオグラフィ観測にとって、これが運の良い構造だったのだ。ピラミッドこそ違うが、アルバレの実験とほぼ同じ条件で実験を行えるからだ。

空洞内部に持ち込まれた観測装置の有感面積は1・5平方メートルであった。だが、そこに行き着くまでに非常に細い通路を通らなければいけなかった。そのため、装置は細かく分割され、空洞内部で組み立てられることになった。もちろん、ピラミッド内部には商用電源はない。1キロメートル以上離れた場所から電線を引っ張ってくる必要があった。さらに酸欠の問題もあった。ポンプを使って通路と空洞をつねに新鮮な空気で満たしておく必要があったのだ。

２０１４年、太陽のピラミッド内部に新たな事実が見つかった。１辺60メートルの正三角形のかたちをした領域の密度が周囲の密度よりも低かったのだ。だが、この領域のサイズが60メートルと大変大きいことから未発見の玄室であるとは解釈しにくい。チームが想定する最悪のシナリオは太陽のピラミッドは将来崩れ落ちるというものである。この低密度の領域は太陽がよく当たる南斜面方向において観測されており、長年くり返してきた日射により、風化してその部分が弱くなっているのではないかというのである。だが、結論を出すのはまだ早い。ＵＮＡＭが行った観測では上から下に投影した像のみが得られているので、この低密度領域が三次元的にどの位置にあるのかまでは特定できていない。強度劣化の代わりに巨大な玄室があっても不思議ではないのだ。

▼３・２・２　カフラー王のピラミッドの密度

ギザの三大ピラミッドは、人工の建造物としては考えられないほど大きい。高さもメキシコのピラミッドと比べて倍以上もある。アルバレが装置を設置した、ベルツォーニの玄室上部の石灰岩の厚みは１００メートルを超える。隙間なく石を積み上げることでこれほどまで大きなピラミッドがつくられたといわれているわけだから驚きである。この緻密な構造が５０００年以上も崩れずにその雄姿を保ち続けられた理由なのかもしれない。だが、ピラミッドがすべて同じ石でつくられているのか。また、その石は軽いのか、重いのかについては誰も知らない。同じサイズの石でも空隙が多ければ軽く、密に詰まっていれば重い。石の密度がわかり、かつピラミッドがすべて同じ石でつくられていることがわかればピラミッドの重さがわかる。ピラミッド建造の謎に迫れるかもしれないのだ。

アルバレが1968年にカフラー王のピラミッドの観測を行った当時、そのピラミッドにはミュオグラフィを行ううえでいくつか有利な点があった。①ピラミッドの幾何学的形状はたとえば、火山などの自然の構造物に比べてシンプルである。そして、その形状は航空測量によって精度よく測定されている（Alvarez et al., 1970）。②ジェラルド・リンチによって、カフラー王のピラミッド表面から得られた岩石サンプル［モカッタム石灰岩（後述）］の密度測定が行われている。そしてその値は1・8グラム毎立方センチメートルであった（Alvarez, 1983）。③カフラー王のピラミッドの表層付近（表面から2メートル程度まで）の構造を直接観測することができる。これはピラミッド表面の石がはぎ取られ、一部が頂上付近に残っているからである。そこからは、化粧石とその背後にあるいくつかの石灰岩ブロックが隙間なく積まれている様子が、露頭として直接観測できる。

カフラー王のピラミッドはギザの三大ピラミッドの中では2番目に大きなピラミッドで、エジプト第4王朝のファラオであるカフラー王（紀元前2558─2532年）の墓であると考えられている。ピラミッドはカイロ市街地より20キロメートル南西方向に離れた場所に位置している（図59）。ピラミッドのベースは一辺215・5メートルの正方形で、建造当初はおそらく高さは143・9メートルあったが、現在では136・4メートルである。高さが減った理由については、もともとピラミッドの頂部にはキャップストーンと呼ばれる石灰岩ブロックが積まれていたが、それが何らかの理由で失われたことによるものと考えられている。カフラー王のピラミッドの特徴はオリジナルのトゥーラの石灰

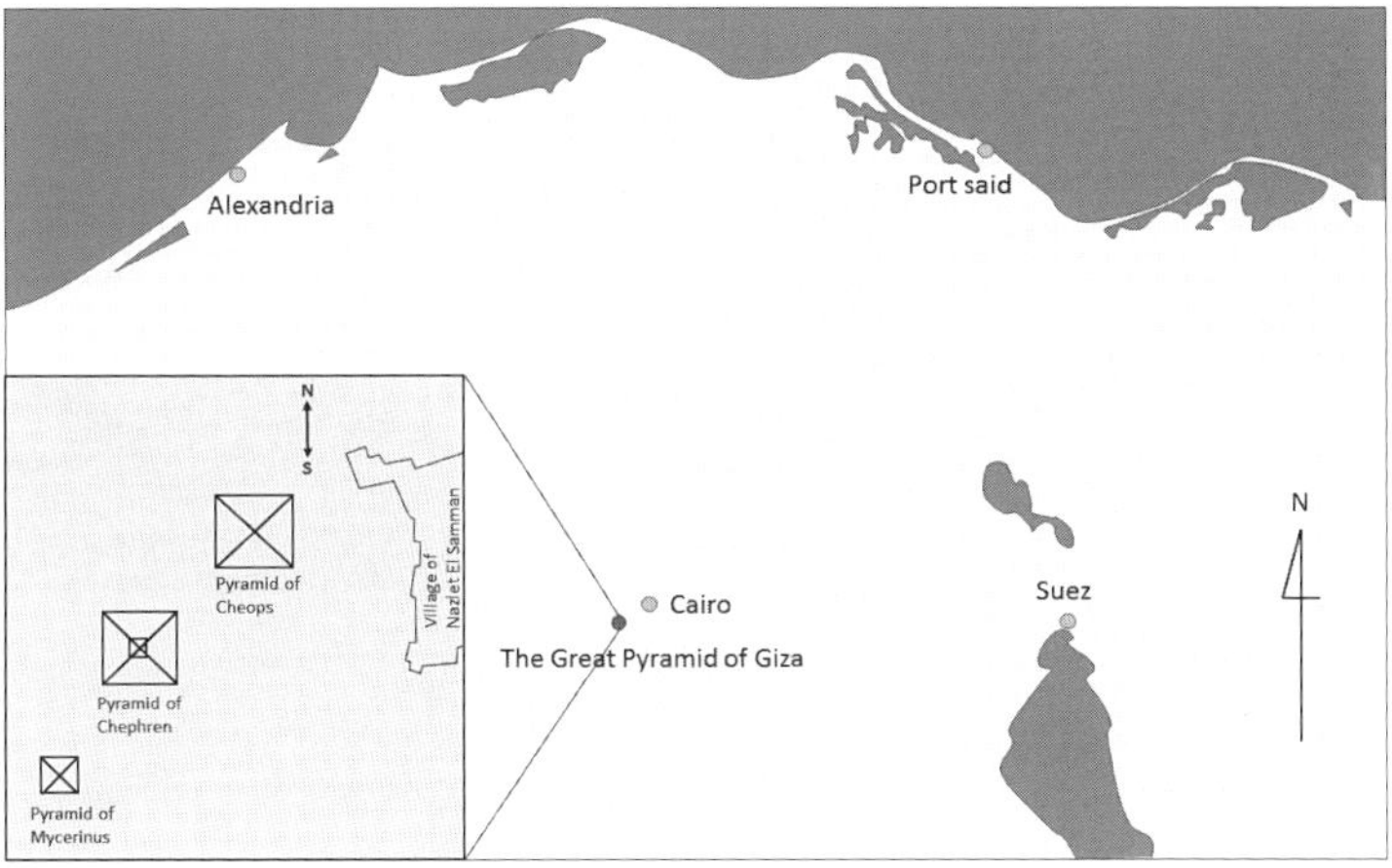

▲ **図59**　ギザの三大ピラミッドの地理的な位置。インセットはクフ王のピラミッド、カフラー王のピラミッド、そしてメンカウラー王のピラミッドの幾何学的配置を示している。

岩でできた化粧石が頂上付近に残存していることである（**図60**）。この領域は上部ゾーンと呼ばれている。上部ゾーンの下縁部より下では、化粧石だけでなくその裏にある何層かの石灰岩ブロックも取り除かれている。そしてその結果として、ピラミッド表層部の断面が露出しており、直接観察できるようになっている。これを見ると、化粧石もその裏の石灰岩ブロックもきれいに隙間なく積まれており、化粧石がかつては、ピラミッド全体を覆っていたことがうかがえる（**図60（b）**）。

ピラミッドはおそらく紀元前100年頃までは化粧石で覆われていたことがその頃書かれたディオドロス・シクルスの以下の記述「今日まで、もともとあった場所に石はあり、ピラミッドそのものも崩壊していない」から推測される。したがって、彼の記述を信じれば、現在までの2100年の間のどこかで化粧石（とその裏の石灰岩ブロックも）失われたことが容易に想像できる。この失われた理由について、ク

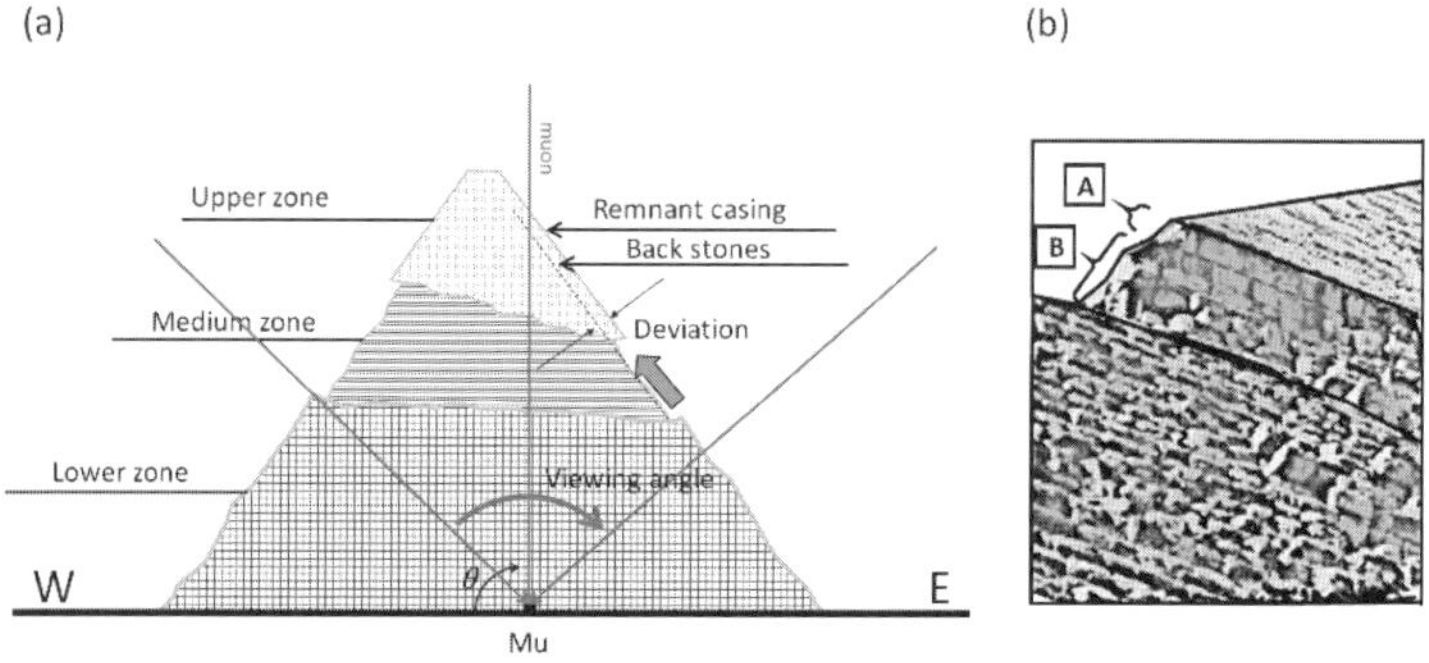

▲ **図60**　アルバレらによって1968年に行われたミュオグラフィ観測の配置をカフラー王のピラミッドの南方向から見た図（a）。この観測の視野角（緑線）および観測装置の位置（Mu）が示されている。ここで仰角（θは西から東へ向かう方向で定義されている。上部、中部、下部ゾーンはピラミッド表面の状態に応じて、クロッチとビリトグノロによって2000年に導入された概念である。図中の“deviation”と定義されている領域は1970年にアルバレらによって導入されたもので、上部ゾーン表面の中部ゾーン表面からの距離である。上部ゾーンには化粧石が残っている。グレーの矢印は（b）に示されるピラミッド表層の断面図を見ることができる方向を示している。この断面図のイラスト（b）は一層の化粧石［A］と数層のモカッタム石灰岩ブロック［b］からなることを示している。すなわち、“deviated region”は、化粧石とモカッタム石灰岩ブロックの混合物であることがわかる。

ロッチとビリトグノロは盗まれたことによるもの、と結論づけている（Croci and Biritognolo, 2000）。これは彼らの近傍観測によって判明した。石材が石切の技術と似た技術によって、系統的に取り除かれていることがあきらかになったのである。

このように、カフラー王のピラミッドを建造するためには、2種類の異なるタイプの石灰岩が使われたと考えられている。化粧石に使われたトゥーラ石灰岩とピラミッド本体の建造に使われたモカッタム石灰岩である。トゥーラ石灰岩は高品質の石灰岩で、密度が高く大理石に近い。アーノルドは1991年、化粧石に用いられた石灰岩の密度を測定した。彼の報告によるとこの密度は2・65〜2・85グラム毎立方センチメートルであった（Arnold, 1991）。かつて、トゥーラ石灰岩はピラミッド全体の外層1層を覆っていたと考えられているが、この場合、トゥーラ石灰岩のピラミッド全体の体積に対する割合は5％となる。一方、残り95％を占めるモカッタム石灰岩は、トゥーラ石灰岩とは対照的により多孔質で低密度である。モカッタム石灰岩ブロックのほとんどは、ピラミッドのすぐそばのモカッタム層の石切り場より切り出され、ピラミッド建造に使われたと考えられている。これらの石切り場の地層はいずれも始新世[71]中期に生成されたものである。アーノルドは、ピラミッドの建造に使用されたモカッタム石灰岩の密度を推定しているが、1・7〜2・6グラム毎立方センチメートルとずいぶん幅が広い。だが、実際のところピラミッド内部の石灰岩ブロックにはアクセスできないので、本当の密度が一体いくつなのかはわからない。だが、ピラミッドから採取された岩石サンプルの実測値がある。アルバレの同僚であるジェラルド・リンチはピラミッドから直接岩石試料を採取して、密度の測定を行い、1・8グラム毎立方センチメートルという値を得ているのだ（Alvarez, 1987）。

ミュオグラフィに話を戻そう。アルバレらのグループは1968年の観測で65万個のミュオンを取得している。このうち、トゥーラ石灰岩とモカッタム石灰岩からなる上部ゾーン（図60参照）を通り抜けたミュオンは10万個であった。[72]ピラミッドの外形はわかっているので、上部ゾーンとその下の下部ゾーンを通り抜けたミュオン数と下部ゾーンだけを通り抜けたミュオン数を比較することで、上部

71　始新世とは約5600万年前から約3990万年前の地質時代。この時代に突発的な地球温暖化現象が起きたとされている。

72　測定時間は同じである。

ゾーンと下部ゾーンの密度比を決定できる（2・3節参照）。他に必要な情報は装置がピラミッドのどこに設置されたかだけである。設置場所によってミュオンがピラミッドを通ってきた距離が変わってくるからだ。だが、この情報はアルバレの報告書にある（Alvarez et al., 1970）。それによると装置はピラミッドの中心から東に向かって13・5メートル、北に向かって4メートルの地表と同じ高さに設置されたとある。また、アルバレの測定装置のサイズ（1・8×1・8平方メートル）はピラミッドのサイズと比べて桁違いに小さいことから、点と近似できる。さて、このような前提のもと、上部ゾーンと下部ゾーンの密度比を計算してみると両者はほぼ同じになることがわかる。時間のある方は計算を試してみていただきたい。

一方、レーナーは上部ゾーンに残る化粧石の厚みを測定している。それによると、上部ゾーンの下縁部から頂上に向かって、82、67、45、66、44そして45センチメートルである（Lehner, 2007）。つまり、上部ゾーン全体に占める化粧石の割合は無視できる。仮に化粧石の密度が最大2・85グラム毎立方センチメートルと、周囲と比べてかなり高かったとしても上部ゾーンの全質量に及ぼす影響は無視できるというわけだ。

ここから、少なくとも上部と下部でモカッタム石灰岩の平均的な密度は変わらないという結論が導かれる。

▼3・2・3　カフラー王のピラミッドの重量を測る

カフラー王のピラミッドの上半分と下半分でモカッタム石灰岩の密度が変わらなかったのだから、

ピラミッドは同じ密度の石でつくられていると仮定してよさそうである。だとすれば、ジェラルド・リンチによって測定されたモカッタム石灰岩のサンプルの密度1・8グラム毎立方センチメートルをピラミッドの全域に適用できる。

ピラミッドの平均密度が低そうであることは、じつはアルバレも気づいていた。アルバレが当時想定していた石灰岩の密度は2・68〜2・76グラム毎立方センチメートルであった。そのため、彼の同僚ジェラルド・リンチは、ピラミッドを透過してくるミュオン数の計算に密度2・72グラム毎立方センチメートルを用いていた。だが、計算と実際のミュオン数が合わなかったのだ。これを合わせるためにはピラミッドの密度を1・9±0・2グラム毎立方センチメートルに調整する必要があった。そもそもこれがアルバレがリンチにカフラー王のピラミッドの岩石サンプルの密度測定を依頼した理由であった。

仮にカフラー王のピラミッドの平均密度をリンチの測定値、1・8グラム毎立方センチメートルとおくと、カフラー王のピラミッドの体積は220万立法メートルなので、ピラミッドの総重量として398万トンが得られる。

大林組ピラミッド建設プロジェクトチームは1978年、現代の建設技術を駆使して、クフ王のピラミッドの建設を再現したときにかかる費用と時間を綿密に見積もっている（季刊大林No.1 ピラミッドクフ王型大ピラミッド建設計画の試み、1978）。その数字は一般管理費を除いて、1118億円、工期5年である。大林組によると、ピラミッドの建設には、（1）労働者の街づくり、（2）電力設備の整備、（3）給排水設備の整備、（4）運搬斜路の計画および実装、（5）ピラミッド本体の石灰岩ブロックの切り出し、(6)その石灰岩ブロックの運搬、(7)その石灰岩ブロックの据えつけ、(8)玄室の巨石の運搬および据えつけ、(9)表石の運搬、加工製作、据えつけ、そして(10)間詰材料の運搬および注入、の過程が必要としている。このうち、部材の軽量化が本質的に効いてくるのは、(6)の本体石の運搬である。

ピラミッドの建設に用いられている90センチメートル立方の石灰岩ブロックは密度が2・6グラム毎立方センチメートルのときと1・8グラム毎立方センチメートルのときで、1・9トンから1・3トンにまで減少する。その差の600キログラムは軽自動車1台分に匹敵する。もし、これだけ石灰岩ブロックが軽くなるのであれば、一度に運ぶ量を増やす、運搬する速度を増やす、などをすることによって、石灰岩ブロックの運搬を効果的に行うことができたはずである。

大林組によると、現代の技術を用いて、石灰岩ブロックの運搬を行おうとすると、1台のトレーラーで合計200トン分のブロックを積み、そのトレーラーが一日2往復する作業が可能だそうである。もし、1個のブロックが2トンであれば10個のブロックを一度に運搬できるので、300台のトレーラーを用意することで、一日6000個の石灰岩ブロックの運搬が可能である。クフ王のピラミッド全体には300万個(200~270万個という推定が多い)のブロックが使われているとすると、この運搬に500日かかる計算になる。大林組は工期5年を年間労働日数250日から算出しているので、この数字は全工期のじつに40%を占める。「建設とは運搬なり」といわれるゆえんである。

さて、この運搬の部分は単純に運搬物の重量に反比例するので、計算が容易である。ブロックの重量が30%減少するわけであるから、一日あたりの重機の使用数を変えずに300台のトレーラーで、一日7800個の石灰岩ブロックの運搬が可能となる。運搬速度が上がったぶん、500日かかる工程が385日で済むようになる。この差115日分が金額にしていくらに相当するのかというと、大林組の算出根拠をもとに、35億円である。(5)のピラミッド本体の石灰岩ブロックの切り出しと、(7)の据えつけのほうは、必ずしも工程とブロック重量が反比例するとは限らないが、ここでは計算を単純化する。すると、先ほどと同様に大林組の算出根拠をもとに、105億円の削減が可能になる。したがって、合計140億円ほどの削減が見込めることになる。全体にかかる費用に対して、12・5%のコスト圧縮である。古代エジプト人が大林組が立てた建設計画と同じ計画に基づいてピラミッド建設を行ったとは到底思えないが、低密度の岩石を用いることが、一定のコスト削減に繋がったことは間違いないといえよう。

このように、大林組の成果を基にした再分析(12・5%のコスト削減)と本書でミュオグラフィを用いて算出された数値(約400万トン)とを考慮し検討すると、ピラミッド建造はこれまで考えられてきたよりもかなり建造費用が減額されることがわかる。そこでもしこれまで一般的にいわれてきたように、クフ王のピラミッド重量が約670万トンであったとするなら(実際に測定されたわけではないので、この数字自体が正確さを欠いている可能性もあるが)、高さが3メートル低く底面が15メートル短いとはいえ、ほぼ同じ規模のカフラー王のピラミッドは、かなり建設費用の削減に成功したといえるであろう。

▼3・2・4　21世紀のピラミッド観測

アルバレによるピラミッド観測実験から火山探査へと発展したミュオグラフィは今、再びピラミッ

▲ **図61**　見つかった空洞。クフ王のピラミッド北面裏側において、見つかった空洞の広がりを示している。正確な位置やサイズはこれからである。
出典：SCAN PYRAMIDS MISSION 報道資料

ドに戻ろうとしている。クフ王のミュオグラフィ観測が去年始まったのだ。スキャン・ピラミッドと呼ばれるこのプロジェクトは、日本の名古屋大学とフランスのCEAが主導的に進めている。名古屋大学は原子核乾板を用いてピラミッド内部から観測を行っている。得られる画像は、鉛直方向の投影図となる。名古屋大学のグループはクフ王のピラミッドのミュオグラフィ観測の前に屈折ピラミッドの観測を行っている。屈折ピラミッドには10メートル程度の大きさの空洞があることがあらかじめわかっていた。そこでまず、この空洞をミュオグラフィでイメージングできるかをテストしたのだった。同様な方法が続くクフ王のピラミッド観測でもとられ、ピラミッド北面における新たな空洞の発見につながっている（**図61**）。

一方、後になって参加してきたCEAのグループは別のピラミッドでのテスト実験を経ずにクフ王のピラミッドの観測を実施している。CEAは、名古屋大学の観測とは相補的にピラミッドの外から観測を行って

▲ **図62**　クフ王のピラミッド観測風景。正面手前のテントの中にマイクロメッシュベースのミュオグラフィ観測装置が設置されている。
出典：S. Bouteille, MUOGRAPHERS 2016, Tokyo, 2017

いる。観測方法は火山とほぼ同じである。ピラミッドのベースライン近傍（ベースラインから20メートルの地表）に装置を設置して、水平に近い方向から到来するミュオンを使って、ミュオグラフィを行う。

ＣＥＡが開発したマイクロメッシュ検出器は50×50平方センチメートルの正方形で、４枚一組で装置を構成している。消費電力量はデータ収集回路部が最も大きく、30ワット程度であるが、バッテリーやソーラーパネルで駆動できる。ＣＥＡの狙いは、ピラミッド南東エッジの透視である。三つの観測装置がピラミッド周囲に設置され、一つはピラミッドの北側、そして残りの二つは、東側に設置された（**図62**）。

観測は２０１６年６月から始まり、８月の終わりまで続けられた。クフ王のピラミッドの表層付近にはすでに空洞があることがわかっていたため、まずはその構造をイメージングできるかテストを行った。予想通り、既存の空洞は撮影されたが、それ以外にも新たな空洞が写っていた。この空洞が何を意味するのかは、考古学、歴史学的な十分な考察が今後必要だが、ミュオグラフィの技術的な観点からはアルバレの時代と比べて大きく進歩したといえよう。新たな空洞が発見されたという事実はミュオグラフィの観測技術と知見がここ10年程度の間に飛躍的に向上したことを示している。

エピローグ

ミュオグラフィは、素粒子ミュオンを使って巨大物体の内部を描き出す最先端の科学技術です。フォトン（光子）を使って物体を映し出す技法は、日本語では写真ですが、英語でフォトグラフィといいます。これはなぜかというと、ギリシャ語で「光」を表すフォトス（PHOTOS）そして、「描くこと」を表すグラフィ（GRAPHE）をくっつけてつくった言葉だからです。同じ理屈で2009年、「MUON」と「GRAPHE」をくっつけた言葉「ミュオグラフィ（MUOGRAPHY）」をつくりました。ミュオグラフィそのもの、あるいはミュオグラフィを応用した研究を行っている研究家をミュオグラファーといいます。これは写真家のことをフォトグラファーと呼ぶのと同じ理屈です。

表には、最近実施された、あるいは現在実施されているミュオグラフィ観測の一覧を示しました。10年前では考えられないくらい多くのミュオグラファーがミュオグラフィ研究を進めていることがわかります。そこで、年に一度、世界からミュオグラファーが集まる機会を設け、それを国際会議「ミュオグラファーズ」と名づけました。

第1回目のミュオグラファーズ国際会議は2014年11月駐日イタリア大使館で開催されました。そこでは、日伊間、そして地球科学者と素粒子物理学者の間でくり広げられるミュオグラフィ観測の現状と将来について活発な議論がなされました(Bellini, Strolin and Tanaka, 2017)。その後、東京大学、イタリア国立原子核物理学研究所、そしてイタリア国立火山学地球物理学研究所の学術交流協定についての基本合意書が調印されました。第2回目のミュオグラファーズ国際会議は駐日ハンガリー大使館で開催されました。ここでは、東京大学地震研究所とハンガリー科学アカデミーウィグナー物理学センターとの学術交流協定が結ばれました。この二つの会議において、3か国4機関の間でミュオグラフィ研究を包括的に進める体制が整ったのです。

その成果の一例を挙げれば、2015年12月から約半年間、日伊国交150周年事業の一環としてイタリア、ハンガリー両大使館の協力も得て「ミュオグラフィ：21世紀の透視図法」展を東京大学地震研究所と東京大学総合研究博物館が共同主催しました。場所は丸の内JPタワーにオープンした日本郵便株式会社と東京大学総合研究博物館が協働で運営を行うミュージアム「インターメディアテク」です。わが国からは最新のミュオグラフィ観測装置、イタリアからは世界最古の地震計「パルミエリの地震計」が出展され、火山観測研究において新旧両極端の比較をしつつ、3か国、4機関で現在進められているミュオグラフィの最新動向が紹介されました。

ミュオグラフィの国際共同研究はその後も着実に発展しました。第3回目のミュオグラファーズ国際会議は「国際ミュオグラフィ・イノベーション創成ネットワーク(IM2N)」と銘打って、2016年5月、駐日ハンガリー大使館で開催されました。ここでは、2国間にまたがる新たな産業の創出を目指して、東京大学とハンガリー科学アカデミーウィグナー物理学センターとの間で知的財産協定が結ばれました。

　このように日欧間でミュオグラフィコミュニティーは着実に拡大し続け、２０１６年11月、ミュオグラファーズ２０１６総会が駐日欧州連合代表部で開催されました。６か国、17機関から多数のミュオグラファーが集まり、朝早くから夕方まで活発な議論を行いました。その翌日にはイタリア大使館にて、東京大学地震研究所とイタリア国立宇宙物理学研究所との学術交流協定についての基本合意書の調印がなされたとともに、国際ミュオグラフィ研究所が発足しました。国境を越えてミュオグラフィ研究を進めていく必要性が高まっていることを背景としてのことでした。

　２０１７年に入り、英文国際誌「*Annals of Geophysics*」の特集号「MUOGRAPHERS 2014: muon and geo-radiation physics for Earth studies」が同年第一号として、発刊されました（Tanaka, Cârloganu and Scarpa, 2017）。また、東京大学地震研究所と米国エネルギー省パシフィック・ノースウェスト国立研究所とのミュオグラフィ研究を推進するための国際協定が調印され、ミュオグラフィ国際共同研究の体制が一層拡充されました。２０１７年には他にもイベントが予定されています。まず、ミュオグラファーズ２０１７「国際ミュオグラフィ・イノベーション創成ネットワーク（IM^{2}N）」が開催されます。わが国のイノベーションを主導する企業と東京大学地震研究所、ウィグナー物理学研究センターとの間でミュオグラフィにおける物質移動合意書ならびにライセンス契約の調印が行われる予定です。次に、ミュオグラファーズ２０１７総会が駐日フランス大使館で開催されることが予定されています。そこで東京大学地震研究所とフランス地質・鉱山研究所との間でミュオグラフィ分野における交流協定が締結されることが計画されています。フランスもミュオグラフィが活発な国で多くの機関がミュオグラフィ研究を推進しています。

わが国発の最先端科学技術「ミュオグラフィ」は世界の研究者をトリガーして、年々実施機関、観測対象が拡大しています。今後もミュオグラフィコミュニティー「ミュオグラファーズ」は国際的に益々拡大していくことが期待されています。

表1 過去10年に実施されたあるいは現在実施されているミュオグラフィ。国は研究対象の立地国を表しており、研究グループの所属機関とは必ずしも一致しない。以下に挙げた対象以外でも数多くの研究機関が新たな観測対象を求めて日々研究開発を行っている。

国	対象
日　本	浅間山（火山）
日　本	有珠山（火山）
日　本	昭和新山（火山）
日　本	霧島（火山）
日　本	薩摩硫黄島（火山）
日　本	桜島（火山）
日　本	雲仙岳（火山）
日　本	フォッサマグナパーク（断層）
日　本	伊豆、三浦、房総半島（地質）
日　本	電気炉（産業プラント）
日　本	溶鉱炉（産業プラント）
日　本	原子炉（産業プラント）
イタリア	ヴェスヴィオ（火山）
イタリア	ストロンボリ（火山）
イタリア	エトナ（火山）
イタリア	エキア（遺跡）
イタリア	アクアレイア（遺跡）
フランス	ピュイ・ド・ドーム（火山）
フランス	ラ・スフリエール（火山）
ハンガリー	アジャンデック（洞窟）
ハンガリー	キラリラキ（洞窟）
スペイン	テイデ（火山）
スペイン	ケンブレビエハ（火山）
エジプト	クフ王のピラミッド（遺跡）
エジプト	屈折ピラミッド（遺跡）
イギリス	ボルビー（CCS）
スイス	アイガー（氷河）
カナダ	マイラ・フォールズ（鉱山）
メキシコ	太陽のピラミッド（遺跡）

索引

あ行

か行

さ行

た行

な行

は行

ま行

や行

ら行

わ行

参考文献

第1部

- C. Andrews, *Amulets of Ancient Egypt* (London, 1994).
- D. Arnold, *The Encyclopaedia of Ancient Egyptian Architecture* (London, 2003).
- D. Arnold, Royal Cult Complexes of the Old and Middle Kingdoms, in B. E. Shafer (ed.), *Temples of Ancient Egypt* (London, 2005), pp.31–85.
- K. A. Bard, The Emergence of the Egyptian State (c.3200–2686BC), in I. Shaw (ed.), *The Oxford History of Ancient Egypt* (Oxford, 2002), pp.69–74.
- H. J. L. Beadnell, *An Egyptian Oasis* (London, 1909).
- P. A. Clayton, *Chronicle of the Pharaohs: The Reign–by–Reign Record of the Rulers and Dynasties of Ancient Egypt* (London, 1994).
- J. S. Curl, *Egyptomania: The Egyptian Revival: a Recurring Theme in the History of Taste* (Manchester, 1994).
- B. A. Curran, The Renaissance Afterlife of Ancient Egypt (1400–1650), in P. Ucko and T. Champion (eds.), *The Wisdom of Egypt: Changing Visions through the Ages* (London, 2003), pp.101–131.
- A. Dodson, *The Canopic Equipment of the Kings of Egypt* (New York, 2009).
- M. Du Camp, *Égypte, Nubie, Palestine et Syrie* (Paris, 1852).
- I. E. S. Edwards, *The Pyramids of Egypt* (London, 1991).
- W. el–Saddik, The Burial, in R. Schulz and M. Seidel (eds.), *Egypt: The World of the Pharaohs* (Potsdam, 2010), pp.471–479.
- W. Emery, *Archaic Egypt: Culture and Civilization in Egypt Five Thousand Years Ago* (London, 1961).
- W. Emery, *Great Tombs of the First Dynasty II* (London, 1954).
- J. Gee, *"There Needs No Ghost, My Lord, Come from the Grave to Tell Us This": Dreams and Angels in Ancient Egypt*, 2004, pp.1–23.
  (http://www.sbl–site.org/assets/pdfs/gee_dreams.pdf#search='merirtyfy')
- R. Germer, Mummification, in Schulz and Seidel, *op.cit.*, pp.459–469.
- N. Grimal, *A History of Ancient Egypt* (Oxford, 1994).
- M. Gutgesell, The Military, in Schulz and Seidel, *op.cit.*, pp.356–369.
- J. Hamilton–Paterson and Andrews, *Mummy: Death and Life in Ancient Egypt* (London, 1978).
- Herodotus, trans. A. D. Godley, *Herodotus: Books I–II* (London, 1996).

▸ P. D. A. Harvey, *Mappa Mundi: The Hereford World Map* (London, 1996).
▸ S. Hassan, *Excavations at Giza 4* (Cairo, 1943).
▸ W. C. Hays, *The Scepter of Egypt I: From the Earliest Times to the End of the Middle Kingdom* (New York, 1990).
▸ M. A. Hoffman, *Egypt before the Pharaohs* (London, 1984).
▸ C. A. Hope, *Egyptian Pottery* (Buckinghamshire, 2001).
▸ S. Ikram and A. Dodson, *Royal Mummies in the Egyptian Museum* (Cairo, 1997).
▸ S. Ikram and A. Dodson, *The Mummy in Ancient Egypt: Equipping the Dead for Eternity* (London, 1998).
▸ M. Isler, *Sticks, Stones, and Shadows: Building the Egyptian Pyramids* (Oklahoma, 2001).
▸ T. G. H. James, *Egypt Revealed: Artist–Travellers in an Antique Land* (London, 1997).
▸ P. Jánosi, *Die Pyramidenanlagen der Königinnen* (Wien, 1996).
▸ F. Kampp–Seyfried, Overcoming Death–The Private Tombs of Thebes, in Schulz and Seidel, *op.cit.*, pp.249–263.
▸ B. J. Kemp, Old Kingdom, Middle Kingdom and Second Intermediate Period c.2686–1552 BC, in B. G. Trigger, Kemp, D. O'Connor and A. B. Lloyd (eds.), *Ancient Egypt: A Social History* (Cambridge, 1992), pp.71–278.
▸ B. Kemp, *Ancient Egypt: Anatomy of a Civilization* 2nd ed (Oxford, 2006).
▸ P. Krentz and E. L. Wheeler (eds.), *Polyaenus, Stratagems of War Vol.I* (Books I–V) (Chicago, 1994).
▸ P. Krentz and E. L. Wheeler (eds.), *Polyaenus, Stratagems of War Vol.II* (Books VI–VIII, Excerpts and Leo the Emperor) (Chicago, 1994).
▸ M. Lehner, The *Complete Pyramids* (London, 1997).
【邦訳】マーク・レーナー著，内田杉彦訳『図解ピラミッド大百科』，東洋書林，2001 年.
▸ M. Lichtheim, *Ancient Egyptian Literature vol.1: The Old and Middle Kingdoms* (London, 1975).
▸ A. Lucas, *Ancient Egyptian Materials and Industries* 4th ed (London, 1989).
▸ J. Malek, The Old Kingdom (c.2686–2160), in I. Shaw (ed.), *The Oxford History of Ancient Egypt* (Oxford, 2002), pp.89–117.
▸ B. Manley (ed.), *The Seventy Great Mysteries of Ancient Egypt* (London, 2003).
▸ M. Ohshiro, The Identity of Osorkon III: The Revival of an Old Theory (Prince Osorkon = Osorkon III), *Bulletin of the Ancient Oriental Museum* (1999), pp.33–50.
▸ M. Ohshiro, Decoding the Wooden Label of King Djer, *Göttinger Miszellen* 221 (2009), pp.57–64.
▸ V. Raisman and G. T. Martin, *Canopic Equipment in the Petrie Collection* (Warminster, 1984).

- D. B. Redford (ed.), *The Oxford Encyclopedia of Ancient Egypt* (Oxford, 2001).
- G. Reisner, The Empty Sarcophagus of the Mother of Cheops, *Bulletin of the Museum of Fine Arts* Vol.26–No.157 (1928), pp.76–88.
- C. Renfrew and P. Bahn (eds.), *Archaeology: Theories, Methods, and Practice* 4th ed. (London, 2004).

  【邦訳】コリン・レンフルー，ポール・バーン著，池田裕，常木晃，三宅裕監訳，『考古学—理論・方法・実践』，東洋書林，2007 年.
- M. Schoch, Chronological Synopsis, in Schulz and Seidel, *op.cit.*, pp.529–531.
- R. Schulz, Travelers, Correspondents, and Scholars–Images of Egypt through the Millennia, in Schulz and Seidel, *op.cit.*, pp.491–497.
- R. Schulz and M. Seidel (eds.), *Egypt: The World of the Pharaohs* (Potsdam, 2010).
- B. E. Shafer (ed.), *Temples of Ancient Egypt* (London, 2005).
- I. Shaw (ed.), *The Oxford History of Ancient Egypt* (Oxford, 2002).
- G. E. Smith and W. R. Dawson, *Egyptian Mummies* (London, 1991).
- W. K. Simpson, *The Literature of Ancient Egypt: An Anthology of Stories, Instructions, Stelae, Autobiographies, and Poetry* 3rd ed (London, 2003).
- J. Spencer, *Early Egypt: The Rise of Civilisation in the Nile Valley* (London, 1993).
- R. Stadelmann, Royal Tombs from the Age of the Pyramids, in Schulz and Seidel, *op.cit.*, pp.47–77.
- J. Tait, The Wisdom of Egypt: Classical Views, in Ucko and Champion, *op.cit.*, pp.23–37.
- J. H. Taylor, *Death and the Afterlife in Ancient Egypt* (London, 2001).
- E. Teeter, *Ancient Egypt: Treasures from the Collection of the Oriental Institute University of Chicago* (Chicago, 2003).
- B. Trigger, Kemp, D. O'Connor and A. B. Lloyd (eds.), *Ancient Egypt: A Social History* (Cambridge, 1992).
- A. M. J. Tooley, *Egyptian Models and Scenes* (Buckinghamshire, 1995).
- L. Troy, *Patterns of Queenship in Ancient Egyptian Myth and History* (Uppsala, 1986).
- J. Tyldesley, *Chronicle of the Queens of Egypt: from Early Dynastic Times to the Death of Cleopatra* (London, 2006).

  【邦訳】ジョイス・ティルディスレイ著，吉村作治監修，『古代エジプト女王・王妃歴代誌』，創元社，2008 年.
- P. Ucko and T. Champion (eds.), *The Wisdom of Egypt: Changing Visions through the Ages* (London, 2003).
- M. Verner, Excavations at Abusir: Season 1978/1979–Preliminary Report, *Zeitschrift für Ägyptische Sprache und Altertumskunde* 105 (1978), pp.155–159.
- M. Verner, Forgotten Pyramids, Temples and Tombs of Abusir, *Egyptian Archaeology* 7

(1995), pp.19–22.

- M. Verner, *The Pyramids: The Mystery, Culture, and Science of Egypt's Great Monuments* (New York, 2001a).

【邦訳】ミロスラフ・ヴェルナー著，津山拓也訳，『ピラミッド大全』，法政大学出版局，2003 年.

- M. Verner, *Abusir III: The Pyramid Complex of Khentkaus* (Praha, 2001b).
- M. Verner, *Abusir: Realm of Osiris* (Cairo, 2002).
- J. von Beckerath, *Handbuch der Ägyptischen Königsnamen* (Mainz, 1999).
- W. G. Waddell, *Manetho* (London, 1964).
- E. Wente, *Letters from Ancient Egypt* (Atlanta, 1990).
- G. Wilkinson, *Modern Egypt and Thebes* vol.1 (London, 1843).
- T. A. H. Wilkinson, *Royal Annals of Ancient Egypt: The Palermo Stone and Its Associated Fragments* (London, 2000).
- T. A. H. Wilkinson, *The Thames & Hudson Dictionary of Ancient Egypt* (London, 2005).

【邦訳】トビー・ウィルキンソン著，大城道則監訳，『図説古代ピラミッド文明事典』，柊風舎，2016 年.

- D. A. Welsby, *The Kingdom of Kush: The Napatan and Meroitic Empires* (London, 1996).
- 青木真兵，田中宏幸，大城道則，「歴史的考察から得られるギリシア・パルテノン神殿の耐震性能低下の可能性とミュオグラフィによるその評価について」『駒沢史学』第 82 号，2014 年，115–131 頁.
- 朝日新聞社編，『報道写真全記録阪神大震災』，朝日新聞社，1995 年.
- W. S. アングラン，J. ランベク著，三宅克哉訳，『タレスの遺産―数学史と数学の基礎から』，シュプリンガー・フェアラーク東京，1997 年.
- 磯崎新著，篠山紀信写真，『磯崎新の建築談義 # 3―ヴィッラ・アドリアーナ〔ローマ時代〕』，六曜社，2002 年.
- H. N. ウェザーレッド著，中野里美訳，『古代へのいざないプリニウスの博物誌』，雄山閣，1990 年.
- トビー・ウィルキンソン著，内田杉彦訳，『図説古代エジプト人物列伝』，悠書館，2015 年.

【原著】T. Wilkinson, *Lives of the Ancient Egyptians* (London, 2007).

- トビー・ウィルキンソン著，大城道則監訳，『図説古代エジプト文明事典』，柊風舎，2016 年.

【原著】T. Wilkinson, *Dictionary of Ancient Egypt* (London, 2005).

- ヴェルナー著，津山拓也訳，『ピラミッド大全』，法政大学出版局，2003 年.

【原著】M. Verner, *The Pyramids: The Mystery, Culture, and Science of Egypt's Great Monuments* (New York, 2001).

- 大城道則,『古代エジプト文化の形成と拡散―ナイル世界と東地中海世界』, ミネルヴァ書房, 2003 年.
- 大城道則,「ケントカウエス王妃はエジプト王となったのか？―第 4 王朝末期から第 5 王朝初期の編年問題とピラミッド両墓制からの視点」『オリエント』第 50 巻第 1 号, 2007 年, 173–189 頁.
- 大城道則,「古代エジプトにおけるハルガ・オアシスの存在意義―エジプト西方砂漠とナイル世界とのネットワーク」『駒澤大学文学部研究紀要』第 66 号, 2008 年, 89–110 頁.
- 大城道則,『ピラミッド以前の古代エジプト文明―王権と文化の揺籃期』, 創元社, 2009 年.
- 大城道則,『ピラミッドへの道―古代エジプト文明の黎明』, 講談社, 2010 年.
- 大城道則,『古代エジプト文明―世界史の源流』, 講談社, 2012 年.
- 大城道則,『ツタンカーメン―「悲劇の少年王」の知られざる実像』, 中央公論新社, 2013 年.
- 大城道則,『図説ピラミッドの歴史』, 河出書房新社, 2014 年.
- 大城道則,「カノポス容器にみる古代エジプト人の死生観―ピラミッドの持つ意味について」, 東洋英和女学院大学死生学研究所編『死生学年報』リトン, 2015 年, 71–88 頁.
- 大城道則,「ピラミッドとミュオグラフィ―ピラミッドの発展過程と耐震構造」, 宮本英昭, 田中宏幸, 新原隆史編,『ミュオグラフィ―21 世紀の透視図法』, 東京大学総合研究博物館, 2015 年, 95–107 頁.
- 大城道則,『古代エジプト　死者からの声―ナイルに培われたその死生観』, 河出書房新社, 2015 年.
- 加藤謙一,「祭祀空間としての「墓」:「詣り墓」の成立を素材として」『史泉』第 91 号, 2000 年, 21–35 頁.
- 河江肖剰,『ピラミッド・タウンを発掘する』, 新潮社, 2015 年.
- ピーター・クレイトン著, 吉村作治監修,『古代エジプトファラオ歴代誌』, 創元社, 1999 年, 42–43 頁.

  【原著】P. A. Clayton, *Chronicle of the Pharaohs: The Reign–by–Reign Record of the Rulers and Dynasties of Ancient Egypt* (London, 1994).
- 小林慧,「カノポス容器にみる副葬品としての特異性」『駒沢史学』第 88 号, 2017 年, 43–69 頁.
- 近藤二郎,『エジプトの考古学』, 同成社, 1997 年.
- 近藤二郎,『古代エジプト考古学』, トランスアート, 2003 年.
- 篠田雅人,『砂漠と気候』改訂版, 2009 年.
- イブン・ジュバイル著, 藤本勝次, 池田修監訳,『イブン・ジュバイルの旅行記』, 講談

社，2009 年.
- 新谷尚紀，『両墓制と他界観』，吉川弘文館，1991 年.
- 新谷尚紀，「両墓制の分布についての覚書」『国立歴史民俗博物館研究報告』第 49 集，1993 年，273–320 頁.
- ストラボン著，飯尾都人訳，『ギリシア・ローマ世界地誌 II』，龍渓書舎，1994 年.
- 田中宏幸，大城道則，『歴史の謎は透視技術「ミュオグラフィ」で解ける』，PHP 研究所，2016 年.
- ディオドロス，ポンポニウス・メラ，プルタルコス著，飯尾都人訳，『ディオドロス「神代地誌」〔訳注・解説・索引付〕〔付・ポンポニウス・メラ「世界地理」プルタルコス「イシスとオシリス」〕』，龍渓書舎，1999 年.
- コナン・ドイル著，北原尚彦，西崎憲編，『クルンバーの謎―ドイル傑作集 3』，東京創元社，2007 年.
- 福田アジオ，「両墓制の空間論」，『国立歴史民俗博物館研究報告』第 49 集，1993 年，237–271 頁.
- フェルナン・ブローデル著，尾河直哉訳，『地中海の記憶―先史時代と古代』，藤原書店，2008 年.
- ギュスターヴ・フロベール著，斎藤昌三訳，『フロベールのエジプト』，法政大学出版局，1998 年.
- ヘロドトス著，松平千秋訳，『歴史』上，岩波書店，2007 年.
- ポリュアイノス著，戸部順一訳，『戦術書』，国文社，1999 年.
- ジョスリン・マーレイ編，日野舜也監訳，『図説世界文化地理大百科アフリカ』，朝倉書店，1999 年.
- 宮本英昭，田中宏幸，新原隆史編，『ミュオグラフィ―21 世紀の透視図法』，東京大学総合研究博物館，2015 年.
- 屋形禎亮，「アブシール文書研究」，屋形編，『古代エジプトの歴史と社会』，同成社，2003 年，401–470 頁.
- 屋形禎亮編，『古代エジプトの歴史と社会』，同成社，2003 年.
- 吉成薫，『ファラオのエジプト』，廣済堂出版，1998 年.
- 山下真里亜，「「クシュ系」第 25 王朝における王権と女性―エジプト化とヌビア表現から」『駒澤大学博物館年報』2013 年，27–32 頁.
- ウィリアム・レイン著，大場正史訳，『エジプトの生活―古代と近代の奇妙な混淆』，桃源社，1964 年.
- 和田浩一郎，『古代エジプトの埋葬習慣』，ポプラ社，2014 年.
- アンヌ・ユゴン著，堀信行監修，『アフリカ大陸探検史』，創元社，1993 年.
- 小林慧，「カノポス容器にみる副葬品としての特異性」『駒沢史学』第 88 号，2017 年，43–69 頁.

第2部

- Alkofer, O. C., Bella, G., Dau, W.D., Jokisch, H., Klemke, G., Oren Y., & Uhr, R.: Cosmic ray muon spectra at sea–level up to 10 TeV. Nuclear Physics B, **259**(1), 1–18. 1985.
- Alvarez, L.W. *et al.*: Search for hidden chambers in the pyramid. Science **167**, 832–739, 1970.
- Alvarez, L.: *Discovering Alvarez: Selected Works of Luis W. Alvarez with Commentary by His Students and Colleagues*. 1–282 (University of Chicago Press, 1987).
- Ambrosino, F. *et al.*: Assessing the feasibility of interrogating nuclear waste storage silos using cosmic–ray muons, *Journal of Instrumentation*, **10**, 1–13, 2015.
- Achard, P., O. Adriani, M. Aguilar–Benitez, M. Van den Akker, J. Alcaraz, *et al.*: Studies of hadronic event structure in e+ e–annihilation from 30 to 209GeV with the L3 detector, *Physics Reports*, **399**, 2, 71–174, 2004.
- Arnold, D. *Building in Egypt; Pharaonic Stone Masonry*. 1–316 (Oxford University Press, 1991).
- Bellini, G. Paolo Strolin, Hiroyuki K.M. Tanaka* Alliance to penetrate mysteries of the Earth *Annals of Geophysic*, **60**, 1, S0102, 2017.
- Barnafoldi G. *et al.*: Portable Cosmic Muon Telescope for Environmental Applications, *Nucl. Instrum. Meth., A*, **689**, 60–69, 2012.
- Beringer, J. *et al.*: Review of particle physics. *Phys. Rev. D* **86**, 010001, 2012.
- Bouteille, S. *MICROMEGAS muography project, MUOGRAPHERS 2016*, Tokyo, November 7, 2016. http://www.eri.u–tokyo.ac.jp/ht/MUOGRAPHERS16/General–Assembly/program.html
- Bugaev E.V, Misaki, A., Naumov, V.A., Sinegovskaya, T.S., Sinegovsky, S.I., Takahash N.: Atmospheric muon flux at sea level, underground, and underwater, *Phys. Rev. D*, **58**, 054001, 1998.
- Bull, R., Nash, W.F., Rustin, B.C.: The Momentum Spectrum and Charge Ratio of I~–Mesons at Sea–Level – II, *Nuovo Cimento*, **XLA**, 2, 365–384, 1965.
- Catalano, O. *ASTRI muography project, MUOGRAPHERS 2016*, Tokyo, November 7, 2016. http://www.eri.u–tokyo.ac.jp/ht/MUOGRAPHERS16/General–Assembly/program.html
- George, E.P.: Cosmic rays measure overburden of tunnel. *Commonw. Eng.* **1955**, 455–457, 1955.
- Carbone, D. *et al.*: An experiment of muon radiography at Mt. Etna (Italy). *Geophys. J. Int.* **196**, 633–643, 2013.
- Carloganu C. *et al.*: Towards a muon radiography of the Puy de Dôme. *Geosci. Instrum. Methods Data Syst.* **2**, 55–60, 2012.

- Carloganu, C. , *TOMUVOL muography project, MUOGRAPHERS 2016*, Tokyo, November 7, 2016. http://www.eri.u–tokyo.ac.jp/ht/MUOGRAPHERS16/General–Assembly/program.html
- Carn, S. A., Watts, R. B., Thompson, G. & Norton, G. E. Anatomy of a lava dome collapse: the 20 March 2000 event at Soufrière Hills Volcano, Montserrat. *J. Volc. geotherm. Res.* **131**, 241–264, 2004.
- Croci, G. & Biritognolo, M.: The structural behaviour of the Pyramid of Chephren. *Arch 2000*, **1**, 1–6, 2000.
- Groom, D.E. *et al.*: Muon stopping–power and range tables: 10 MeV–100 TeV. *At. Data Nucl. Data Tables* **78**, 183–356, 2001.
- Gaisser, T. and Stanev, T.: Cosmic Rays, *Phys. Lett. B*, **667**, 254–260, 2008.
- Haeshim, L. and Bludman, S. A.: Calculation of low–energy atmospheric muon flux, Phys. Rev. D, **38**, 2906–2907, 1988.
- Haino, S., Sanuki, T., Abe, K., Anraku, K., Asaoka, Y., Fuke, H., Imori, M., *et al.*: Measurements of primary and atmospheric cosmic–ray spectra with the BESS–TeV spectrometer. *Physics Letters B*, **594**(1–2), 35–46. doi:10.1016/j.physletb. 2004.05.019, 2004.
- Hale, A. J. Lava dome growth and evolution with an independently deformable talus. *Geophys. J. Int.* **174**, 391–417, 2008.
- Hansen, P., Gaisser, T. K., Stanev, T., Sciutto, S. J.: Influence of the geomagnetic field and of the uncertainties in the primary spectrum on the development of the muon flux in the atmosphere *Phys, Rev. D* **71**, 083012, 2005.
- Jourde, K. *et al.*: *Muon dynamic radiography of density changes induced by hydrothermal activity at the La Soufrière of Guadeloupe volcano* **6**, 33406 (2016).
- Kamiya, Y., Iida, S. and Shibata, S.: in Proceedings of the Asian Cosmic Ray Conference, Hongkong, p 133, 1976.
- Jokisch, H., Carstensen, K., Dau, W., Meyer, H. & Allkofer, O.: Cosmic–ray muon spectrum up to 1 TeV at 75° zenith angle. *Phys. Rev. D*, **19**(5), 1368–1372, 1979.
- Klimchouk, A , 2009 Morphogenesis of hypogenic caves Geomorphology **106** (1), 100–117.
- Kusagaya, T. & Tanaka, H.K.M.: Muographic imaging with a multi–layered telescope and its application to the study of the subsurface structure of a volcano, *Proc. Jpn. Acad., Ser. B* **91**, 501–510, 2015.
- Kusagaya, T. & Tanaka, H.K.M.: Development of the very long–range cosmic–ray muon radiographic imaging technique to explore the internal structure of an erupting volcano, Shinmoe–dake, Japan, *Geosci. Instrum. Methods Data Syst.* **4**, 215–226, 2015.

- Lehner, M., *Pyramids: Treasures Mysteries and New Discoveries in Egypt*. 46–59 (White Star Publisher, 2007).
- Lesparre, N. *et al.*: Density muon radiography of La Soufriere of Guadeloupe volcano: comparison with geological, electrical resistivity and gravity data. *Geophys. J. Int.* **190**, 1008–1019, 2012.
- Liu, *et al.*: Muon and Neutrino Radiography, Clermont–Ferrand, France, 2012
- Matsuno, S., Kajino, F., Kawashima, Y., Kitamura, T., Mitsui, K., Muraki, Y., Ohashi, Y., Okada, A. and Suda, T.: Cosmic–ray muon spectrum up to 20 TeV at 89° zenith angle *Phys. Rev. D*, **29**, 1–23, 1984.
- Miyamoto, H. H.K.M. Tanaka, T. Yoshimitsu, M. Otsuki, M. Taguchi, S. Saito, Y. Uchiyama, S. Kameda, H. Kikuchi, and J. M. Dohm , MUOGRAPHY FOR FUTURE PHOBOS LANDING MISSION, 47th Lunar and Planetary Science Conference, 2016.
- Morishima, K. *Muographic investigation of Fukushima nuclear power plant. Muography: Perspective Drawing in the 21st Century*, 87, 2015.
- Neddermeyer, S. & Anderson, C.: Note on the nature of cosmic–ray particles, *Phys. Rev.*, **51**, 884–886, 1936.
- Nishiyama, R. Y. Tanaka, S. Okubo, H. Oshima, H. K. M. Tanaka, T. Maekawa, Integrated processing of muon radiography and gravity anomaly data toward the realization of high–resolution 3–D density structural analysis of volcanoes: Case study of Showa–Shinzan lava dome, Usu, Japan, *J. Geophys. Res.* **119**, 699–710, 2014.
- Olah, L. *et al.*: CCC–based muon telescope for examination of natural caves, *Geosci. Instrum. Method. Data Syst.*, **1**, 229–234, 2012.
- Olah, L. *et al.* Muography: Perspective Drawing in the 21st Century
- Prettyman, *et al.*, 2013.
- Prettyman, T.H. *et al.*: Deep mapping of small solar system bodies with Galactic cosmic ray secondary particle showers, *NIAC Phase I Final Report*, 1-26, 2014.
- Rohwerder, T., Sand, W., Lascu C.: Preliminary Evidence for a Sulphur Cycle in Movile Cave, Romania, *Acta Biotechnologica*, **23**, 1, 101–107, 2003.
- Saracino, G. *Imaging underground cavities by cosmic–ray muons: observations at Mt Echia, Naples, Italy, MUOGRAPHERS 2016*, Tokyo, November 7, 2016. http://www.eri.u–tokyo.ac.jp/ht/MUOGRAPHERS16/General–Assembly/program.html
- Shinohara, H., H. K. M. Tanaka: Conduit magma convection of a rhyolitic magma: Constraints from cosmic–ray muon radiography of Iwodake, Satsuma–Iwojima volcano, Japan, Earth Planet. Sci. Lett., 349–350:87–97, 2012.
- Siculus, D. & Oldfather, C.H. Diodorus Siculus: Library of History, Books 1–2.34. *Loeb Classical Library*, **279**, 1–498, 1933.

- Tanaka, H. K. M. *et al.*: High resolution imaging in the inhomogeneous crust with cosmic–ray muon radiography: The density structure below the volcanic crater floor of Mt. Asama, Japan. *Earth Planet. Sci. Lett.* **263**, 104–113, 2007.
- Tanaka, H. K. M. *et al.*: Radiographic imaging below a volcanic crater floor with cosmic–ray muons, *American Journal of Science* **308**, 843–850, 2008.
- Tanaka, H.K.M. *et al.*: Cosmic–ray muon imaging of magma in a conduit: degassing process of Satsuma–Iwojima Volcano, Japan, *Geophys.Res. Lett.*, **36**, L01304, 2009.
- Tanaka, H. K. M.: Development of stroboscopic muography, *Geosci. Instrum. Method. Data Syst.*, **2**, 41–45, 2013.
- Tanaka, H. K. M. *et al.*: Cosmic muon imaging of hidden seismic fault zones: Raineater permeation into the mechanical fracture zone in Itoigawa–Shizuoka Tectonic Line, Japan. *Earth Planet. Sci. Lett.* **306**, 156–162, 2011.
- Tanaka, H. K. M.: Muographic mapping of the subsurface density structures in Miura, Boso and Izu peninsulas, Japan. *Sci. Rep.* **5**, 1–10, 2015.
- Tanaka, H. K. M. *et al.*: Three dimensional CAT scan of a volcano with cosmic–ray muon radiography, *Journal of Geophysical Research*. **115**, B12332, 2010.
- Tanaka, H. K. M. *et al.*: Radiographic visualization of magma dynamics in an erupting volcano *Nature communications*. **5**, 3381, 2014.
- Tanaka, H. K. M. *et al.*: Imaging the conduit size of the dome with cosmic ray muons: The structure beneath Showa Shinzan Lava Dome, Japan, *Geophys. Res. Lett.* **34**, L22311, 2007.
- Tanaka, H. K. M. Instant snapshot of the internal structure of Unzen lava dome, Japan with airborne muography. *Sci. Rep.* **6**, 39741, 2016.
- Tanaka, H.K.M. *et al.*: Development of a portable assembly–type cosmic–ray muon module for measuring the density structure of a column of magma, *Earth Planets Space*. **62**, 119, 2010.
- Tanaka, H.K.M. and I. Yokoyama: Muon radiography and deformation analysis of the lava dome formed by the 1944 eruption of Usu, Hokkaido – Contact between high–energy physics and volcano physics, *Proc.of the Japan Academy*, B, **84**:107–16, 2008.
- Tanaka, H.K.M. and A. Sannomiya: Development and operation of a muon detection system under extremely high humidity environment for monitoring underground water table, *Geosci. Instrum. Method. Data Syst.*, **2**, 29–34, 2013.
- Tanaka, H.K.M. and L. Thompson: Volcano and Underground Muography for Seamless Visualization of the Subsurface Density Structure of the Earth, *Special Invited Papers to MUOGRAPHERS 2015*, Tokyo, 2015.
- Tanaka, H.K.M. and M. Ohshiro, 2015.

- Tanaka , H. K. M. & Ohshiro, M.: Muographic data analysis method for medium-sized rock overburden inspections, *Geosci. Instrum. Method. Data Syst.*, **5**, 427-435, 2016.
- Tanaka, Hiroyuki K. M. Visualization of the Internal Structure of Volcanoes with Cosmic–ray Muons *J. Phys. Soc. Jpn.* **85**, 091016, 2016.
- Tanaka, Hiroyuki K.M. Particle Geophysics Annual Review of Earth and Planetary Sciences. **42**, 535–549, 2014.
- Tanaka, H. K. M. and I. Yokoyama, Possible application of compact electronics for multilayer muon high–speed radiography to volcanic cones *Geosci. Instrum. Method. Data Syst.* **2**, 263–273, 2013.
- Tanaka, H.K.M. Subsurface density mapping of the earth with cosmic ray *muons Nucl. Phys. B (Proc. Suppl.)* 243–244 239–248, 2013.
- Tanaka, H. K. M. and H. Muraoka, Interpreting muon radiographic data in a fault zone: possible application to geothermal reservoir detection and monitoring *Geosci. Instrum. Method. Data Syst.* **2**, 145–150, 2013.
- Tanaka, H. K. M., Evaluation of positioning and density profiling accuracy of muon radiography by utilizing a 15–ton steel block *Geosci. Instrum. Method. Data Syst.* **2**, 79–83, 2013.
- Tanaka, H.K.M., T. Nakano, S. Takahashi, J. Yoshida, K. Niwa Development of an emulsion imaging system for cosmic–ray muon radiography to explore the internal structure of a volcano, Mt. Asama Nuclear Instruments and Methods in Physics Research, Section A: Accelerators, Spectrometers, Detectors, and Associated Equipment A 575 489–497, 2007.
- Tioukov, V. *et al.*: Muography with nuclear emulsions – Stromboli and other projects, *Annals of Geophysics.* **60**, S0111, 2017.
- Kedar, S., H. K. M. Tanaka, C. J. Naudet, C. E. Jones, J. P. Plaut, and F. H. Webb Muon radiography for exploration of Mars geology *Geosci. Instrum. Method. Data Syst.* **2**, 157–164, 2013.
- Tanaka, Hiroyuki K.M., Cristina Cârloganu, Roberto Scarpa eds. MUOGRAPHERS 2014: muon and geo–radiation physics for Earth studies *Annals of Geophysics.* **60**, 1, S0101, 2017.
- Uchida, Tomohisa, Hiroyuki K. M. Tanaka, and Manobu Tanaka Development of a muon radiographic imaging electronic board system towards a stable solar power operation *Earth Planets Space.* **62**, 2, 167–172, 2010.
- Voight B., R. J. Janda, H. Glicken, P. M. Douglass, Nature and mechanics of the Mount St Helens rockslide–avalanche of 18 May 1980, *Géotechni.* **33**, 243–273, 1983.
- Kremer, *et al.*: Great Lake Geneva tsunami in AD 563, *Nat. Geo.* **5**, 756–757, 2012.

ミュオグラフィ―ピラミッドの謎を解く 21 世紀の鍵

平成 29 年 9 月 30 日　発　行

著作者　田　中　宏　幸
　　　　大　城　道　則

発行者　池　田　和　博

発行所　丸善出版株式会社
〒101-0051　東京都千代田区神田神保町二丁目17番
編 集：電 話(03)3512-3265／FAX(03)3512-3272
営 業：電 話(03)3512-3256／FAX(03)3512-3270
http://pub.maruzen.co.jp/

ブックデザイン・桂川　潤
組版印刷・株式会社 日本制作センター／製本・株式会社 松岳社

ISBN 978-4-621-30194-4　C 0040　Printed in Japan